U0394160

Word

Excel

PPT 2010

从入门到精通 完全教程

互联网＋计算机教育研究院 ⊕ 策划　　王鑫 武俊琢 ⊕ 主编　　华腾芳 孙德刚 陈小艳 ⊕ 副主编

人民邮电出版社

北 京

图书在版编目（CIP）数据

Word Excel PPT 2010从入门到精通完全教程 / 王鑫，
武俊琢主编；互联网+计算机教育研究院策划. -- 北京：
人民邮电出版社，2018.3（2020.9重印）
ISBN 978-7-115-47265-6

Ⅰ. ①W… Ⅱ. ①王… ②武… ③互… Ⅲ. ①办公自
动化－应用软件－教材 Ⅳ. ①TP317.1

中国版本图书馆CIP数据核字(2017)第305427号

内 容 提 要

Office 作为主流的办公应用软件，常用于日常工作的方方面面，特别是 Word、Excel、PPT 这三大组件。本书通过案例导入讲解 Office 2010 三大组件在办公中的主要应用知识，包括 Word 文档的基本操作、编辑 Word 文档、美化 Word 文档、Word 高级排版、制作 Excel 表格、快速计算 Excel 数据、轻松管理 Excel 数据、快速分析 Excel 数据、创建并编辑演示文稿、设计与美化演示文稿、设置与放映演示文稿等。

本书可作为高等院校、职业院校文秘专业以及计算机应用等相关专业的教材，也可作为各公司、培训机构的办公培训教材，还可以供自学 Office 办公软件的职场人士阅读。

◆ 策　　划　互联网+计算机教育研究院
　 主　　编　王　鑫　武俊琢
　 副 主 编　华腾芳　孙德刚　陈小艳
　 责任编辑　马小霞
　 责任印制　马振武

◆ 人民邮电出版社出版发行　　北京市丰台区成寿寺路 11 号
　 邮编　100164　电子邮件　315@ptpress.com.cn
　 网址　http://www.ptpress.com.cn
　 固安县铭成印刷有限公司印刷

◆ 开本：787×1092　1/16
　 印张：20　　　　　　　　2018 年 3 月第 1 版
　 字数：465 千字　　　　　2020 年 9 月河北第 3 次印刷

定价：52.00 元
读者服务热线：(010)81055256　印装质量热线：(010)81055316
反盗版热线：(010)81055315
广告经营许可证：京东市监广登字20170147号

前言
PREFACE

随着计算机软件及硬件应用的深入，各大公司、企业的办公已基本实现了计算机操作、无纸化应用。而在办公中，使用最多、最常见的软件就是 Office 的三大组件，即 Word、Excel、PPT。Office 从诞生之初到如今已发展多年，现在主流版本为 Office 2010。Word、Excel、PPT 各有所长，对于文本型内容，如通知、招聘启事、规章制度等文件一般使用 Word 进行制作美化；如果是公司的产品生产数据、产品销售数据、员工业绩数据等则可使用 Excel 来管理、计算和分析；而 PPT 则用于制作演示文稿，如涉及公司形象、产品发布、营销策划、旅游宣传、员工培训等，即可通过制作演示文稿进行公开演讲展示，从而满足公司各种不同的办公需求。能够熟练掌握和使用 Word、Excel、PPT，可以保证日常办公业务的顺利开展和进行，从而提升办公效率。

■ 本书内容

本书在内容安排及结构设计上，充分考虑读者的需要，非常实用。

本书讲解了与 Office 2010 三大组件相关的基础知识，其中 Word 部分包括 Word 文档的基本操作、在文档中插入并编辑图片和形状、Word 文档的美化与排版、模板的使用等；Excel 部分包括表格的基本操作、数据的计算、管理和分析、图表的插入及美化等；PPT 部分包括 PowerPoint 演示文稿的基本操作、幻灯片的美化、母版的应用、设置与放映 PPT 等。

通过本书，读者可对 Office 的功能有一个整体认识，并可制作常用的各类型办公文档。为帮助读者更好地学习，本书知识讲解灵活，在以案例为主进行讲解的同时，辅以正文描述、项目列举，同时穿插了"操作解谜""技巧秒杀"和"答疑解惑"等小栏目，不仅丰富了版面，还让知识更加全面。

■ 平台支撑

人民邮电出版社充分发挥在线教育方面的技术优势、内容优势、人才优势，潜心研究，为读者提供一种"纸质图书 + 在线课程"相配套，全方位学习 Word、Excel、PPT 三大办公软件的解决方案。读者可根据个人需求，利用图书和"微课云课堂"平台上的在线课程进行碎片化、移动化的学习，以便快速全面地掌握 Word、Excel、PPT 三大办公软件以及与之相关联的其他软件。

　　"微课云课堂"目前包含近 50000 个微课视频，在资源展现上分为"微课云""云课堂"这两种形式。"微课云"是该平台中所有微课的集中展示区，用户可随需选择；"云课堂"是在现有微课云的基础上，为用户组建的推荐课程群，用户可以在"云课堂"中按推荐的课程进行系统化学习，或者将"微课云"中的内容进行自由组合，定制符合自己需求的课程。

◆　"微课云课堂"主要特点

　　微课资源海量，持续不断更新："微课云课堂"充分利用了出版社在信息技术领域的优势，以人民邮电出版社 60 多年的发展积累为基础，将资源经过分类、整理、加工以及微课化之后提供给用户。

　　资源精心分类，方便自主学习："微课云课堂"相当于一个庞大的微课视频资源库，按照门类进行一级和二级分类，以及难度等级分类，不同专业、不同层次的用户均可以在平台中搜索自己需要或者感兴趣的内容资源。

　　多终端自适应，碎片化移动化：绝大部分微课时长不超过十分钟，可以满足读者碎片化学习的需要；平台支持多终端自适应显示，除了在 PC 端使用外，用户还可以在移动端随心所欲地进行学习。

◇ "微课云课堂"使用方法

扫描封面上的二维码或者直接登录"微课云课堂"（www.ryweike.com）→用手机号码注册→在用户中心输入本书激活码（fda8c56a），将本书包含的微课资源添加到个人账户，获取永久在线观看本课程微课视频的权限。

此外，购买本书的读者还将获得一年期价值 168 元的 VIP 会员资格，可免费学习50000 微课视频。

■ 本书配套资源

本书配备丰富多样的教学资源，可以通过扫二维码及网上下载等方式提供，使读者学习起来更加方便快捷，具体内容如下。

视频演示： 本书所有的实例操作均提供了视频演示，并以二维码和云课堂两种形式提供给读者。

素材、效果和模板文件： 本书不仅提供了实例需要的素材、效果文件，还附送了公司日常管理 Word 模板、Excel 办公表格模板、PPT 职场必备模板以及作者精心收集整理的 Office 应用精美素材。

海量相关资料： 本书配套提供 Office 办公高手常用技巧详解（电子书）、Excel 常用函数手册（电子书）、十大 Word、Excel、PPT 最强进阶网站推荐以及 Word、Excel、PPT 常用快捷键等有助于进一步提高 Word、Excel、PPT 应用水平的相关资料。

为了更好地使用这些内容，读者也可以登录人邮教育社区（www.ryjiaoyu.com）下载资源。

■ 鸣谢

本书由王鑫、武俊琢任主编，华腾芳、孙德刚、陈小艳任副主编，互联网 + 计算机教育研究院设计并开发全部资源。

编者

2017 年 10 月

CONTENTS 目 录

第 1 部分
Word 应用

第 2 部分
Excel 应用

CONTENTS 目录

第 3 部分
PowerPoint 应用

第1部分

第1章

Word 文档的基本操作

/ 本章导读

Word 作为一款已被推行数十年的主流文档编辑软件，在办公领域的地位不可替代，而现在常用的 Word 2010 版本更以人性化的操作界面和更多适用的功能得到广大办公用户青睐。本章将主要介绍编辑 Word 文档的一般操作，如新建文档、输入文本、设置文本格式、打印制作好的文档等。

1.1 新建"通知"文档

"通知"是日常办公中经常使用的文档之一，它可用于下达指示、布置工作、传达有关事项、传达领导意见、任免干部、决定具体问题等。通知的使用范围很广，上级部门对下级部门、平级部门与平级部门之间都可以用通知，但下级部门对上级部门不能使用通知。"通知"一般由标题、主送单位（受文对象）、正文、落款 4 部分组成。

1.1.1 新建文档

Word 主要用于文本性文档的制作与编辑，在制作文档前必须先新建文档。根据文档需要和用户当前使用环境的不同，用户可选择不同的文档新建方式。

1. 新建空白文档

Word 提供了多种文档的新建方法，用户可以根据需要新建文档。下面介绍新建空白文档的方法，其具体操作步骤如下。

微课：新建空白文档

STEP 1　单击"文件"选项卡

启动 Word 2010，在工作界面中单击"文件"选项卡。

STEP 2　选择新建内容

❶ 在打开的界面中选择左侧的"新建"选项；❷ 双击右侧"可用模板"栏中的"空白文档"选项。

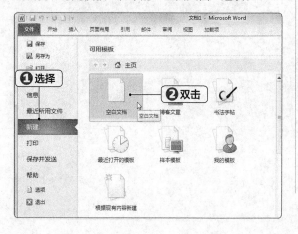

STEP 3　完成空白文档的创建

系统新建了一篇名为"文档 2"的空白文档。

技巧秒杀

在"快速访问工具栏"中有一个"新建"按钮，单击该按钮可快速新建一个空白文档。

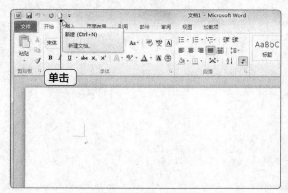

2. 新建模板文档

Word 中集成了众多各个行业工作中需要的一些模板文件，且模板中已经为用户预先设置好了文本的格式，用户可以直接套用。下面新建一个模板文档，其具体操作步骤如下。

微课：新建模板文档

STEP 1　选择模板类型

❶ 选择【文件】/【新建】菜单命令；❷ 在右侧的 "Office.com 模板" 栏中选择一个模板文件的类型，这里选择 "业务" 选项。

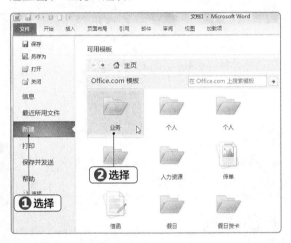

STEP 2　选择模板文档

❶ 在 "Office.com 模板" 栏中显示所有 "业务" 类型的 Word 模板，这里选择 "报告（基本设计）" 选项；❷ 在右侧的窗格中单击 "下载" 按钮。

STEP 3　开始下载模板文档

Word 开始从 "Office.com 模板" 栏中下载 "报告（基本设计）" 文档模板。

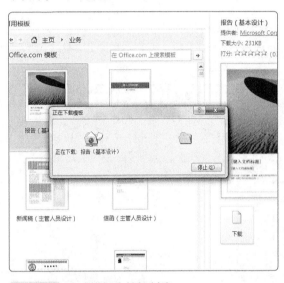

STEP 4　完成模板文档的创建

下载完成后，Word 将自动新建一个 "文档 2" Word 文档，并将该模板文件显示在其中。

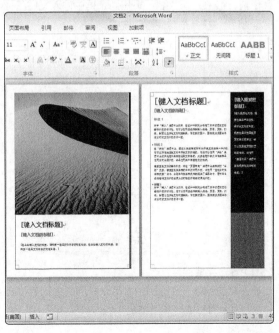

1.1.2 保存文档

新建一篇文档后，需执行保存操作才能将其存储到计算机中，否则，编辑的文档内容将会丢失。新建的文档可以直接进行保存，也可以对现有的文档进行另存为操作。

1. 保存新建的文档

新建的文档需要进行保存才能供用户任意查看和使用。下面开始执行保存新建文档的操作，其具体操作步骤如下。

微课：保存新建的文档

STEP 1 保存文档

新建一个 Word 文档，在"快速访问工具栏"中单击"保存"按钮。

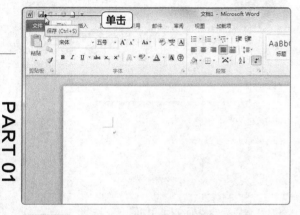

STEP 2 设置保存的名称和位置

❶打开"另存为"对话框，在上面的地址栏中选择保存位置；❷在"文件名"下拉列表框中输入文件名称"通知"；❸单击"保存"按钮。

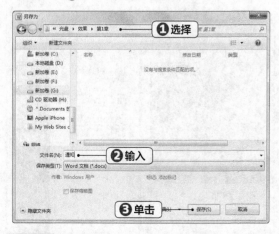

STEP 3 完成保存

完成文档的保存，在标题栏中可以看到文档的名称已经从"文档 1"变成了"通知"。

保存文档

技巧秒杀

在文档制作过程中，可以按【Ctrl+S】组合键来快速保存Word文档。

操作解谜

保存到 OneDrive

OneDrive是Office 2010提供的网络云存储模式，用户可以使用Microsoft 账户注册OneDrive获得免费的存储空间，通过Office 2010编辑的文档就可以存储在OneDrive中。其方法为：在Word工作界面中选择【文件】/【保存并发送】菜单命令，在中间的"保存并发送"栏中选择"保存到Web"选项；在右侧的"保存到Windows Live"栏中单击"登录"按钮，在打开的"登录"对话框中，利用Windows Live账户进行登录；返回到文件界面，在"保存并发送"栏中选择"保存到Web"选项；在右侧的"保存到Microsoft OneDrive"栏中单击"另存为"按钮，打开"另存为"对话框，单击"保存"按钮，即可将文档上传并保存到网络中。

2. 将文档另存为

如果要将已创建的文档保存为其他文档，则可以进行另存为操作，下面将"通知"文档另存为"公司通知"，其具体操作步骤如下。

微课：将文档另存为

STEP 1　选择新建文档样式

❶ 单击"文件"选项卡；❷ 在打开的界面中选择"另存为"选项。

STEP 2　重新输入文件名称

❶ 在打开的的"另存为"对话框中设置保存位置；❷ 在"文件名"文本框中输入"公司通知"文本；❸ 单击"保存"按钮。

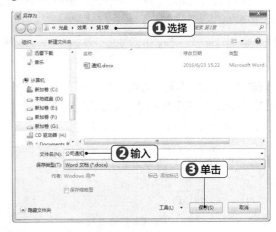

3. 设置自动保存

在编辑文档的过程中，为了防止文档丢失，需要经常进行保存操作，而通过设置自动保存，可以使文档在设置的时间内自动进行保存，减轻用户的工作量。下面对文档设置自动保存，其具体操作步骤如下。

微课：设置自动保存

STEP 1　选择"选项"选项

选择【文件】/【选项】菜单命令。

STEP 2　设置自动保存时间

❶ 在打开的"Word 选项"对话框中选择左侧列表中的"保存"选项；❷ 在右侧单击选中"保存自动恢复信息时间间隔"复选框；❸ 在其后的数值框中输入自动保存的时间；❹ 单击"确定"按钮完成设置。

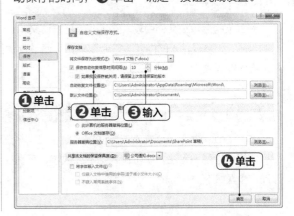

1.2 制作"请示"文档

"请示"是指下级向上级请求对某项工作、问题做出指示，对某项政策界限给予明确，对某个事项予以审核批准时使用的一种请求性公文，是应用写作实践中的一种常用文体。请示可分为解决某种问题的请示和请求批准某种事项的请示。

1.2.1 打开文档

在 Word 中编辑已经保存在计算机中的文档时，首先要进行的操作就是将其打开。Word 文档可以通过双击保存在计算机中的文件进行打开，也可以在 Word 中通过打开操作来打开选择的文档。下面打开"请示"文档，其具体操作步骤如下。

微课：打开文档

STEP 1　选择"打开"选项

❶ 启动 Word，在工作界面中单击"文件"选项卡；
❷ 在打开的界面中选择"打开"选项。

STEP 2　选择打开文件

❶ 打开"打开"对话框，选择文档在计算机中的保存位置；❷ 选择需要打开的"请示"文档；❸ 单击"打开"按钮即可将所选择的文档打开。

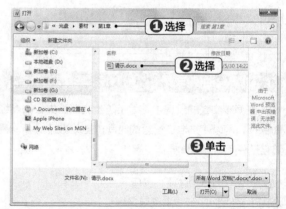

1.2.2 编辑文档

新建文档后可在文档中输入文本，包括普通文本、特殊符号等，还可插入日期和时间，并设置日期格式。完成输入后，如发现输入的内容不符合要求，可通过查找和替换的方法对文本进行更改，也可直接选择要修改的文本进行编辑。

1. 输入文本

在 Word 中输入普通文本的方法很简单，只需将光标定位到需要输入文本的位置，然后切换到常用输入法，即可输入文本或数字，下面在"请示"文档中输入文本，其具体操作步骤如下。

微课：输入文本

STEP 1 插入光标

在"请示"文档的文档编辑区中单击鼠标左键,将光标定位到其中。

STEP 2 输入文本

将输入法切换到中文输入法,输入"关于增加活动经费的请示"文本。

STEP 3 切换光标

输入完成后,按【Enter】键将光标换到文本的第二行。

STEP 4 继续输入文本

在第二行输入"集团公司:"文本,然后按【Enter】键进行换行。

STEP 5 输入其他文本

用同样的方法输入"请示"文档的其他文本内容,如下图所示。

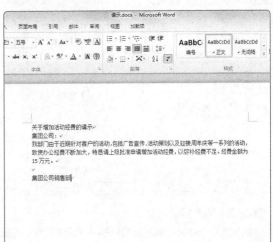

2. 插入日期和时间

如果要在 Word 中输入当前日期和时间，可直接输入年份（如"2016 年"）后按【Enter】键，但是这种方法只能输入如"2016 年 5 月 5 日星期四"的格式。如果要插入其他格式的日期和时间，则需重新进行设置。下面介绍在 Word 中插入日期和时间的方法，其具体操作步骤如下。

STEP 1 定位光标

❶打开"请示"文档，将光标定位到需要插入日期和时间的位置；❷在【插入】/【文本】组中单击"日期和时间"按钮。

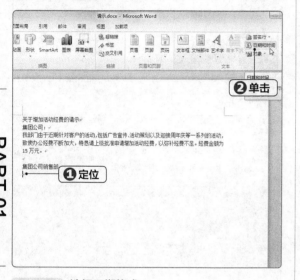

STEP 2 选择日期格式

❶打开"日期和时间"对话框，在"语言（国家 / 地区）"下拉列表中选择"中文（中国）"选项；❷在"可用格式"列表框中选择需要的日期或时间样式；❸完成后单击"确定"按钮。

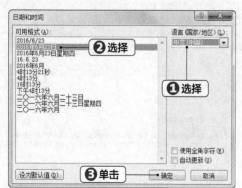

STEP 3 插入日期效果

返回 Word 文档中，可以查看到插入的日期效果，如下图所示。

操作解谜

设置日期和时间选项

在"日期和时间"对话框的"语言（国家/地区）"下拉列表中有两个选项，一个是"中文（中国）"选项，另一个是"英语（美国）"选项。选择不同的选项，"可用格式"列表框中的内容也将发生相应的变化。单击选中"使用全角字符"复选框，插入的日期和时间的数字将以全角符号显示。单击选中该复选框后，"使用全角字符"复选框将自动隐藏，而插入的日期和时间也会随当前操作系统时间的改变而变化。

技巧秒杀

在"日期和时间"对话框的"可用格式"列表框中选择一种日期和时间的模式，单击"设为默认值"按钮，以后在Word文档中插入日期和时间，将自动转换为该默认的模式。

PART 01

3. 输入符号

为了满足文档内容的需要，在输入文本的过程中，往往需要穿插输入一些符号，普通的标点符号可以通过键盘直接输入，而一些特殊的符号则只能通过特殊的方法来实现，下面在"请示"文档中输入特殊符号，其具体操作步骤如下。

微课：输入符号

STEP 1 定位光标

❶在"请示"文档中将光标定位到需要插入符号的位置；❷在【插入】/【符号】组中单击"符号"按钮；❸在打开的下拉列表中选择"其他符号"选项。

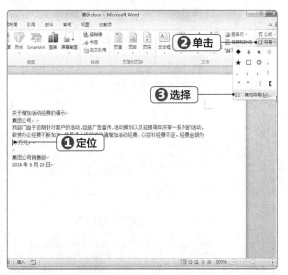

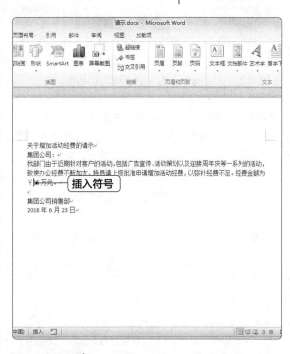

STEP 2 选择符号

❶打开"符号"对话框，在"符号"选项卡中的列表框中选择所需的符号；❷单击"插入"按钮，然后单击"关闭"按钮。

STEP 3 插入符号效果

返回文档中可以查看到插入的符号效果，如下图所示。

技巧秒杀

在"符号"对话框的"近期使用过的符号"栏中会列出用户近期使用过的符号，用户可以通过该栏快速插入常用符号。

技巧秒杀

选择文本后，按【Backspace】键或【Delete】键可删除文本，或将光标定位于需删除的文本后，按【Backspace】键进行删除。

技巧秒杀

一些常规的符号也可以通过输入法的软键盘进行输入，在输入法的软键盘上单击鼠标右键，在弹出的快捷菜单中可以选择输入数字符号和特殊符号等。

1.2.3 设置字体格式

默认情况下，在文档中输入的文本都是软件默认的样式，而在实际工作中，不同的文档需要不同的文本格式，因此在完成文本的输入后，可以对文本的字体格式进行设置。

1. 设置字体和字号

Word 中默认安装了多种字体样式，在编辑文档时可以为文本选择合适的字体，并通过为文档的标题和正文内容设置不同的字号来体现文档的结构。下面在"请示"文档中设置文本的字体和字号，其具体操作步骤如下。

微课：设置字体和字号

STEP 1　选择需设置字体格式的文本

在"请示"文档中将光标定位到标题文本的左侧，然后按住鼠标左键不放，向右拖动到"请示"文本的右侧，释放鼠标后选择标题文本。

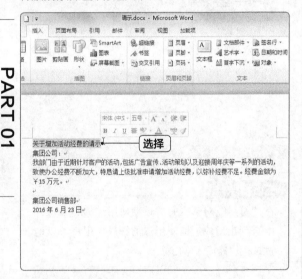

STEP 2　选择字体

在【开始】/【字体】组中的"字体"下拉列表中选择"黑体"选项。

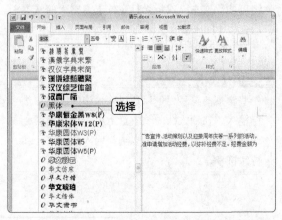

STEP 3　选择字号

在【开始】/【字体】组中的"字号"下拉列表中选择"二号"选项。

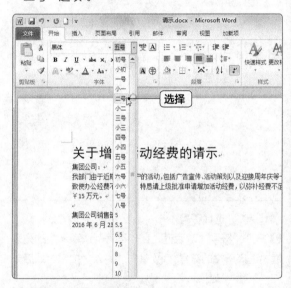

STEP 4　查看设置效果

在文档中可以查看到标题文本字体和字号设置后的效果（这里选择后的文本呈蓝色底纹的样式显示）。

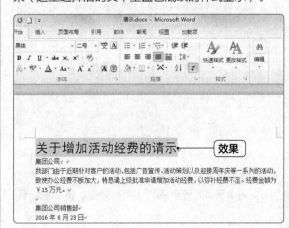

PART 01

STEP 5　设置正文字体格式

用同样的方法选择"请示"文档的正文文本，将其字体格式设置为"宋体，小四号"，如下图所示。

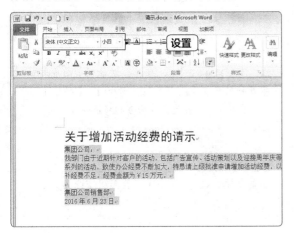

技巧秒杀

按【Ctrl+]】组合键可快速放大字号，按【Ctrl+[】组合键可快速缩小字号。

操作解谜

使用其他方法设置字体和字号

在Word 2010中选择文本后，在文本的一侧会自动打开一个"字体"浮动面板，在其中也可以设置文本的字体和字号。

2. 设置加粗效果

在文档中有时为了提示一些重要文本，需要为文本设置特殊的显示效果，如字体加粗等。下面在文档中为文本设置加粗效果，其具体操作步骤如下。

微课：设置加粗效果

STEP 1　选择文本

❶ 在"请示"文档中拖动鼠标选择第二行的"集团公司："文本；❷ 在【开始】/【字体】组中单击"扩展"按钮。

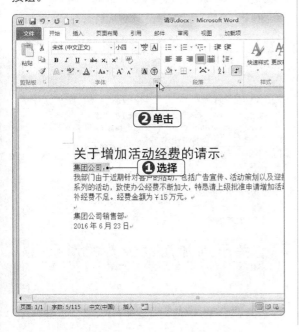

STEP 2　设置加粗

❶ 打开"字体"对话框，在"字体"选项卡的"字形"列表框中选择"加粗"选项；❷ 单击"确定"按钮。

技巧秒杀

在"字体"对话框的"预览"栏中，可以查看设置文本字体、字号等效果。

STEP 3　查看加粗效果

返回文档可以查看到设置文本加粗的效果。

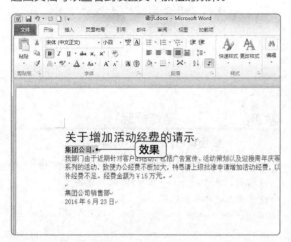

操作解谜

设置字体其他效果

　　在"字体"对话框中不仅可以设置字体的加粗效果，还可以设置字体的倾斜效果，并且在"效果"栏中可以设置文本的上标、下标、删除线、下划线等效果。"字体"对话框中的常用文字效果的按钮也会显示在【开始】/【字体】组中，在其中可以快速设置文字的显示效果。

技巧秒杀

选择文本，按【Ctrl+B】组合键可快速为文本设置加粗效果。

---

3. 设置字符间距

　　在 Word 中输入的字符之间的间距是默认的，有时为了阅读和排版的需要，可以适当调整字符之间的间距。下面为"请示"文档的标题文本设置字符间距，其具体操作步骤如下。

微课：设置字符间距

STEP 1　选择文本

❶ 在"请示"文档中拖动鼠标选择文档中的标题文本；
❷ 在【开始】/【字体】组中单击"扩展"按钮。

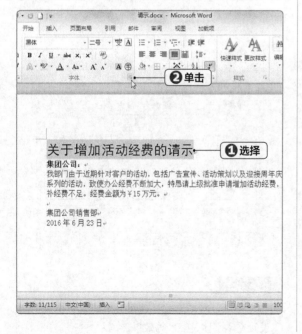

STEP 2　设置字符间距

❶ 在打开的"字体"对话框中单击"高级"选项卡；
❷ 在"间距"下拉列表中选择"加宽"选项；❸ 在其右侧的"磅值"数值框中输入"2磅"；❹ 单击"确定"按钮。

STEP 3　查看间距效果

返回文档可以查看到标题文本设置字符间距后的效果。

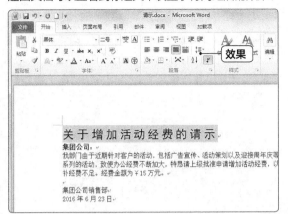

操作解谜

缩放字符间距

　　在"字体"对话框的"字符间距"栏中的"缩放"下拉列表中可以通过选择不同的比例来对文档中的字符间距进行缩放，但是不影响字体的大小，通常比例超过"100%"就是放大，反之比例低于"100%"则是缩小。同样，可以在"预览"栏中查看调整后的效果，如果不满意可以重新进行设置。

1.2.4　设置段落格式

　　在 Word 中段落是指文字、图形及其他对象的集合，回车符便是段落的结束标记。设置段落格式时先要选择设置的段落（连同回车符" ↵ "同时选择）或将插入点定位到当前段落中。

1. 设置对齐方式

　　为了体现文档的层次结构，可以为文档中的文本设置对齐方式，如标题文本一般为中间对齐，落款文本一般为右侧对齐等。下面为"请示"文档设置对齐方式，其具体操作步骤如下。

微课：设置对齐方式

STEP 1　选择文本

❶在"请示"文档中选择标题文本；❷在【开始】/【段落】组中单击"居中"按钮。

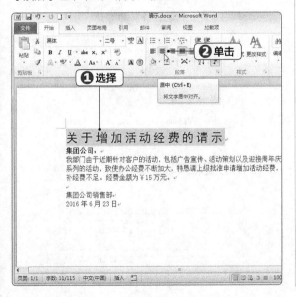

STEP 2　查看对齐效果

此时，文档中的标题文本以居中对齐方式显示。

PART 01

STEP 3 定位光标

❶选择文档的落款单位和日期文本；❷在【开始】/【段落】组中单击"文本右对齐"按钮。

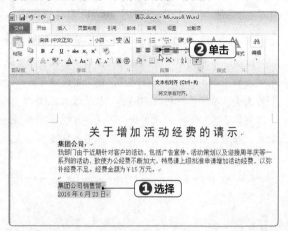

STEP 4 查看右对齐效果

将选择的落款文本设置为右侧对齐。

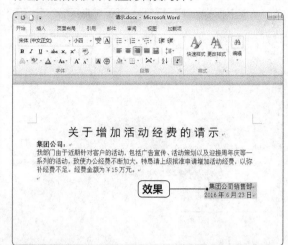

2. 设置段落缩进

　　段落缩进是指段落左右两边文字与页边距之间的距离，包括左缩进、右缩进、首行缩进和悬挂缩进。一般每个段落都采用首行缩进两个字符的方式来显示。下面在"请示"文档中设置段落缩进，其具体操作步骤如下。

微课：设置段落缩进

STEP 1 选择文本

❶在"请示"文档中选择正文文本；❷在【开始】/【段落】组中单击"扩展"按钮。

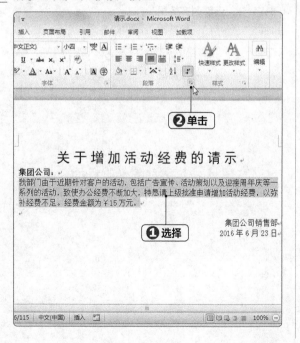

STEP 2 设置缩进

❶打开"段落"对话框，在"缩进和间距"选项卡中的"特殊格式"下拉列表中选择"首行缩进"选项；❷将"缩进值"设置为"2字符"；❸单击"确定"按钮。

STEP 3　查看段落缩进效果

返回文档可以看到正文的段落变成首行缩进两个字符的效果。

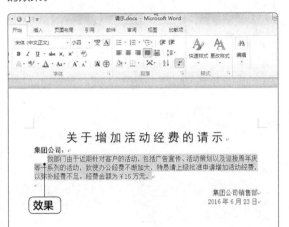

效果

操作解谜

"段落"对话框中其他选项卡的功能

　　"段落"对话框中的"换行和分页"选项卡主要用于对分页、行号和断字等格式进行设置；"中文版式"选项卡主要用于对中文文档的特殊版式进行设置，分别可设置使用中文编辑时控制首尾字符、允许标点溢出边界以及字符间距等效果。

技巧秒杀

　　如果文档中有多个段落，可以选择多个段落同时进行段落格式的设置。

3. 设置间距

　　间距包括行间距和段间距。行间距是指段落中一行文字底部到下一行文字顶部的间距；而段间距是指相邻两段之间的距离，包括段前和段后的距离。下面在"请示"文档中为文本设置间距，其具体操作步骤如下。

微课：设置间距

STEP 1　选择段落

❶ 在"请示"文档中将光标插入到需要设置间距的段落中；❷ 在【开始】/【段落】组中单击"扩展"按钮。

STEP 2　设置段后行距

❶ 打开"段落"对话框，在"缩进和间距"选项卡的"间距"栏的"段后"数值框中输入"2 行"；❷ 单击"确定"按钮。

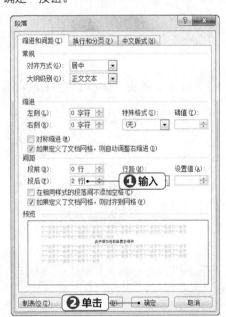

STEP 3　选择文本

❶返回文档查看设置后的效果，然后拖动鼠标选择正文文本；❷在【开始】/【段落】组中单击"扩展"按钮。

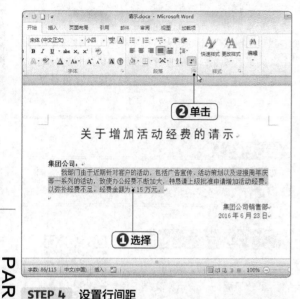

STEP 4　设置行间距

❶打开"段落"对话框，在"缩进和间距"选项卡的"间距"栏的"行距"下拉列表中选择"固定值"选项；❷在"设置值"数值框中输入"25磅"；❸单击"确定"按钮。

STEP 5　查看行间距效果

返回文档可以查看到设置了行间距的正文文本效果。

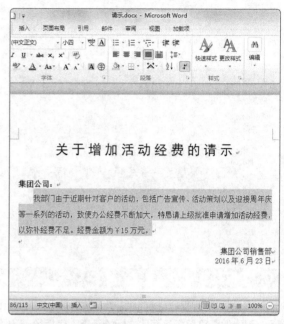

STEP 6　查看设置效果

用同样的方法为落款文本设置段落间距为段后2行，效果如下图所示。

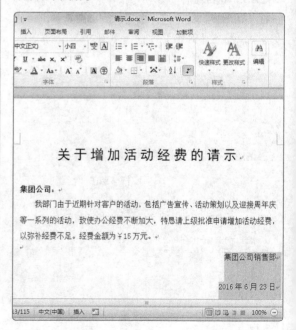

4. 添加项目符号和编号

Word 具有项目符号与编号功能，可以为属于并列关系的段落添加"●、★、◆"等项目符号或添加"1.2.3." "A.B.C."等编号，还可以综合组成多级列表使文档一目了然。下面为"请示"文档设置项目符号和编号，其具体操作步骤如下。

微课：添加项目符号和编号

STEP 1　输入文本

在"请示"文档正文的下一段中，输入有关经费具体项目的文本内容，如下图所示。

STEP 2　选择文本

❶在输入的文本中，选择后面 3 行的文本；❷在【开始】/【段落】组中单击"编号"按钮右侧的下拉按钮；❸在打开的下拉列表中选择"定义新编号格式"选项。

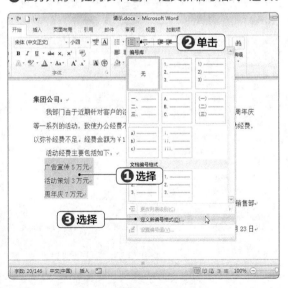

STEP 3　定义编号格式

❶打开"定义新编号格式"对话框，在"编号样式"下拉列表中选择一个编号样式；❷在"编号格式"文本框中输入编号的文本格式；❸在"对齐方式"下拉列表中选择"左对齐"选项；❹单击"确定"按钮。

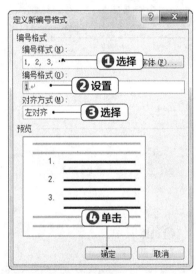

STEP 4　查看添加编号的效果

返回文档可以查看到添加了编号的文本效果。

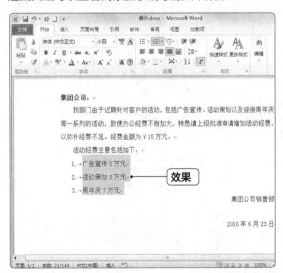

设置了编号后，如果按【Enter】键切换到下一行，则该行将自动依次进行编号；如果不需要该编号，可以将其删除。

STEP 5 选择选项

❶ 继续在设置了编号的文本后输入文本；❷ 选择输入的文本；❸ 在【开始】/【段落】组中，单击"项目符号"按钮右侧的下拉按钮；❹ 在打开的下拉列表中选择"定义新项目符号"选项。

STEP 6 单击"符号"按钮

在打开的"定义新项目符号"对话框中单击"符号"按钮。

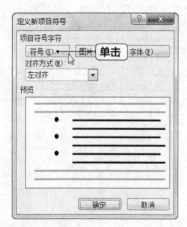

STEP 7 选择符号样式

❶ 打开"符号"对话框，在中间的列表框中选择作为项目符号的符号样式；❷ 单击"确定"按钮。

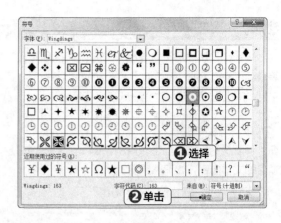

STEP 8 单击"符号"按钮

返回"定义新项目符号"对话框，在"预览"栏中可查看添加项目符号的效果，单击"确定"按钮。

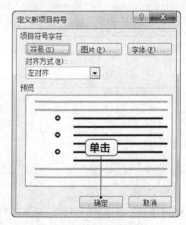

STEP 9 查看设置项目符号的效果

返回文档可以查看到为选择的文本设置项目符号后的效果。

1.2.5 打印文档

文档制作完成后，有时为了满足打印效果的需要，还需对其页面进行设置。页面设置的内容主要包括纸张大小、打印方向、页边距以及文档网络等。

第 1 章 Word 文档的基本操作

1. 页面设置

在实际工作中，用户可以根据需要对文档的纸张方向、页边距等进行设置，还可以通过打印设置使文档的打印效果更加美观。下面对"请示"文档进行页面设置，其具体操作步骤如下。

微课：页面设置

STEP 1　单击"扩展"按钮

打开设置好的"请示"文档，单击【页面布局】/【页面设置】组中的"扩展"按钮。

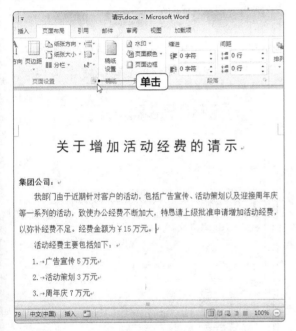

操作解谜

快速进行页面设置

在【页面布局】/【页面设置】组中分别单击"文字方向""页边距""纸张方向""纸张大小"等按钮，可以在打开的列表中选择对应的选项，快速对页面进行相应的设置。

STEP 2　设置页边距和纸张方向

❶打开"页面设置"对话框，单击"页边距"选项卡，

在"页边距"栏中设置文本到页面边缘的距离，这里在"上""下"数值框中均输入"3厘米"，在"左""右"数值框中均输入"3.17厘米"；❷在"纸张方向"栏中选择"纵向"选项。

技巧秒杀

用户可在"页面设置"对话框中单击"纸张"选项卡，在"宽度"和"高度"数值框中输入页面的大小值，自定义页面大小。

STEP 3　选择纸张

❶单击"纸张"选项卡；❷在"纸张大小"下拉列表中选择需要打印的纸张大小，这里选择"A4"选项。

操作解谜

纸张大小的选择

纸张的大小一般是按照实际打印纸张的大小进行设置的,因此在选择纸张时,直接选择相应的纸张编号即可,而无需重新设置纸张的高度和宽度,以防止打印出现偏差。

操作解谜

为奇偶页创建不同的页眉和页脚

在Word 2010中可为奇偶页创建不同的页眉和页脚。打开"页面设置"对话框,单击"版式"选项卡,在"页眉和页脚"栏中单击选中"奇偶页不同"复选框,单击"确定"按钮。

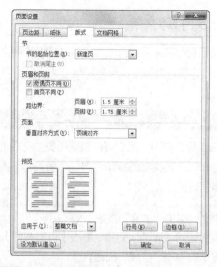

STEP 4 设置文档网格

❶单击"文档网格"选项卡;❷在其中设置文字排列方向、栏数、网格以及每行的字数和每页的行数,这里保持默认设置;❸完成后单击"确定"按钮。

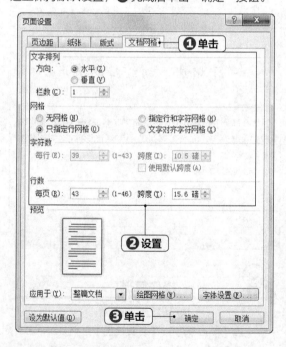

2. 预览后打印

在对文档页面进行了设置后,可以通过打印预览来查看文档的打印效果,满意后可以通过选择打印机和打印数量来完成对文档的打印工作。下面对"指示"文档进行预览和打印,其具体操作步骤如下。

微课:预览后打印

PART 01

STEP 1 打开"打印"界面

打开"请示"文档,在工作界面中选择【文件】/【打印】菜单命令,打开"打印"界面。

选择

技巧秒杀

将"打印"按钮添加到"快速访问工具栏"上,单击该按钮即可快速进行文档的打印。

STEP 2 预览文档并设置打印选项

❶ 在界面的右侧可以通过拖动右下角的滑块来调整预览文档的显示比例并查看文档;❷ 在"份数"数值框中输入打印文档的数量;❸ 在"打印机"下拉列表中选择连接计算机的打印机;❹ 完成后单击"打印"按钮即可对文档进行打印。

❷ 输入
❹ 单击
❸ 选择
❶ 拖动

新手加油站 —— Word 文档的基本操作技巧

1. 快速输入中文大写金额

使用 Word 编写文档时,可能会遇到需要输入中文大写金额的情况。Word 提供了一种简单快速的方法,可将输入的阿拉伯数字快速转换为中文大写金额,其具体操作步骤如下。

❶ 选择文档中需要转换的阿拉伯数字,在【插入】/【符号】组中单击"编号"按钮。

❷ 打开"编号"对话框,在"编号类型"下拉列表框中选择"壹,贰,叁…"选项,单击"确定"按钮即可将所选数字转换为大写金额。

2. 使用图文集实现快速输入

在一篇文档中如果要多次输入同一行字,或者在多篇文档中需要输入同一个文本,那么怎样才能避免重复操作呢?这个时候便可以使用 Word 的"自动图文集"功能来解决这个问题。用一个简单容易记忆的字或词组来代表这一行字,在 Word 中只要输入这个字或词组,然后按【F3】键,Word 就会自动地将整行文字拼写出来。

使用"自动图文集"输入文本可将固定的长文本方便、快捷地插入文档中,进而加快并优化文档的整体创作流程。下面创建自动图文集，其具体操作步骤如下。

❶ 选择整篇文档，然后选择【插入】/【文本】组，单击"文档部件"按钮，在打开的下拉列表中选择"自动图文集"/"将所选内容保存到自动图文集库"选项。

❷ 打开"新建构建基块"对话框，在"名称"文本框中输入要保存的名称，这里输入"晚会"，其他保持默认，单击"确定"按钮，完成自动图文集的保存操作，在"自动图文集"中可以看到所选文本已保存在"常规"栏中。

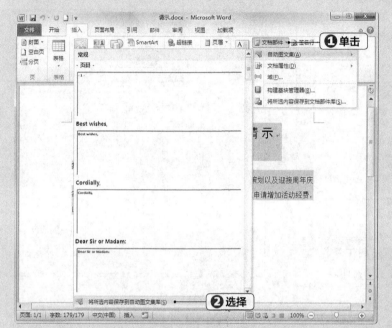

❸ 新建一个空白文档，在文档中输入"晚会"，然后按【F3】键，此时光标处将输入自动图文集所代表的文本。

3. 利用标尺快速对齐文本

在 Word 中有一项标尺功能，单击水平标尺上的滑块，可方便地设置制表位的对齐方式，它以左对齐式、居中式、右对齐式、小数点对齐式、竖线对齐式的方式和首行缩进、悬挂缩进循环设置，其具体操作步骤如下。

❶ 选择【视图】/【显示】组，单击选中"标尺"复选框，标尺即可在页面的上方（即工具栏的下方）显示出来。

❷ 选择要对齐的段落或整篇文档内容。

❸ 单击水平标尺，并按住鼠标左键进行拖动，可将选择的段落或整篇文章的行首移动到水平对齐位置；如果单击垂直标尺，并按住鼠标左键进行拖动，可将选择的段落或整篇文章内容上下移动到对齐位置。

第1部分

第 2 章

编辑 Word 文档

/ 本章导读

创建一篇完整的文档需要进行多次编辑操作，对文档进行编辑操作时，首先需要进行文本的选择，然后可以对文本进行复制、剪切、改写、删除以及查找和替换等操作，此外对于出现错误的文档还可以进行批注、修订等操作。如果要美化文档则可以对页面格式进行设置。

2.1 制作"岗位说明书"文档

岗位说明书是表明企业期望员工做些什么、规定员工应该做些什么、应该怎么做和在什么样的情况下履行职责的总汇。岗位说明书最好是根据公司的具体情况进行制定的,而且在编制时,要注意文字应简单明了,内容要越具体越好,避免形式化、书面化,同时应根据公司的实际情况进行相应的修正和补充,与公司的实际发展状况保持同步。

2.1.1 文档的基本操作

在文档中输入文本和设置格式后,如果需要对文档进行修改,则首先需要进行一些基本的操作,包括文本的选择、文本的复制和剪切、查找和替换、改写和删除等。

1. 选择文本

选择文本是编辑文本过程中最基础的操作,只有选择了文本后,才能对文本进行一系列的编辑操作。下面在"岗位说明书"文档中进行选择文本的操作,其具体操作步骤如下。

微课:选择文本

STEP 1 选择任意文本

打开"岗位说明书"文档,在文档第6行中拖动鼠标经过要选择的文本,然后释放鼠标,即可完成该文本的选择。

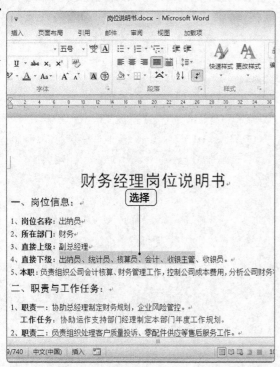

STEP 2 选择范围

将光标定位到文本中,双击鼠标即可选择光标所在位置的词组。

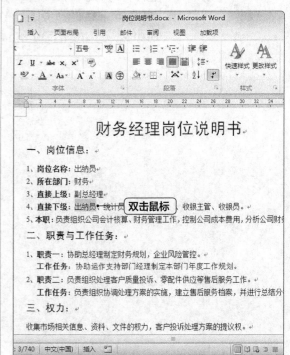

STEP 3 选择整行文本

将鼠标指针移到行的左侧,在指针变为右向箭头后单击鼠标,即可选择该行文本。

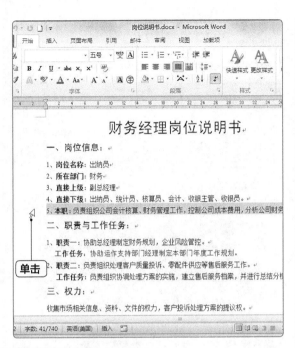

STEP 4 选择一段文本

将光标定位到一段文本的任意位置，快速连击 3 次鼠标，即可选择该段文本。

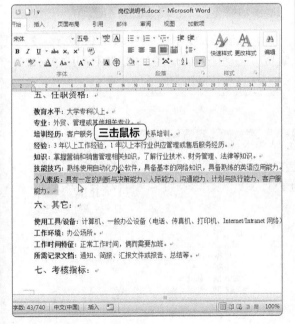

STEP 5 选择一页文本

将鼠标指针定位到要选择的页的页首，滚动鼠标滚轮将鼠标指针移动至该页的末尾处，按【Shift】键并单击鼠标，即可选择该页文本。

STEP 6 选择全部文本

将鼠标指针移动到任意文本的左侧，在指针变为右向箭头后连击 3 次，即可选择整篇文档。

STEP 7　选择不连续文本

先选择任意文本，按住【Ctrl】键的同时选择其他文本，即可选择不连续文本。

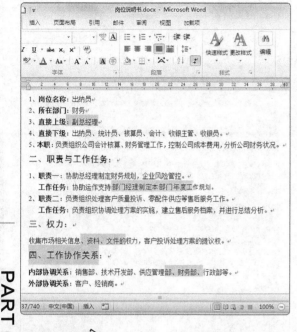

技巧秒杀

如果要取消文本的选择状态，直接在选择对象以外的任意位置单击鼠标左键即可。

STEP 8　选择矩形区域文本

按住【Alt】键不放，同时拖动鼠标到文本区域矩形框另一角的对角处释放鼠标，即可选择该文本区域。

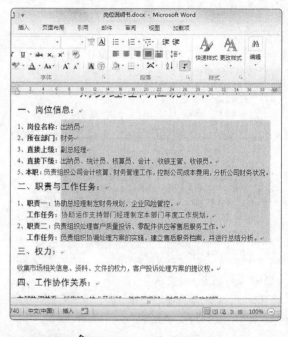

技巧秒杀

选择矩形区域文本时，要先按住【Alt】键，然后再拖动鼠标选择文本。如果先选择了文本再按【Alt】键，则会打开"信息检索"任务窗格。

PART 01

2. 复制文本

复制文本通常用于将现有文本复制到文档的其他位置或复制到其他文档中去，但不改变原有文本。下面在"岗位说明书"文档中进行文本的复制，其具体操作步骤如下。

微课：复制文本

STEP 1　添加一行空白行

在"岗位说明书"文档中将光标定位到 12 行文本最后，按【Enter】键将光标切换到下一行，增加一行空白行。

技巧秒杀

按【Shift+Enter】组合键，同样可以添加一行空白行。

1、**岗位名称：**出纳员
2、**所在部门：**财务
3、**直接上级：**副总经理
4、**直接下级：**出纳员、统计员、核算员、会计、收银主管、收银员。
5、**本职：**负责组织公司会计核算、财务管理工作，控制公司成本费用，分析公司财务

二、职责与工作任务：

1、**职责一：**协助总经理制定财务规划，企业风险管控。
　工作任务：协助运作支持部门经理制定本部门年度工作规划。
2、**职责二：**负责组织处理客户质量投诉、零配件供应等售后服务工作。
　工作任务：负责组织协调处理方案的实施，建立售后服务档案，并进行总结分

添加一行

三、权力：

收集市场相关信息、资料、文件的权力，客户投诉处理方案的提议权。

STEP 2　选择复制的文本

❶拖动鼠标选择"职责一"段落的全部文本；❷在【开始】/【剪贴板】组中单击"复制"按钮。

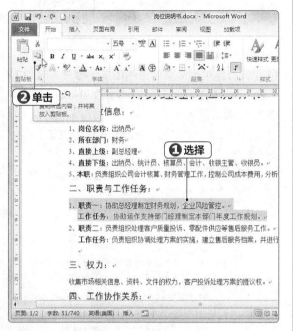

STEP 3　粘贴文本

❶将光标定位到刚换行的位置；❷在【开始】/【剪贴板】组中单击"粘贴"按钮。

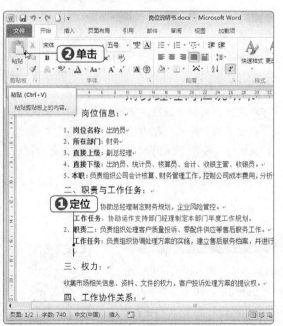

STEP 4　复制文本效果

在文档中可以看到已将刚选择的文本复制到鼠标光标处。

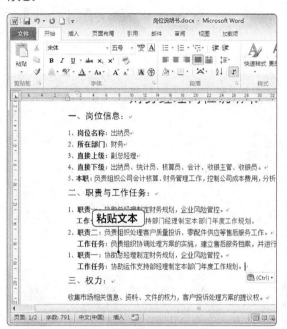

　操作解谜

粘贴各选项的含义

　　单击"粘贴"按钮下方的下拉按钮，在打开的下拉列表中会出现"保留源格式""合并格式"和"只保留文本"3个按钮，"保留源格式"按钮表示将复制的文本使用原来的格式粘贴；"合并格式"按钮表示将复制的文本按照现在的格式进行粘贴；"只保留文本"按钮表示将复制的文本使用没有格式的文本进行粘贴。

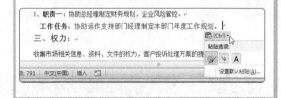

技巧秒杀

选择文本后，按【Ctrl+C】组合键可以快速复制文本，按【Ctrl+V】组合键可以快速粘贴文本。

3. 剪切文本

剪切文本是将文本内容从一个位置移动到另一个位置，而原位置的文本将不存在。下面在"岗位说明书"文档中进行文本的剪切操作，其具体操作步骤如下。

微课：剪切文本

STEP 1　选择剪切的文本

❶ 在"岗位说明书"文档中选择文档中"本职"的相关文本；❷ 在【开始】/【剪贴板】组中单击"剪切"按钮。

STEP 2　粘贴文本

❶ 将光标定位到需要粘贴的位置；❷ 在【开始】/【剪贴板】组中单击"粘贴"按钮即可将选择的文本移动到光标位置。

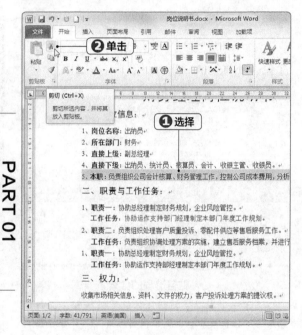

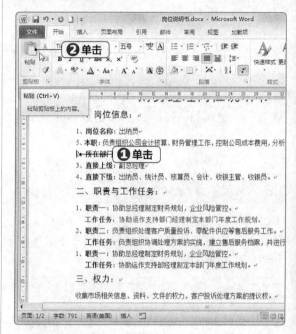

技巧秒杀

选择文本后，按【Ctrl+X】组合键可以快速剪切文本。

技巧秒杀

将光标移动到所选择的文本上，然后按住鼠标左键不放，拖动到相应的位置可以将文本移动到该处，按住【Ctrl】键的同时拖动鼠标，可以将文本复制到该处。

4. 查找和替换文本

在编辑一篇较长的文档后，有时可能会将一个词语或者其他字符输入错误，此时若是逐个修改错误文本，将会花费大量的时间，使用 Word 中的查找与替换功能则可将文档中错误的文本快速地更正过来，从而提高工作效率。下面在"岗位说明书"文档中进行查找和替换操作，其具体操作步骤如下。

微课：查找和替换文本

PART 01

STEP 1 选择"高级查找"选项

❶打开"岗位说明书"文档，在【开始】/【编辑】组中单击"查找"按钮右侧的下拉按钮；❷在打开的下拉列表中选择"高级查找"选项。

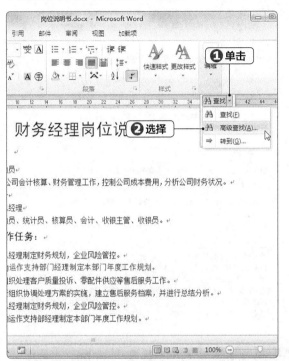

STEP 2 输入查找内容

❶打开"查找和替换"对话框，单击"查找"选项卡，在"查找内容"文本框中输入需要查找的文本"协调"；❷单击"查找下一处"按钮。

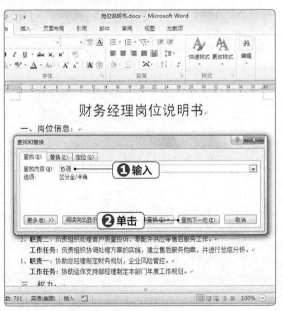

STEP 3 显示查找的文本

系统将自动查找并以选择的状态显示出查找的文本，单击"替换"选项卡。

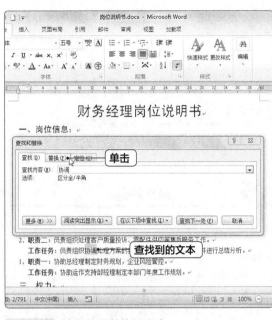

STEP 4 输入需要替换的文本

❶在"替换"选项卡的"替换为"文本框中输入需要替换的文本"协助"；❷单击"替换"按钮，对当前查找到的文本进行替换。

操作解谜

使用导航窗格查找文本和全部替换文本

在【开始】/【编辑】组中单击"查找"按钮右侧的下拉按钮，在打开的下拉列表中选择"查找"选项，将会在Word工作界面左侧打开导航窗格，在文本框中输入需要查找的文本，在窗格中将显示出查找所在文本的相关段落，同时在文档中将以黄底来显示查找到的文本。在"查找和替换"对话框中单击"全部替换"按钮，将一次全部替换文档中的文本。

第 **2** 章 编辑 Word 文档

STEP 5　替换全部文本

❶ 用相同的方法对其余的文本进行替换操作，当 Word 查找的文本全部替换完成时，将会打开提示框，单击"确定"按钮返回"查找和替换"对话框；❷ 单击"关闭"按钮。

操作解谜

查找和替换的高级选项

在"查找和替换"对话框中单击"更多"按钮，在打开的界面中可以通过设置大小写、前缀、后缀、全角、半角等选项进行详细查找，同时也可以单击"格式"和"特殊格式"按钮，在打开的下拉列表中选择相应的选项对文本的格式进行查找和替换。

PART 01

5. 改写文本

编辑文档时，常常需要对相应的文本进行修改，为了不影响文档的结构和版式，可以使用改写文本的方式来对文档进行编辑。改写是在输入正确文本的同时，自动删除其后的文本。下面在"岗位说明书"文档中进行文档的改写操作，其具体操作步骤如下。

微课：改写文本

STEP 1　定位至需改写文本的位置

❶ 在"岗位说明书"文档中将光标定位到需要改写的位置；❷ 在状态栏中单击"插入"按钮。

技巧秒杀

默认状态下，状态栏中没有显示出"插入"按钮，可在状态栏的空白位置上单击鼠标右键，在弹出的快捷菜单中选择"改写"选项，即可将其显示在状态栏上。

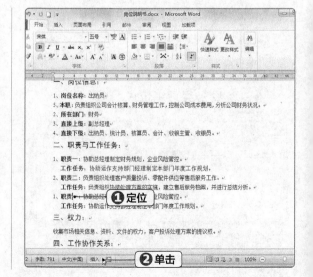

STEP 6　查看查找和替换的效果

关闭"查找和替换"对话框，此时可查看到文档中需要替换的文本都被替换成了"协助"，查找和替换后的文档效果如下图所示。

STEP 2　输入改写的文本

当状态栏上的"插入"按钮变成"改写"按钮时，在光标处输入正确的文本，其右侧的文本将自动删除。

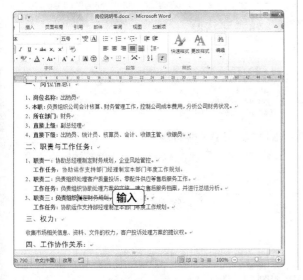

STEP 3　改写其他文本

使用同样的方法在文档相应位置输入改写的文本，如下图所示。

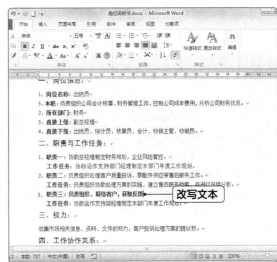

6. 删除文本

在制作文档时，如果输入了错误、多余或重复的文本，可以将其删除。删除文本的方法有几种，下面在"岗位说明书"文档中执行几种删除文本的操作，其具体操作步骤如下。

微课：删除文本

STEP 1　定位光标

在"岗位说明书"文档中将光标插入到"5、本职"文本的"5"文本后。

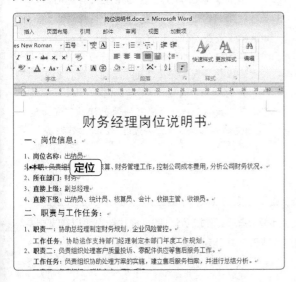

STEP 2　删除光标左侧的文本

按【Backspace】键即可将光标左侧的文本删除。

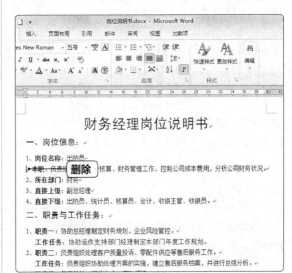

第 **2** 章　编辑 Word 文档

STEP 3　定位光标

将光标插入到"2、所在部门"文本的"2"文本的左侧。

一、岗位信息:
1、岗位名称: 出纳员
、本职: 负责组织公司会计核算、财务管理工作,控制公司成本费用,分析公司财务状况。
定位 所在部门: 财务
3、直接上级: 副总经理
4、直接下级: 出纳员、统计员、核算员、会计、收银主管、收银员。
二、职责与工作任务:
1、职责一: 协助总经理制定财务规划,企业风险管控。
　工作任务: 协助运作支持部门经理制定本部门年度工作规划。
2、职责二: 负责组织处理客户质量投诉、零配件供应等售后服务工作。
　工作任务: 负责组织协助处理方案的实施,建立售后服务档案,并进行总结分析。
3、职责三: 联络客户,获取反馈。

STEP 4　将光标右侧的文本删除

按【Delete】键将光标右侧的文本删除。

一、岗位信息:
1、岗位名称: 出纳员
、本职: 负责组织公司会计核算、财务管理工作,控制公司成本费用,分析公司财务状况。
、所在部门: 财务 **删除**
、直接上级: 副总经理
4、直接下级: 出纳员、统计员、核算员、会计、收银主管、收银员。
二、职责与工作任务:
1、职责一: 协助总经理制定财务规划,企业风险管控。
　工作任务: 协助运作支持部门经理制定本部门年度工作规划。
2、职责二: 负责组织处理客户质量投诉、零配件供应等售后服务工作。
　工作任务: 负责组织协助处理方案的实施,建立售后服务档案,并进行总结分析。
3、职责三: 联络客户,获取反馈。

STEP 5　选择文本

拖动鼠标选择"3、直接上级"文本中的"3"。

一、岗位信息:
1、岗位名称: 出纳员
、本职: 负责组织公司会计核算、财务管理工作,控制公司成本费用,分析公司财务状况。
、所在部门: 财务
3、直接上级: 副总经理 **选择**
4、直接下级: 出纳员、统计员、核算员、会计、收银主管、收银员。
二、职责与工作任务:
1、职责一: 协助总经理制定财务规划,企业风险管控。
　工作任务: 协助运作支持部门经理制定本部门年度工作规划。
2、职责二: 负责组织处理客户质量投诉、零配件供应等售后服务工作。
　工作任务: 负责组织协助处理方案的实施,建立售后服务档案,并进行总结分析。
3、职责三: 联络客户,获取反馈。

STEP 6　删除选择的文本

按【Backspace】键或者【Delete】键可以将选择

的文本删除。

一、岗位信息:
1、岗位名称: 出纳员
、本职: 负责组织公司会计核算、财务管理工作,控制公司成本费用,分析公司财务状况。
、所在部门: 财务
、直接上级+副总经理 **删除**
4、直接下级: 出纳员、统计员、核算员、会计、收银主管、收银员。
二、职责与工作任务:
1、职责一: 协助总经理制定财务规划,企业风险管控。
　工作任务: 协助运作支持部门经理制定本部门年度工作规划。
2、职责二: 负责组织处理客户质量投诉、零配件供应等售后服务工作。
　工作任务: 负责组织协助处理方案的实施,建立售后服务档案,并进行总结分析。
3、职责三: 联络客户,获取反馈。

STEP 7　添加删除的文本

消除文本的改写状态,将文档中删除的编号重新输入文档,完成文档的编辑。

财务经理岗位说明书

一、岗位信息:
1、岗位名称: 出纳员
2、本职: 负责组织公司会计核算、财务管理工作,控制公司成本费用,分析公司财务状况
3、所在部门: 财务
4、直接上级: 副总经理
5、直接下级: 出纳员、统计员、核算员、会计、收银主管、收银员。
二、职责与工作任务:
1、职责一: 协助总经理制定财务规划,企业风险管控。
　工作任务: 协助运作支持部门经理制定本部门年度工作规划。
2、职责二: 负责组织处理客户质量投诉、零配件供应等售后服务工作。
　工作任务: 负责组织协助处理方案的实施,建立售后服务档案,并进行总结分析。
3、职责三: 联络客户,获取反馈。

操作解谜
撤销和恢复文本

　　编辑文本时系统会自动记录执行过的所有操作,通过"撤销"功能可将错误操作撤销,如误撤了某些操作,还可将其恢复。单击"快速访问工具栏"上的"撤销"按钮,可以撤销最近一次的操作,或者按【Ctrl+Z】组合键,也可实现相同的作用;单击"快速访问工具栏"中的"恢复"按钮,可恢复最近一次的操作,或者按【Ctrl+Y】组合键,也能将最近一次的操作恢复。

2.1.2　审阅文档

　　在工作中,有些编辑好的文档需要上级进行审阅,上级审阅完毕后通过 Word 的批注功能,可以在文档中写出修改意见,编辑者可以按照批注对文档进行修订,并通过"更改"功能对文本进行更改。

1. 添加批注

在实际工作中编辑文档时，难免会出现一些错误，因此阅读者可以在文档中相应的错误文本处添加批注，以提醒编辑者进行修改。下面在"岗位说明书"文档中添加批注，其具体操作步骤如下。

微课：添加批注

STEP 1　选择添加批注的文本

❶在"岗位说明书"文档中选择"专业"文本后的相关文本；❷在【审阅】/【批注】组中单击"新建批注"按钮。

STEP 2　输入批注内容

在文档编辑区的左侧出现"批注"任务窗格，在其中输入对选择文本的批注内容。批注中包括了批注者的姓名和批注的相关内容，如下图所示。

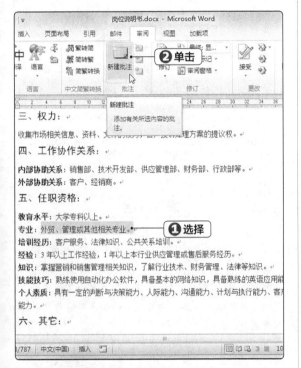

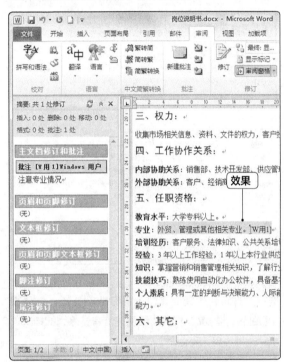

技巧秒杀

如果要修改批注，只需将光标定位到批注框中，选择批注的文本并输入正确的内容即可。而要删除批注，则可在"批注"组中单击"删除批注"按钮。

技巧秒杀

在"批注"组中单击"显示批注"按钮，添加的标注在文档中将以🗭图标的形式出现，单击该图标将再次显示出批注的内容。

2. 修订文档

在对文档进行修订后，编辑者可以按照批注的内容对文档进行修改，通过"修订"功能可以在设置了批注的文本旁添加修改后的文本。下面在"岗位说明书"文档中对批注文档进行修订，其具体操作步骤如下。

微课：修订文档

STEP 1　选择"修订"选项

❶ 在"岗位说明书"文档中的【审阅】/【修订】组中单击"修订"按钮；❷ 在打开的下拉列表中选择"修订"选项。

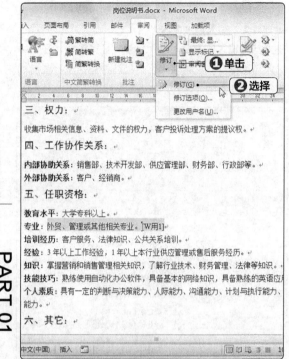

STEP 2　删除原来的文本

选择"外贸、管理或其他相关专业"文本，然后按【Delete】键，文本将变成红色并带有删除线的样式，表示需要将该文本删除。

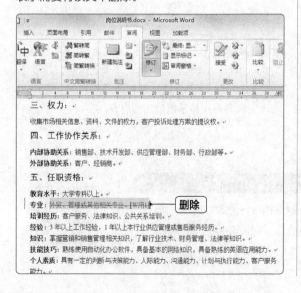

STEP 3　添加新文本

在"外贸、管理或其他相关专业"文本右侧输入"金融、管理、财务等相关专业"文本，该文本将以红色下划线进行显示，表示需要添加该文本。

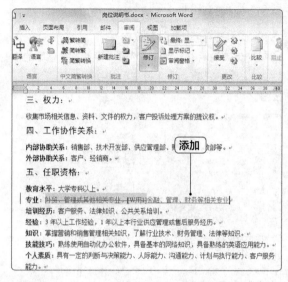

操作解谜

设置修订显示样式

在【审阅】/【修订】组中单击"修订"按钮，在打开的下拉列表中选择"修订选项"选项，打开"修订选项"对话框，在其中可以设置批注以及插入和删除内容的显示等各种修订的相关选项。

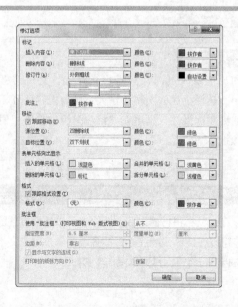

PART 01

3. 更改文档

在批注文档中进行修订后，编辑者可以通过"更改"功能恢复文档原来的状态，删除批注并将修订后的文本按照常态进行显示。下面在"岗位说明书"文档中更改文档，其具体操作步骤如下。

微课：更改文档

STEP 1　接受修订

❶ 在"岗位说明书"文档中选择批注和修订的文本；
❷ 在【审阅】/【更改】组中单击"接受"按钮；
❸ 在打开的下拉列表中选择"接受修订"选项。

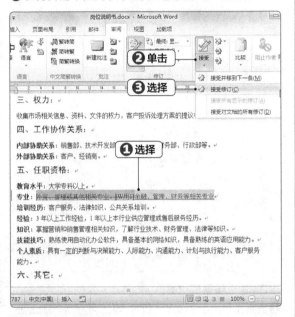

STEP 2　完成修订

在文档中将自动删除原来的文本和批注，并将修订后的文本移动到原来的位置，完成修订的更改，如下图所示。

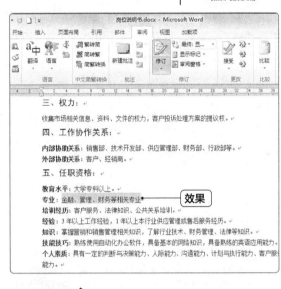

技巧秒杀

修订后的文本，可通过选择【审阅】/【修订】组，单击"显示标记"按钮，在打开的下拉列表中选择"批注框"选项，在打开的子列表中选择"在批注框中显示修订"选项，便可以批注框的形式显示修订内容。

2.2 设置"员工纪律规定"文档

为维持良好的经营秩序，提高工作效率，保证经营工作的顺利进行，使员工保持良好的身体素质和旺盛的精力，在管理公司的过程中需要制定员工纪律规定。员工纪律规定一般包括制定规定的目的、记录规定的具体内容以及记录处分的程序等几部分。

2.2.1　设置页面格式

在编辑文档时，除了设置文本的字体格式、段落格式外，还可以对文档页面的格式进行设置，包括设置页面的边框和底纹、设置页面的背景效果等，通过这些设置可以让文档更具有美观性和阅读性。

1. 添加边框和底纹

在编辑 Word 文档时，为文档设置边框和底纹可以突出文本重点。下面在"员工纪律规定"文档中为其设置边框和底纹效果，其具体操作步骤如下。

微课：添加边框和底纹

STEP 1　单击"页面边框"按钮

打开"员工纪律规定"文档，在【页面布局】/【页面背景】组中单击"页面边框"按钮。

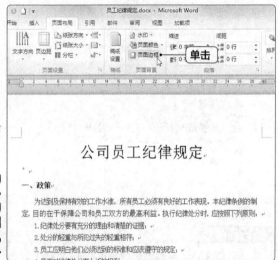

STEP 2　设置边框样式和颜色

❶打开"边框和底纹"对话框，单击"页面边框"选项卡，在"设置"栏中选择"方框"选项；❷在"样式"列表框中选择第 4 种样式；❸在"颜色"下拉列表的"标准色"栏中选择"浅蓝"选项。

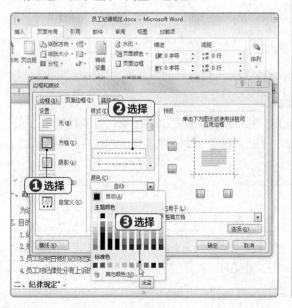

STEP 3　设置边框宽度和范围

❶在"宽度"下拉列表中选择"2.25磅"选项；❷在"预览"栏中单击 4 个按钮；❸在"应用于"下拉列表中选择"整篇文档"选项；❹单击"确定"按钮。

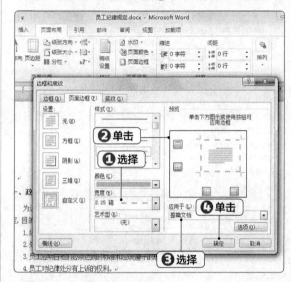

STEP 4　设置底纹颜色

❶选择文档的标题文本，打开"边框和底纹"对话框，单击"底纹"选项卡；❷在"填充"栏的下拉列表的"主题颜色"栏中选择"灰色-25%，背景2"选项；❸单击"确定"按钮。

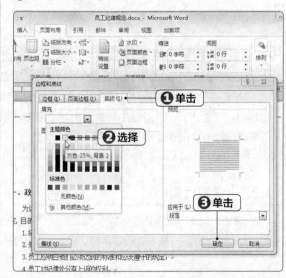

PART 01

STEP 5　查看边框和底纹效果

返回文档中可以看到设置边框和底纹后的文本效果。

操作解谜

设置文本边框

在"边框和底纹"对话框中单击"边框"选项卡，在其中可设置边框的各种格式，可以为选择的文本设置边框效果，在"预览"栏中有4个按钮分别控制各个边的显示，单击相应的按钮即可按照设置的样式显示相应的边框，反之则不显示。

操作解谜

设置图案底纹

在"边框和底纹"对话框的"底纹"选项卡的"图案"栏中可以按照选择的样式和颜色对页面底纹进行设置。

2. 设置页面背景

默认情况下页面的背景以白色显示，用户也可以使用相应的图案来作为背景。下面在"员工纪律规定"文档中为页面设置背景效果，其具体操作步骤如下。

微课：设置页面背景

STEP 1　选择"填充效果"选项

❶在"员工纪律规定"文档的【页面布局】/【页面背景】组中单击"页面颜色"按钮；❷在打开的下拉列表中选择"填充效果"选项。

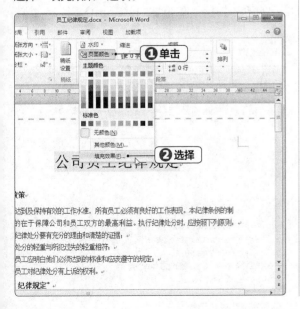

STEP 2　选择页面背景样式

❶打开"填充效果"对话框，单击"纹理"选项卡；❷在"纹理"列表框中选择"新闻纸"选项；❸单击"确定"按钮。

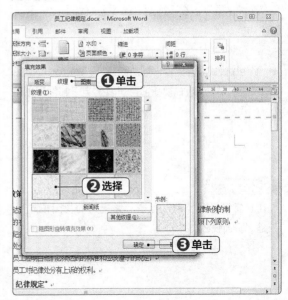

STEP 3 查看页面背景效果

返回文档中可以查看到设置了页面背景后的效果。

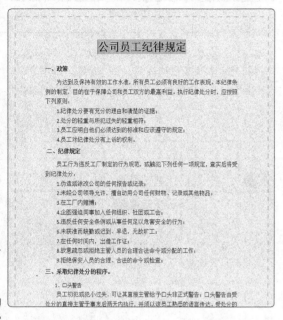

操作解谜

使用其他元素设置页面背景

在"填充效果"对话框中单击"渐变"选项卡,可以在其中设置渐变颜色作为背景效果;单击"图案"选项卡,可以在其中选择一个图案作为背景效果;单击"图片"选项卡,可以在其中选择计算机中的图片作为背景效果。

操作解谜

取消页面背景

如果文档不再需要设置页面背景,可以将其取消,在【设计】/【页面背景】组中单击"页面颜色"按钮,在打开的下拉列表中选择"无颜色"选项即可。

2.2.2 设置文档视图

在浏览文档时使用不同的视图,所显示的效果也会有所不同,并且所显示的重点也会不同,用户可根据实际需要选择不同的视图方式浏览文档。

1. 基本视图模式

在 Word 2010 中提供了 5 种视图模式,包括"页面视图""阅读视图""Web 版式视图""大纲视图"和"草稿视图"。在【视图】/【文档视图】组中可以根据自己的需求选择不同的视图模式。下面介绍各个视图的具体功能。

● **Web 版式视图:** 以网页的形式显示 Word 2010 文档,Web 版式视图适用于发送电子邮件和创建网页。

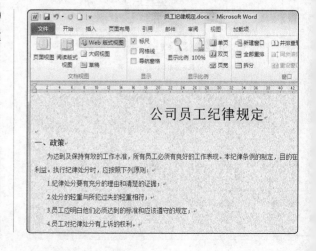

技巧秒杀

在日常编辑文档的过程中,常使用的视图模式是"页面视图"。

● **大纲视图：** 主要用于设置文档的内容和显示标题的层级结构，并可以方便地折叠和展开各种层级的文档。大纲视图广泛用于长文档的快速浏览和设置。

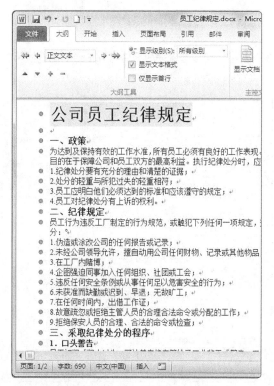

● **阅读版式视图：** 以图书的分栏样式显示文档，"文件"按钮、功能区等窗口元素被隐藏起来。在阅读版式视图中，用户还可以单击"工具"按钮选择各种阅读工具。

● **页面视图：** 是最常用的编辑视图，主要包括页眉、页脚、图形对象、分栏设置、页面边距等元素，是最接近打印结果的视图模式。

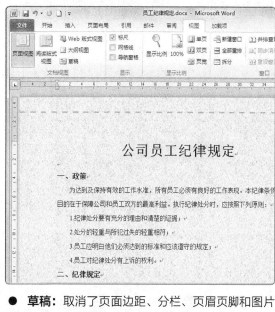

● **草稿：** 取消了页面边距、分栏、页眉页脚和图片等元素，仅显示标题和正文，是最节省计算机系统硬件资源的视图方式。当然，现在计算机系统的硬件配置都比较高，基本上不存在由于硬件配置偏低而使 Word 运行遇到障碍的问题。

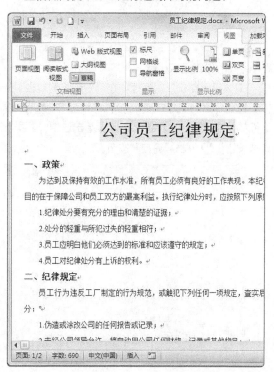

2. 调整视图比例

微课: 调整视图比例

使用文档的显示比例功能浏览文档, 可使文档按一定比例放大或缩小, 这样有利于阅读者查看文档。下面在"员工纪律规定"文档中调整文档的显示比例, 其具体操作步骤如下。

STEP 1   单击"显示比例"按钮

在"员工纪律规定"文档的【视图】/【显示比例】组中单击"显示比例"按钮。

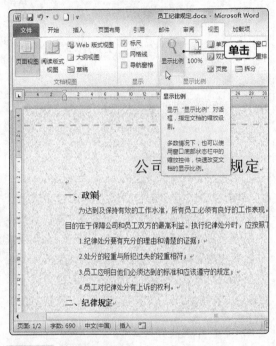

STEP 2   设置显示比例

❶打开"显示比例"对话框, 在"显示比例"栏中选择一种显示比例的方式, 如选择实际缩放或者是按照页面的尺寸来进行比例显示, 这里单击选中"多页"单选按钮; ❷单击"确定"按钮。

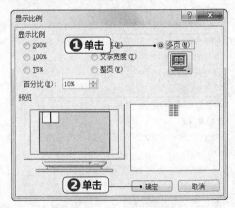

STEP 3   多页显示文档

返回文档, 可以看到在界面中将以适当的比例显示出全部的文档页面。

操作解谜

显示比例各按钮的作用

在"显示比例"组中单击"单页"按钮, 可将文档以单页的方式按照最佳显示比例显示在界面中; 单击"多页"按钮可将文档以多页的形式显示在界面中; 单击"页宽"按钮可将页面显示的文档以最佳的宽度显示在界面中。单击"100%"按钮可将文档还原到100%大小显示。

技巧秒杀

在工作界面的状态栏上有一个显示比例的滑块, 可以通过滑块来调整显示的比例。

2.2.3 保护文档

在编辑一些重要的文档时，为了不让文档信息外泄，可以对文档进行保护操作。Word 文档的保护功能既可以不让其他人打开文档，也可以仅让其他人查看文档，但不能进行编辑。

1. 设置加密文档

一些个人或公司文档为了防止他人查看，可以为其设置密码，只有输入正确的密码才能打开。下面在"员工纪律规定"文档中进行加密，其具体操作步骤如下。

微课：设置加密文档

STEP 1　选择"加密文档"选项

❶在"员工纪律规定"文档中选择【文件】/【信息】菜单命令；❷在右侧单击"保护文档"按钮；❸在打开的下拉列表中选择"用密码进行加密"选项。

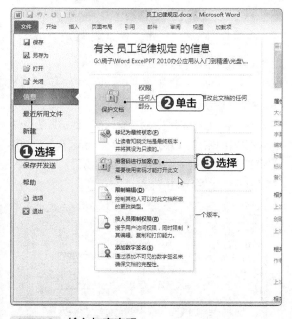

STEP 2　输入加密密码

❶打开"加密文档"对话框，在"密码"文本框中输入需要加密的密码，这里输入"123456"；❷单击"确定"按钮。

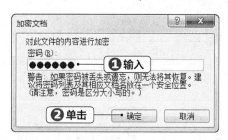

STEP 3　输入确认密码

❶打开"确认密码"对话框，在"重新输入密码"文本框中输入相同的密码；❷单击"确定"按钮，完成加密。

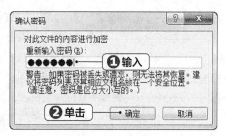

STEP 4　打开加密文档

打开加密的文档时，将会打开"密码"对话框，在文本框中输入正确的密码才能打开文档。

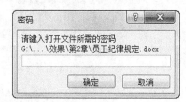

2. 设置只读文档

有些文档只需要阅读者进行查看，而不允许对其进行编辑，此时可以将文档设置为只读。下面在"员工纪律规定"文档中设置只读，其具体操作步骤如下。

微课：设置只读文档

STEP 1 选择"限制编辑"选项

❶打开"员工纪律规定"文档，选择【文件】/【信息】菜单命令；❷在右侧单击"保护文档"按钮；❸在打开的下拉列表中选择"限制编辑"选项。

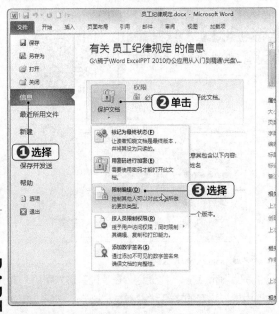

STEP 2 设置限制选项

❶在界面右侧打开"限制编辑"窗格，在"格式设置限制"栏中单击选中"限制对选定的样式设置格式"复选框；❷在"编辑限制"栏中单击选中"仅允许在文档中进行此类型的编辑"复选框；❸在下面的下拉列表中选择"不允许任何更改（只读）"选项。

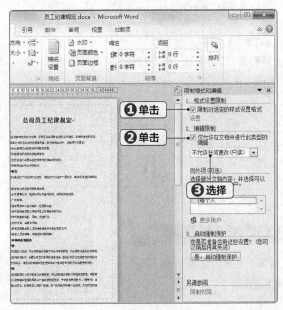

STEP 3 启动强制保护

在"启动强制保护"栏中单击"是，启动强制保护"按钮。

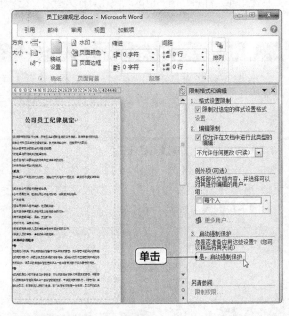

STEP 4 设置强制保护

❶打开"启动强制保护"对话框，在"保护方法"栏中单击选中"密码"单选按钮；❷在"新密码"和"确认新密码"文本框中输入保护文档的密码，这里输入"123456"；❸单击"确定"按钮。

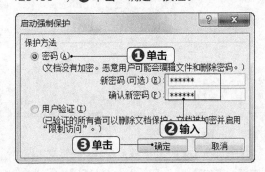

操作解谜

启动强制保护

如果已对文档进行了加密操作，启动强制保护时，在"启动强制保护"栏中可以单击选中"用户验证"单选按钮。

PART 01

STEP 5 查看设置保护的文档

重新打开文档后，发现在文档中不能进行任何编辑操作。

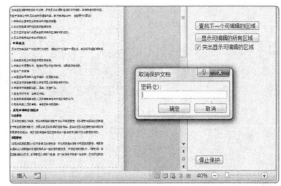

技巧秒杀

在计算机中的文档文件上单击鼠标右键，在弹出的快捷菜单中选择"属性"命令，在打开的对话框中单击选中"只读"复选框，也可以为文档设置只读属性，这种只读可以对文档进行编辑，但不能保存，只能另存。

技巧秒杀

如果需要编辑只读文档，则需要在"限制编辑"窗格中单击"停止保护"按钮，并在打开"取消保护文档"对话框中输入正确的密码。

操作解谜

修订或批注只读文档

如果需要在设置了只读的文档中进行文本的修订而不进行编辑操作，可以在"限制编辑"窗格的"编辑限制"栏中的下拉列表中选择"修订"或"批注"选项。

第 **2** 章 编辑 Word 文档

新手加油站 —— 编辑 Word 文档的技巧

1. 快速应用文档中的段落格式

如果需要快速地将一段文本的格式复制到另一段文本，可以使用格式刷进行设置。使用格式刷的方法是：选择需要被复制格式的文本段落，选择【开始】/【剪贴板】组，单击或双击"格式刷"按钮，再拖动鼠标选择需要被修改格式的文本即可。

需注意的是，单击"格式刷"按钮，格式刷只能应用一次文本样式；双击"格式刷"按钮，则可多次应用文本样式，若想解除格式刷的状态，只需在【开始】/【剪贴板】组中再次单击"格式刷"按钮。

2. 为页面设置水印

在文档中插入图片水印，如公司 LOGO，可以使文档更加正式化，同时也是对文档版权的一种声明。Word 2010 中提供了自定义水印功能，通过它不仅可以轻松插入自定义的文字水印，还可以插入自定义的图片水印，其具体操作步骤如下。

❶ 选择【页面布局】/【页面背景】组中，单击"水印"按钮，在打开的下拉列表中选择"自定义水印"选项。

❷ 打开"水印"对话框，单击选中"文字水印"单选按钮，在"文字"文本框中输入水印显示的内容，在"字体""字号"和"颜色"下拉列表中设置字体格式，单击选中"半透明"复选框，然后单击"确定"按钮。

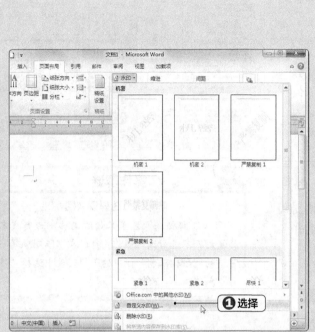

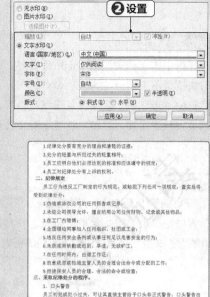

❸ 返回页面可以看到添加水印后的效果。

3. 设置分栏文本

文字分栏是指按实际排版需求将文本分成若干个条块，从而使版面更美观、阅读更方便。这种版式在报刊、杂志中使用频率比较高。一般情况下，文档分栏可将文档页面分成多个栏目，而这些栏目可以设置成等宽的，也可以设置成不等宽的，这些栏目使得整个页面布局更加错落有致，更易于阅读。

如果要为文档设置分栏，应先选择需分栏的文本，然后选择【页面布局】/【页面设置】组，单击"分栏"按钮，在打开的下拉列表中可直接选择预设的分栏版式，也可选择"更多分栏"选项，这时将打开"分栏"对话框，在其中可设置分栏栏数、宽度和间距，设置完成后单击"确定"按钮即可实现文档分栏。

4. 清除现有的段落格式

如果用户对现有的段落格式不满意，想重新进行设置，那么有两种方法清除设置好的段落格式：一种方法是选择需去掉格式的段落，再选择【开始】/【字体】组，单击"清除格式"按钮；另一种方法是直接设置新的段落格式进行替换。

Word 应用

第 3 章

美化 Word 文档

/ **本章导读**

　　为了使 Word 文档更加美观，更加突出要表达的内容，可使用图文结合的方式来编辑和表现，恰如其分地展示 Word 文档的内容。本章将介绍 Word 中文本框的应用、艺术字的应用、图片的应用、形状和 SmartArt 图形设计及表格的应用等知识。

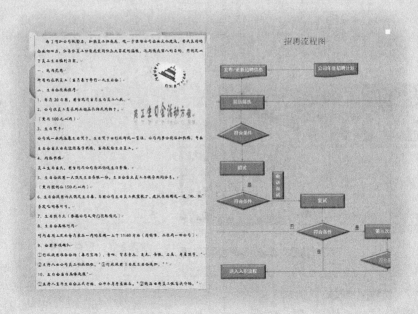

3.1 美化"员工生日会活动方案"文档

活动方案指的是为某一次活动所指定的书面计划，包括具体行动实施办法细则、步骤等。对具体将要进行的活动进行书面的计划，对每个步骤进行详细分析、研究，以确定活动的顺利、圆满进行。方案的内容主要包含活动标题、活动时间、活动目的及意义、活动参加人员、具体负责组织人员、活动内容概述、活动过程、活动对象意见、结果与讨论以及结论与建议等。

3.1.1 使用图片

在一篇文档中若是只有文字或表格，会使文档显得单调，内容不够充实，此时可为其插入漂亮的图片或剪贴画，使内容更丰富，增加文档的阅读性。下面将介绍在Word文档中使用图片的具体操作，包括图片的获取方式、图片的插入和设置等。

1. 复制网络图片

网络中的一些漂亮图片，可先下载保存到计算机中，然后插入到文档中，以增加文档的美观度。下面从网络中下载一张"生日活动"的相关图片，其具体操作步骤如下。

STEP 1 搜索图片

❶在浏览器中输入百度图片的网页地址（http://image.baidu.com/），按【Enter】键进入该搜索网页；❷在文本框中输入搜索内容，这里输入"生日活动"；❸单击"百度一下"按钮；❹在网页搜索结果中需要保存的图片上单击。

STEP 2 查看图片效果

❶在打开的网页中查看图片的具体效果，在其上单击鼠标右键；❷在弹出的快捷菜单中选择"图片另存为"

命令。

STEP 3 保存图片

❶在打开的"保存图片"对话框中设置保存图片的位置；❷输入保存图片的名称为"背景图片"；❸单击"保存"按钮即可将图片保存到计算机中。

微课：复制网络图片

2. 插入图片

通过在 Word 文档中插入图片，表达出文本不能表达的内容，充分地体现
Word 的多元化。下面在"员工生日会活动方案"文档中插入图片，其具体操作步
骤如下。

微课：插入图片

STEP 1　定位插入图片位置

❶打开"员工生日会活动方案"文档，将光标定位到
需要插入图片的位置；❷在【插入】/【插图】组中
单击"图片"按钮。

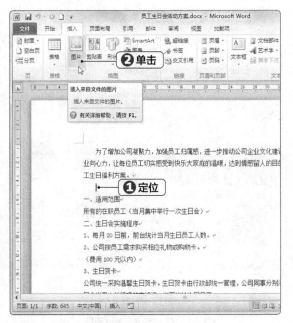

STEP 2　选择插入的图片

❶打开"插入图片"对话框，在其中选择图片的位置；
❷在中间列表框中选择图片；❸单击"插入"按钮。

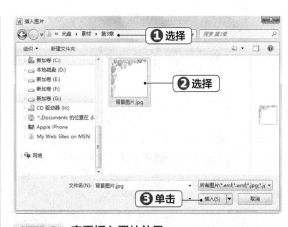

STEP 3　查看插入图片效果

返回文档中可以看到插入图片的效果。

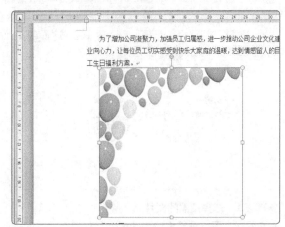

3. 插入剪贴画

剪贴画是 Office 自带的图片，用户也可以在连网的前提下从 Office.com 中下载剪贴画。下面在文档中插入剪贴画，其具体操作步骤如下。

微课：插入剪贴画

STEP 1　单击"剪贴画"按钮

❶在"员工生日会活动方案"文档中，将光标定位到需要插入图片的位置；❷在【插入】/【插图】组中单击"剪贴画"按钮。

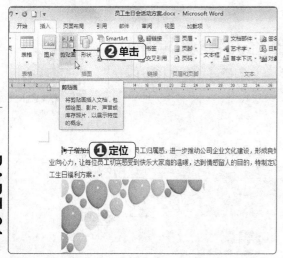

STEP 2　输入搜索内容

❶打开"剪贴画"任务窗格，在"搜索文字"文本框中输入"生日"；❷单击选中"包括 Office.com 内容"复选框；❸单击"搜索"按钮。

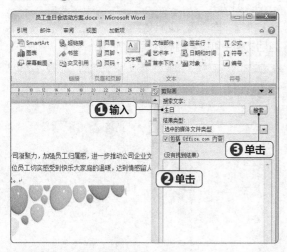

STEP 3　选择搜索的图片

在连网状态下，系统将自动搜索出与关键字相关的图片，单击需要的图片。

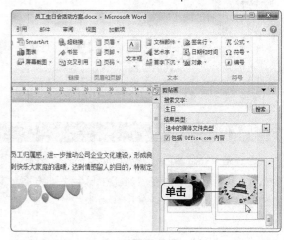

STEP 4　在文档中插入图片

Word 将该图片插入到文档中的光标处，单击"关闭"按钮，关闭"剪贴画"任务窗格。

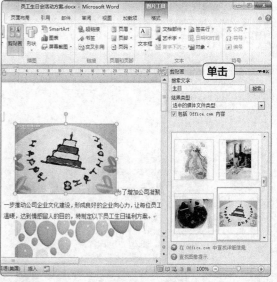

操作解谜

不能下载联机图片的原因

通过联机插入图片时，在搜索出来的图片中，有些因为版权的问题，不一定能提供下载，因此可以通过修改搜索关键字来重新搜索能提供下载的图片。

微课：编辑图片

4. 编辑图片

将图片插入文档后，为了让图片与文档更好地结合在一起，就需要对插入的图片进行一系列编辑操作。Word 2010 中有许多编辑图片的方法，下面将对"员工生日会活动方案"文档中的图片进行编辑，其具体操作步骤如下。

STEP 1　拖动图片控制点

❶在"员工生日会活动方案"文档中，选择文档中的剪贴画；❷将鼠标指针移动到图片右下角的控制点上，当鼠标指针变成↖形状时，按住鼠标左键并向左上方拖动鼠标。

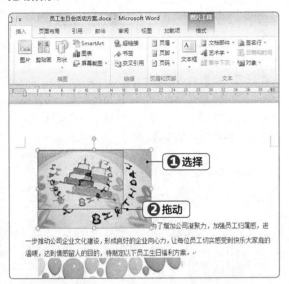

STEP 2　缩放图片

将鼠标拖动到一定位置后释放鼠标，可将图片缩至相应大小。

STEP 3　设置图片排列方式

❶在【图片工具 格式】/【排列】组中单击"位置"按钮；❷在打开的下拉列表中选择"其他布局选项"选项。

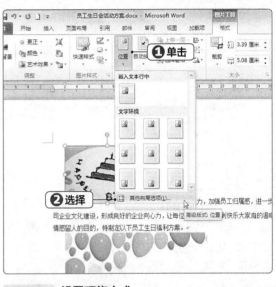

STEP 4　设置环绕方式

❶打开"布局"对话框，单击"文字环绕"选项卡；❷在"环绕方式"栏中选择"浮于文字上方"选项；❸单击"确定"按钮。

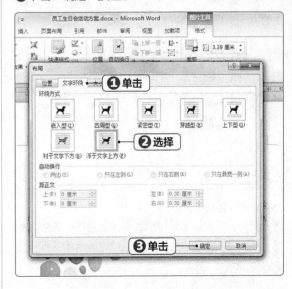

STEP 5 设置图片位置

选择浮于文字上方的图片，将鼠标指针移动到图片上，按住鼠标左键不放，向右上角位置拖动，调整图片位置。

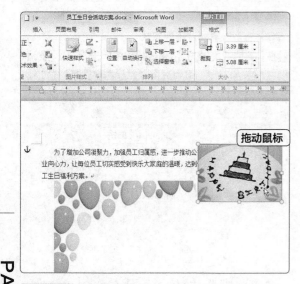

STEP 6 设置图片样式

❶在【图片工具 格式】/【图片样式】组中单击"快速样式"按钮；❷在打开的下拉列表中选择"柔化边缘椭圆"选项，为图片设置外观样式。

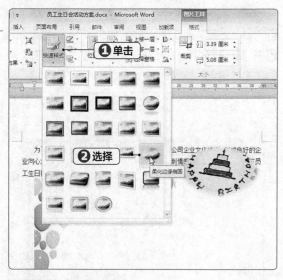

STEP 7 旋转图片方向

选择图片，将鼠标指针移动到图片上方中间的旋转柄上，按住鼠标左键不放，拖动鼠标将图片旋转到一定的方向。

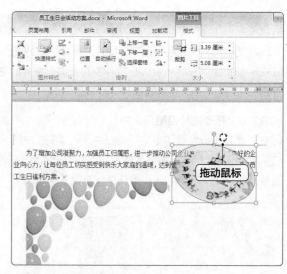

STEP 8 设置背景图片

选择前面插入的背景图片，将其宽度设置为与文档宽度一致，并浮于文字下方，然后将图片拖动到文档顶端位置，完成图片的设置。

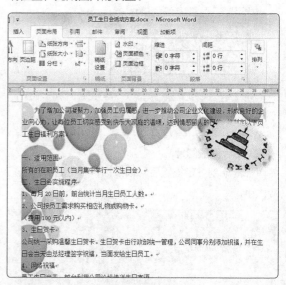

操作解谜

设置图片的具体大小

在Word中可以通过图片上的控制点来调整图片的大小，如果要设置图片的具体宽度和高度，则可以选择图片，在【图片工具 格式】/【大小】组中的"高度"和"宽度"数值框中输入图片的宽度和高度数值。

3.1.2 使用艺术字

艺术字是指在 Word 文档中经过特殊处理的文字。在 Word 文档中使用艺术字，可使文档呈现出不同的效果，使文本醒目、美观。插入艺术字后还可以对其进行编辑，使其呈现更多的效果。

1. 插入艺术字

Word 中提供了多种艺术字样式，用户直接选择相应样式即可将其插入到文档中。下面在"员工生日会活动方案"文档中插入艺术字并输入文本，其具体操作步骤如下。

微课：插入艺术字

STEP 1　选择艺术字样式

❶在【插入】/【文本】组中单击"艺术字"按钮；❷在打开的下拉列表中选择"渐变填充 – 金色，强调文字颜色 4，映像"选项。

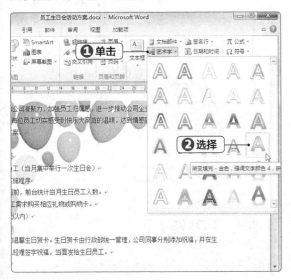

STEP 2　插入空白艺术字

在文档中将插入一个显示"请在此放置您的文字"文本的艺术字文本框。

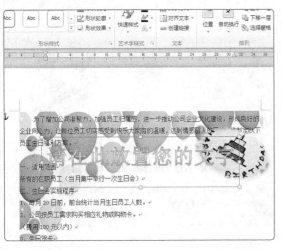

STEP 3　输入艺术字文本

❶选择文本框中的文本将其删除，然后在其中输入"员工生日会活动方案"文本；❷将鼠标指针移动到文本框的四周，按住鼠标左键拖文本框到合适的位置，完成艺术字的插入。

操作解谜

将现有的文本转换为艺术字

如果要创建的艺术字中的文本在文档中已经存在，则可以直接将该文本转换为艺术字，其方法为：选择需要转换的文本，在【插入】/【文本】组中单击"艺术字"按钮，在打开的下拉列表中选择一种艺术字样式，即可将现有的文本转换为艺术字。

2. 设置艺术字

插入艺术字后，若对艺术字的效果不满意，可重新对其进行编辑，如设置艺术字的大小、位置以及样式和效果等。下面在文档中设置艺术字，其具体操作步骤如下。

STEP 1　设置艺术字字体

❶在"员工生日会活动方案"文档中，选择艺术字文本；❷在【开始】/【字体】组中，设置文本的字体格式为"方正舒体，二号"。

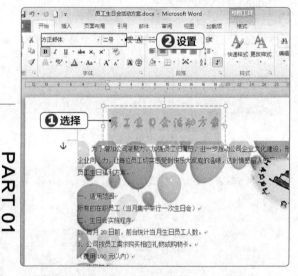

STEP 2　设置艺术字文字效果

❶在【绘图工具 格式】/【艺术字样式】组中单击"文字效果"按钮；❷在打开的下拉列表中选择"转换"选项；❸在打开的子列表的"弯曲"栏中，选择"正三角"选项。

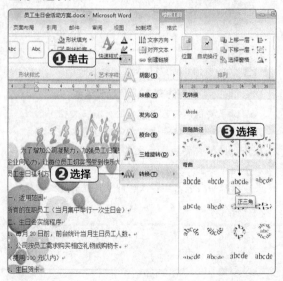

STEP 3　设置艺术字文字填充效果

❶在【绘图工具 格式】/【艺术字样式】组中单击"文本填充"按钮右侧的下拉按钮；❷在打开的下拉列表的"标准色"栏中，选择"红色"选项。

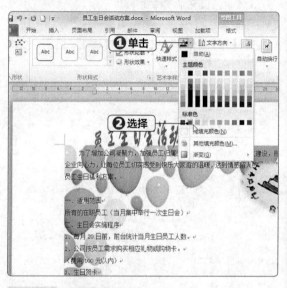

STEP 4　调整艺术字位置

将鼠标指针移动到艺术字上，按住鼠标左键不放将其移动到文档的合适位置，完成艺术字的设置。

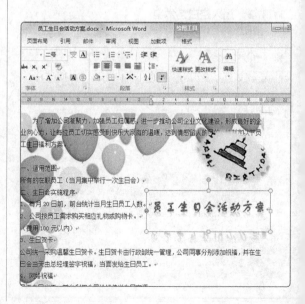

操作解谜

编辑艺术字

艺术字具有和图片相似的属性，可以像图片一样对艺术字进行样式的设置、调整大小、移动位置、旋转方向等。

操作解谜

详细设置艺术字样式

选择艺术字，然后在【格式】/【艺术字样式】组中单击"扩展"按钮，可打开"设置形状格式"对话框，在其中可对艺术字的样式进行详细设置。

3.1.3 | 使用文本框

在 Word 2010 中，通过文本框可在页面任何位置输入需要的文本或插入图片，且其他插入的对象不影响文本框中的文本或图片，具有很大的灵活性。因此，在使用 Word 2010 制作页面元素比较多的文档时通常使用文本框。

1. 插入文本框

要使用文本框，首先需要了解其插入方法。下面在"员工生日会活动方案"文档中插入一个文本框，其具体操作步骤如下。

微课：插入文本框

STEP 1 选择"绘制文本框"选项

❶在"员工生日会活动方案"文档的【插入】/【文本】组单击"文本框"按钮；❷在打开的下拉列表中选择"绘制文本框"选项。

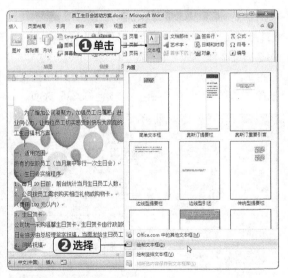

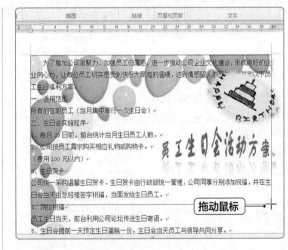

STEP 2 绘制文本框

将鼠标指针移至文档中，此时光标变成十形状，在需要插入文本框的区域中按住鼠标左键不放并拖动鼠标。

操作解谜

插入内置文本框

在【插入】/【文本】组单击"文本框"按钮，在打开的下拉列表中的"内置"栏中显示了多种内置的文本框，在其中选择一种样式即可创建对应的文本框。

STEP 3 查看文本框效果

将文本框拖动到合适大小后释放鼠标，即可在该区域中插入一个横排文本框。

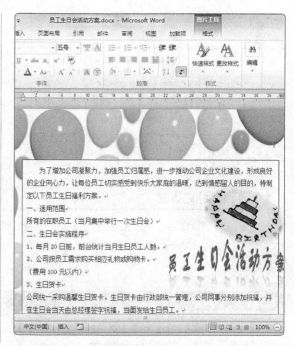

STEP 4　在文本框中插入文本

对文档中的文本进行剪切，然后粘贴到文本框中，并
调整图片的位置和大小，效果如右图所示。

2. 编辑文本框

初次创建的文本框往往不能满足文档的需要，因此需要对创建的文本框进行相应的
编辑操作，包括调整其大小、位置以及格式效果等。下面在"员工生日会活动方案"文
档中对创建的文本框进行编辑操作，其具体操作步骤如下。

微课：编辑文本框

STEP 1　设置文本框大小

在"员工生日会活动方案"文档中，将鼠标指针移动
到文本框的右下角，向下拖动文本框，调整文本框的
大小。

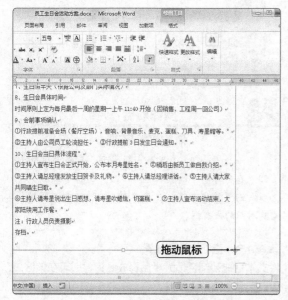

STEP 2　设置文本框背景颜色

❶将文本框中的文本设置为"方正康体简体，四号"；
❷选择文本框；❸在【绘图工具 格式】/【形状样式】
组中单击"形状填充"按钮；❹在打开的下拉列表中
选择"蓝色，强调文字颜色1，淡色60%"选项。

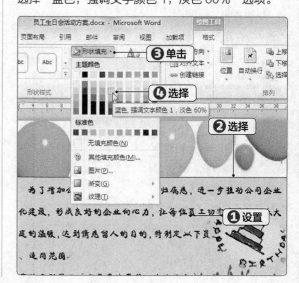

PART 01

STEP 3　设置文本框轮廓颜色

❶在【绘图工具 格式】/【形状样式】组中单击"形状轮廓"按钮；❷在打开的下拉列表的"主题颜色"栏中选择"橙色，强调文字颜色 2"选项。

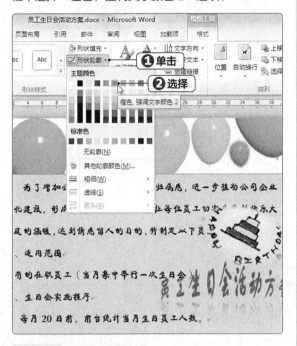

STEP 4　设置轮廓线粗细

❶在【形状样式】组中单击"形状轮廓"按钮；❷在打开的下拉列表中选择"粗细"选项；❸在打开的子列表中选择"6 磅"选项。

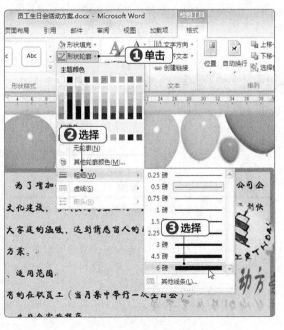

STEP 5　设置轮廓线样式

❶在【形状样式】组中单击"形状轮廓"按钮；❷在打开的下拉列表中选择"虚线"选项；❸在打开的子列表中选择"长划线"选项。

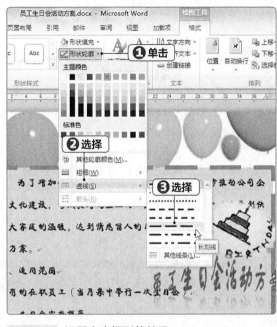

STEP 6　设置文本框形状效果

❶在【形状样式】组中单击"形状效果"按钮；❷在打开的下拉列表中选择"柔化边缘"选项；❸在打开的子列表中选择"5 磅"选项。

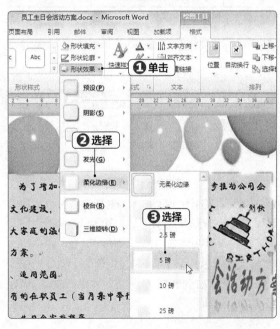

STEP 7 查看设置效果

返回文档中可以查看到设置文本框后的效果。将文本框移动到文档中适当的位置，然后调整艺术字和图片的位置，完成编辑。

操作解谜

创建竖排文本框

横排文本框中的文本是从左到右、从上到下输入的，而竖排文本框中的文本则是从上到下、从右到左输入的。在【绘图工具 格式】/【文本】组中单击"文字方向"按钮，在打开的下拉列表中选择"垂直"选项即可将文本框中的文本以竖排形式进行显示；选择其他的选项，还可以将文本框按一定的角度进行旋转。

3.2 设计"招聘流程"文档

招聘工作流程一般由公司的人力资源部制定，主要目的是规范公司的人员招聘行为，保障公司及招聘人员的权益。流程包含若干章若干条，分别从招聘计划、招聘、应聘、面试、录用等几个方面进行详细规定。通过使用流程图的方式来表现招聘流程，可以很直观地掌握其中的具体内容。

3.2.1 绘制招聘流程图

在 Word 2010 中通过多种形状绘制工具，可绘制出如线条、正方形、椭圆、箭头、流程图、星和旗帜等图形。这些图形可以描述一些组织架构和操作流程，将文本与文本连接起来，并表示彼此之间的关系。这样可使文档简单明了。

1. 绘制形状

在纯文本中间适当地插入一些表示过程的形状，这样既能使文档简洁，又能使文档内容更形象、具体。下面在"招聘流程"文档中绘制形状，其具体操作步骤如下。

微课：绘制形状

STEP 1 新建"招聘流程"文档

❶在 Word 2010 中新建一篇文档，并将其以"招聘流程"为名进行保存，在文档中输入"招聘流程图"文本，设置其字体格式为"宋体，二号，居中，加粗"；❷在【插入】/【插图】组中单击"形状"按钮；❸在打开的下拉列表的"流程图"栏中，选择"流程图：文档"选项。

操作解谜

了解流程图中图形的含义

本例中创建的不同形状，表示了不同的含义，如在绘制流程图中的形状时，矩形图形表示"过程"、圆角矩形表示"可选过程"、菱形图形表示"决策"、平行四边形表示"数据"等。

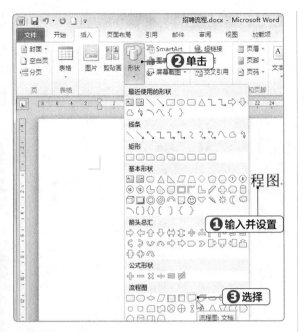

STEP 2 绘制形状

再将鼠标指针移动到文档中，此时光标变成十形状，
按住鼠标左键不放并往下拖动鼠标，绘制所选的形状。

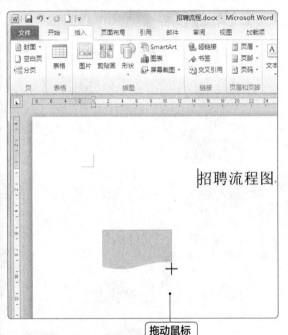

STEP 3 查看绘制的形状

当图形大小达到适当程度时释放鼠标，绘制出一个默
认填充颜色为蓝色的"流程图文档"形状，并自动显
示出"绘图工具 格式"选项卡。

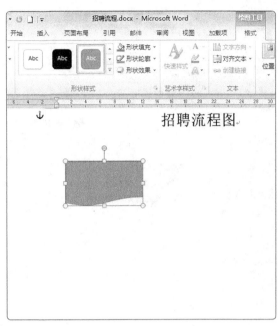

STEP 4 选择"箭头"线条

❶在【插入】/【插图】组中单击"形状"按钮；
❷在打开的下拉列表的"线条"栏中，选择"肘形箭
头连接符"选项。

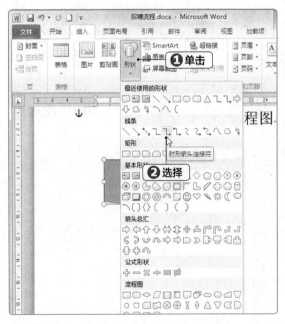

STEP 5 绘制箭头

将鼠标指针移动到"文档"流程图下方边缘的中间点
并单击鼠标左键，在流程图下方绘制一个箭头形状。

PART 01

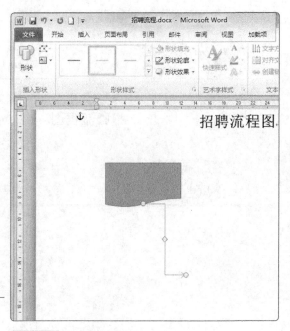

STEP 6 调整箭头形状

使用鼠标分别选择箭头上两端的控制点和中间的黄色控制点，调整箭头的形状，将其调整为垂直向下的样式。

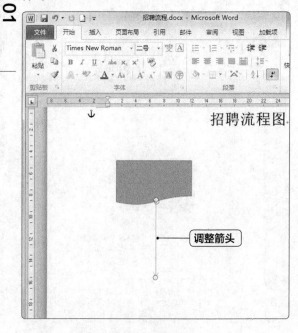

STEP 7 绘制"过程"流程图

❶在【插入】/【插图】组中单击"形状"按钮；
❷在打开的下拉列表的"流程图"栏中，选择"流程图：过程"选项，在箭头下方绘制一个流程图。

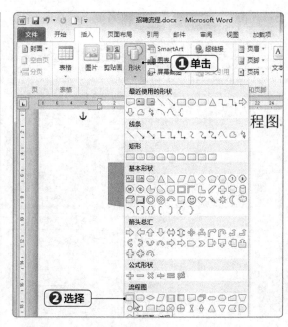

STEP 8 绘制其他流程图

用同样的方法，选择不同的形状，在文档中绘制出招聘流程的结构，如下图所示。

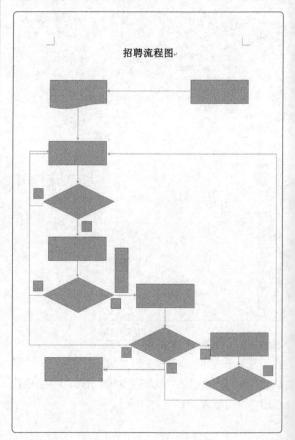

2. 插入文本

要体现流程图的具体功能，则需要在各个流程形状中输入相关的文本，这样流程图才能一目了然。下面在"招聘流程"文档中为各个流程形状输入文本，并设置文本格式，其具体操作步骤如下。

微课：插入文本

STEP 1　选择"添加文字"选项

❶在"招聘流程"文档中选择一个流程形状，在其上单击鼠标右键；❷在弹出的快捷菜单中选择"添加文字"命令。

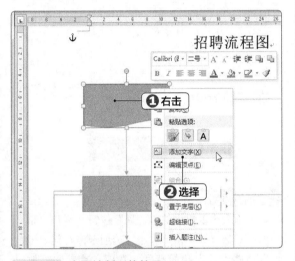

STEP 2　查看绘制形状效果

将光标插入到流程图中，在其中输入"发布/更新招聘信息"文本。

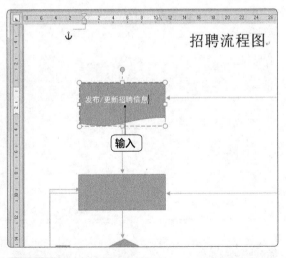

STEP 3　查看绘制形状效果

❶选择输入的文本；❷在【开始】/【字体】组中将文本格式设置为"黑体，四号"。

STEP 4　在其他流程中输入文本

用同样的方法在其他流程形状中输入相应的文本，并设置相同的字体格式。

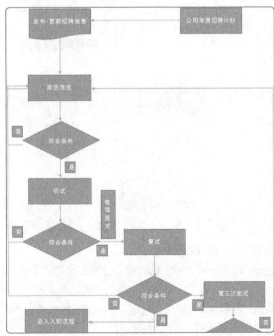

3. 调整大小和位置

由于在文档中绘制的形状是使用鼠标拖动绘制，各个形状大小不一，无法形成统一，因此需要调整其大小和位置，让流程图更美观。下面在"招聘流程"文档中调整流程图的大小，其具体操作步骤如下。

微课：调整大小和位置

PART 01

STEP 1　选择调整大小的形状

在"招聘流程"文档中，将鼠标指针移动到"文档"流程图右下角的控制点上，当光标变成 ↖ 形状时，按住鼠标左键不放进行拖动。

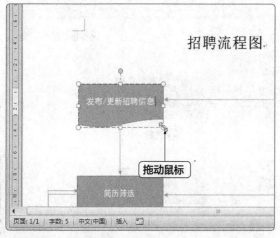

技巧秒杀

单击【大小】组中的"扩展"按钮，打开"布局"对话框，单击"大小"选项卡，在其中可以精确设置形状的高度、宽度、旋转和缩放等。注意，设置缩放时，需要单击选中"锁定纵横比"复选框，形状才能按比例缩放。

STEP 2　调整形状的大小

将鼠标向上或向下拖动可以调整形状的高度，向左或向右拖动可以调整形状的宽度。

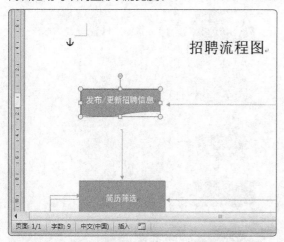

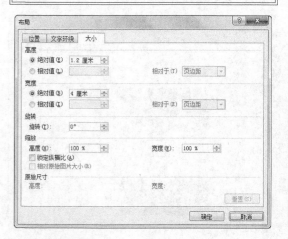

STEP 3　精确调整大小

❶选择另外一个形状；❷选择【绘图工具 格式】/【大小】组，在"高度"数值框中输入形状的高度为"1.2厘米"；❸在"宽度"数值框中输入形状的宽度为"4厘米"，按【Enter】键应用设置。

技巧秒杀

按住【Shift】键选择多个形状，然后在对话框中进行大小的设置，可以同时调整多个形状的大小。

STEP 4　查看调整形状大小后的效果

返回文档，可以看到调整形状大小后的效果。

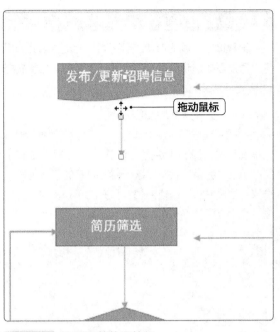

STEP 5　调整其他形状大小

用同样的方法将其他流程图形状和箭头图形调整到合适的大小。

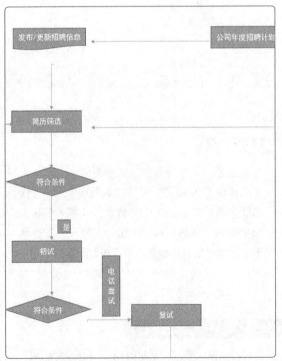

STEP 6　拖动形状调整位置

将鼠标指针移动到绘制的箭头线条上，然后按住鼠标左键不放，向上拖动，与上面的"文档"流程图连接。

STEP 7　查看调整位置效果

用同样的方法将其他形状的位置调整到合适的位置上，效果如下图所示。

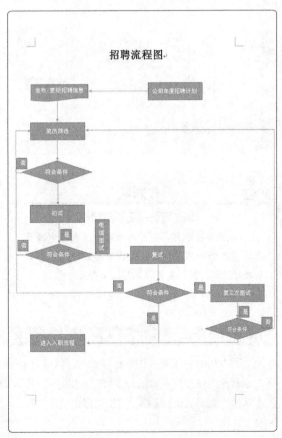

4. 更改形状

流程图中不同的形状表示不同的含义，因此如果绘制的流程图形状不符合要求，则可以通过更改形状来调整其类型。下面在"招聘文档"中对创建的形状进行更改，其具体操作步骤如下。

微课：更改形状

STEP 1　选择需更改的形状

❶在"招聘流程"文档中选择"公司年度招聘计划"流程图形状；❷在【绘图工具 格式】/【插入形状】组中单击"编辑形状"按钮；❸在打开的下拉列表中选择"更改形状"选项；❹在打开的子列表的"流程图"栏中选择"流程图：文档"选项。

STEP 2　查看更改的形状

返回文档，可以看到选择的形状被更改为"流程图：文档"形状的效果。

PART 01

操作解谜

通过复制来更换形状

　　如果文档中有需要更改的形状，也可以将原来的形状删除，然后复制文档中其他相同的形状来进行修改，并调整其位置和大小即可。

技巧秒杀

　　如果文档中多个形状需要更改为同一个形状，可以按住【Shift】键，单击鼠标的同时选择这些形状，然后在【绘图工具 格式】/【插入形状】组中单击"编辑形状"按钮，在打开的下拉列表中选择"更改形状"选项来更改形状。

5. 编辑顶点

如果 Word 中没有提供自己需要的形状或者创建的形状不符合自己的要求，则可以通过编辑顶点来改变形状的外观样式从而达到目的。下面在"招聘流程"文档中对创建的形状进行编辑顶点的操作，其具体操作步骤如下。

微课：编辑顶点

STEP 1　选择"编辑顶点"选项

❶在"招聘流程"文档中，选择流程图中的"决策"形状；❷在【绘图工具 格式】/【插入形状】组中单击"编辑形状"按钮；❸在打开的下拉列表中选择"编辑顶点"选项。

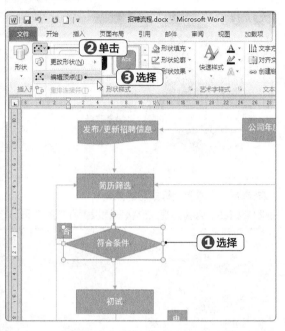

STEP 2　调整形状的外观样式

此时所选择形状的 4 个角上将出现编辑点，将鼠标指针移动到该编辑点上并拖动鼠标即可调整形状的外观样式。编辑完成后，单击空白处即可退出编辑状态。

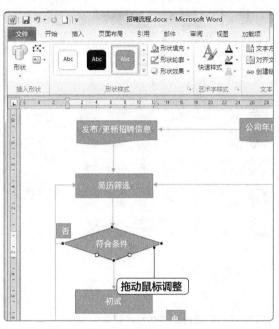

操作解谜

添加和删除顶点

在进入顶点的编辑状态后，在顶点线上单击鼠标右键，在弹出的快捷菜单中选择"添加顶点"和"删除顶点"命令，可以对顶点进行添加和删除操作。

技巧秒杀

进入编辑顶点状态后，顶点有白色和黑色两种，拖动不同颜色的顶点可以对形状进行不同的编辑操作，黑色顶点为形状大小的控制点，白色顶点为形状边缘的控制点（通过拖动该点，可以调整形状某一边的形状）。

3.2.2　设置招聘流程图

插入形状后，形状的内容、颜色、效果和样式都是默认的，这时便可在"格式"功能组中对其进行形状、大小、线条样式、颜色以及填充效果等方面的编辑操作。

1. 快速设置形状样式

Word 中预先设置了多种形状样式，选择形状后，再选择相关的样式，该形状就会自动快速应用选择的样式。下面在"招聘流程"文档中为创建的流程图形状快速设置样式，其具体操作步骤如下。

微课: 快速设置形状样式

STEP 1 选择流程图样式

❶在"招聘流程"文档中，按住【Shift】键选择所有流程图形状；❷在【绘图工具 格式】/【形状样式】组中的列表框中单击"其他"按钮，在打开的列表框中选择"强烈效果 - 绿色，强调颜色 6"选项。

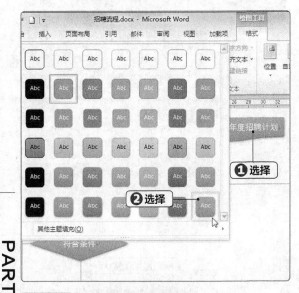

STEP 2 查看应用样式后的效果

返回文档中可以查看为流程图形状快速设置样式的效果，该样式包括了形状的颜色、边框以及效果等。

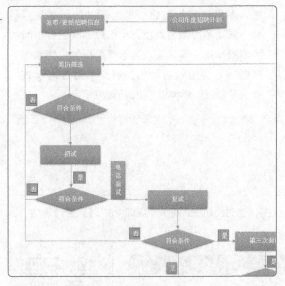

STEP 3 选择箭头形状样式

❶按住【Shift】键选择流程图中的箭头形状；❷在【绘图工具 格式】/【形状样式】组中的列表框中单击"其他"按钮，在打开的列表框中选择"粗线，强调颜色 2"选项。

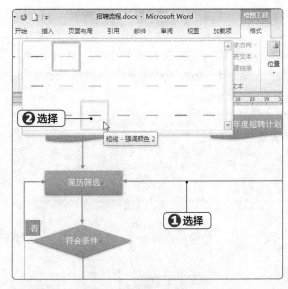

STEP 4 查看应用样式后的效果

返回文档，可以看到箭头形状快速设置样式的效果。

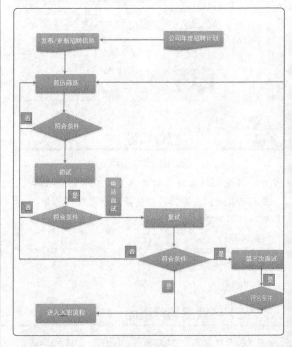

操作解谜

预览设置样式效果

　　在 Word 中将鼠标指针移动到样式上后，即可在文档中预览当前对象应用该样式后的效果，满意后再确认选择样式即可将该样式应用到选择的对象上。

2. 设置形状填充

如果要单独设置形状的填充颜色，可以通过"形状填充"功能中的选项对形状的填充颜色进行设置。下面在"招聘流程"文档中设置形状的填充颜色，其具体操作步骤如下。

STEP 1　选择形状填充颜色

❶在"招聘流程"文档中，按住【Shift】键选择流程图中的形状；❷在【绘图工具 格式】/【形状样式】组中单击"形状填充"按钮；❸在打开的下拉列表的"主题颜色"栏中选择"蓝色，强调文字颜色 1，深色 50%"选项。

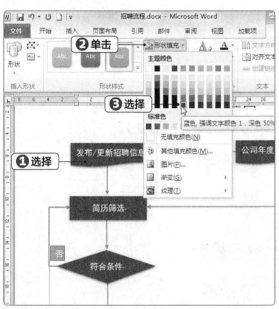

STEP 2　设置无填充颜色

选择包含"是"和"否"文本的形状，将其形状填充颜色设置为"无填充颜色"，并将其中的文本颜色设置为"黑色"。

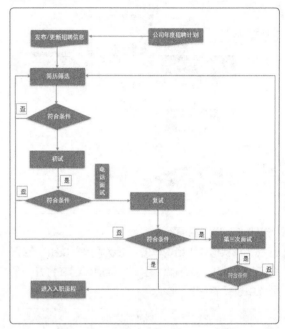

第 **3** 章　美化 Word 文档

操作解谜

设置无填充颜色

如果创建的形状不需要填充颜色，则可以在【绘图工具 格式】/【形状样式】组中单击"形状填充"按钮，在打开的下拉列表中选择"无填充颜色"选项。

操作解谜

形状的其他填充选项

在形状中除了可以填充单一的颜色外，还可以设置渐变色、纹理以及使用图片进行填充，其方法是在【绘图工具 格式】/【形状样式】组中单击"形状填充"按钮，在打开的下拉列表中选择相应的选项进行设置。

3. 设置形状轮廓

形状轮廓即形状的边框颜色、粗细以及线型等样式，在需要设置形状的边框效果时，可以通过形状轮廓功能来完成设置。下面在"招聘流程"文档中为形状设置形状轮廓效果，其具体操作步骤如下。

STEP 1　设置轮廓颜色

❶在"招聘流程"文档中，按住【Shift】键选择流程图中的形状；❷在【绘图工具 格式】/【形状样式】组中单击"形状轮廓"按钮；❸在打开的下拉列表的"主题颜色"栏中，选择"橙色，强调文字颜色2，深色25%"选项。

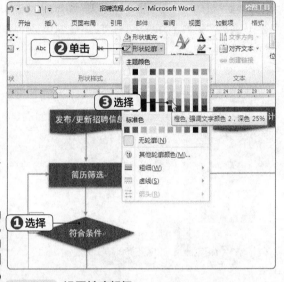

STEP 2　设置轮廓粗细

❶在【形状样式】组中单击"形状轮廓"按钮；❷在打开的下拉列表中选择"粗细"选项；❸在打开的子列表中选择"1磅"选项。

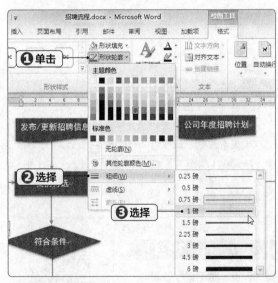

STEP 3　设置轮廓线型

❶在【形状样式】组中单击"形状轮廓"按钮；❷在打开的下拉列表中选择"虚线"选项；❸在打开的子列表中选择"长划线"选项。

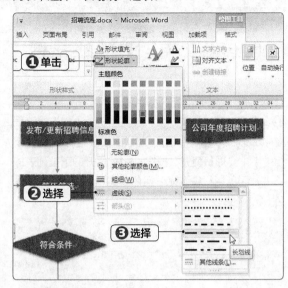

STEP 4　设置无轮廓

选择包含"是"和"否"文本的形状，将其形状轮廓设置为"无轮廓"，完成设置。

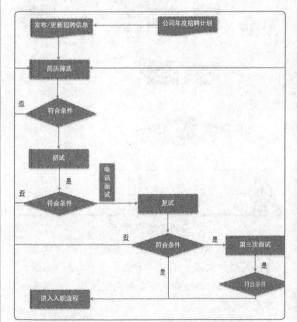

技巧秒杀

在【绘图工具 格式】/【形状样式】组中单击"形状轮廓"按钮，在打开的下拉列表中选择"箭头"选项，还可以在其中设置流程图中箭头的样式。

4. 设置形状效果

在 Word 中设置形状效果即是为创建的形状设置阴影、映像、发光等外观效果，根据创建的文档的需要，可以为其设置相应的形状效果样式。下面在"招聘流程"文档中为形状设置形状效果，其具体操作步骤如下。

微课：设置形状效果

STEP 1　设置形状效果

❶在"招聘流程"文档中，按住【Shift】键选择流程图中的形状；❷在【绘图工具 格式】/【形状样式】组中单击"形状效果"按钮；❸在打开的下拉列表中选择"棱台"选项；❹在打开的子列表中选择"圆"选项。

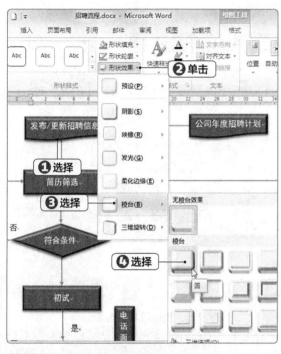

STEP 2　设置箭头的形状效果

❶按住【Shift】键选择箭头形状；❷在【绘图工具 格式】/【形状样式】组中单击"形状效果"按钮；❸在打开的下拉列表中选择"阴影"选项；❹在打开的子列表中选择"右下斜偏移"选项。

技巧秒杀

为了体现流程图中某些流程的重要性，可以为单个形状设置不同的填充颜色、轮廓以及形状效果。

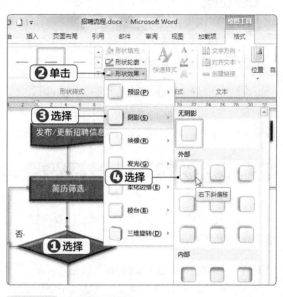

STEP 3　查看设置效果

返回文档中可以查看到为流程图形状和箭头形状设置的效果。

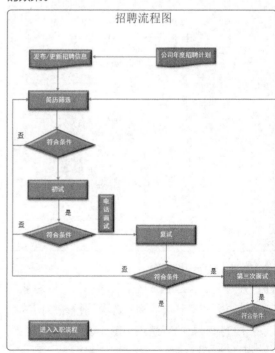

3.3 制作"企业组织结构图"

"企业组织结构图"是组织架构的直观反映，是最常见的表现雇员、职称和群体关系的一种图表，它形象地反映了组织内各机构、岗位上下左右相互之间的关系。组织结构图是以从上至下、可自动增加垂直方向层次的组织单元、图标列表形式展现的架构图，以图形形式直观表现了组织单元之间的相互关联。通过组织架构图，可直接查看组织单元的详细信息，还可以查看与组织架构关联的职位、人员信息。

3.3.1 绘制企业组织结构图

在制作一些组织架构或描述某些操作流程时，经常会用形状来建立各任务之间的关系，在 Word 2010 中提供了多种形状绘制工具。而 SmartArt 图形是一种专门用于表现数据间对应关系的有序图形，Word 2010 中提供了多种 SmartArt 图形，可表示流程、层次结构、循环和列表等关系。

1. 插入 SmartArt 图形

在制作公司组织结构图、产品生产流程图、采购流程图等图形时，使用 SmartArt 图形能将各层次结构之间的关系清晰明了地表述出来。下面在文档中使用 SmartArt 图形创建一个组织结构图，其具体操作步骤如下。

微课：插入 SmartArt 图形

STEP 1 单击"SmartArt 图形"按钮

新建一个 Word 文档，并将其以"组织结构图"为名进行保存，在【插入】/【插图】组中单击"SmartArt"按钮。

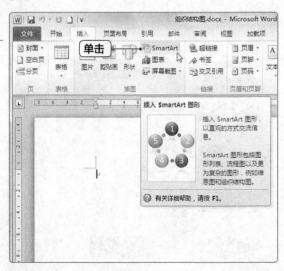

STEP 2 选择组织结构

❶打开"选择 SmartArt 图形"对话框，在左侧的列表框中选择"层次结构"选项；❷在中间的列表框中选择需要的组织结构图，这里选择"组织结构图"选项；❸单击"确定"按钮。

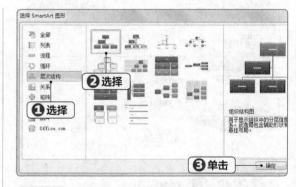

STEP 3 查看插入组织结构的效果

此时，即可在文档中插入一个组织结构图，如下图所示。

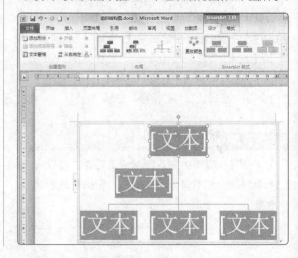

2. 修改 SmartArt 图形

插入 SmartArt 图形后，其图形一般默认呈蓝色显示，这时可对其颜色、文本和形状样式等进行设置，使插入的图形更加美观。下面在"组织结构图"文档中对 SmartArt 图形进行修改，其具体操作步骤如下。

微课：修改 SmartArt 图形

STEP 1　删除形状

在"组织结构图"文档中，按住【Shift】键选择组织结构图中第 3 行左右两个形状，按【Delete】键将其删除。

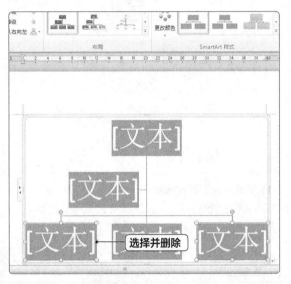

STEP 2　选择"在下方添加形状"选项

❶选择第 3 行中剩下的形状；❷在【SmartArt 工具 设计】/【创建图形】组中单击"添加形状"按钮右侧的下拉按钮；❸在打开的下拉列表中选择"在下方添加形状"选项。

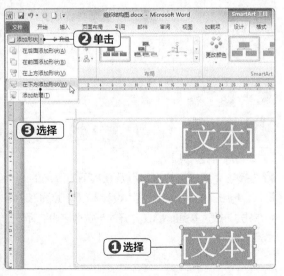

STEP 3　添加形状

在选择的形状下方将添加一个形状。

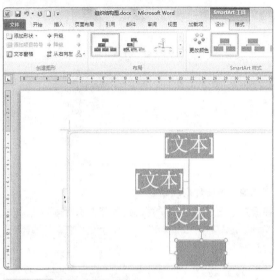

STEP 4　添加其他形状

重复 STEP 2 的操作，用同样的方法在第 3 行的形状下方添加两个形状。

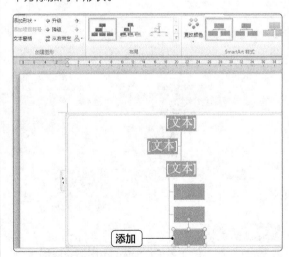

STEP 5　添加其他形状

❶选择第 3 行中的形状和在其下方添加的 3 个形状；❷在【SmartArt 工具 设计】/【创建图形】组中单击"布局"按钮；❸在打开的下拉列表中选择"标准"选项。

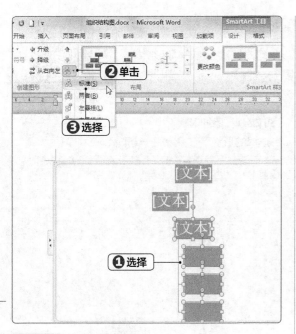

STEP 6 调整形状布局

将添加的 3 个形状从垂直排列调整为水平排列。

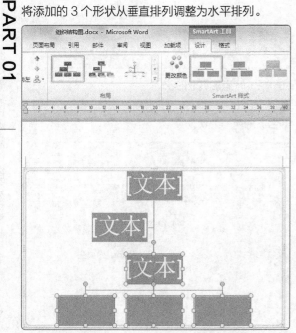

技巧秒杀

SmartArt图形的布局是指SmartArt图形各层形状之间的关系，需要设置布局前，至少要选择两个层次的形状，如果只选择一个层次的形状，则无法实施布局。

STEP 7 添加其他形状

在第 4 层的左侧形状的下方添加一个形状。

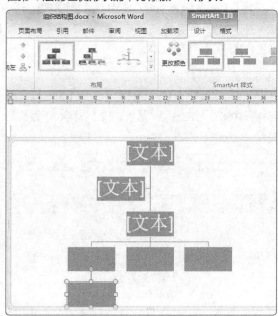

STEP 8 添加其他形状

选择该层右侧的形状，再在其下方添加 4 个形状。

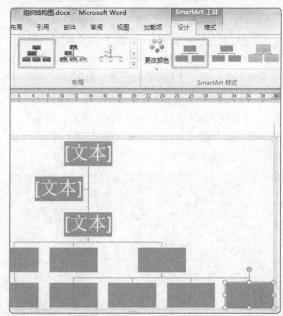

STEP 9 调整布局

❶选择第 4 层右侧的形状以及在其下方添加的 5 个形状；❷在【SmartArt 工具 设计】/【创建图形】组中单击"布局"按钮；❸在打开的下拉列表中选择"右悬挂"选项。

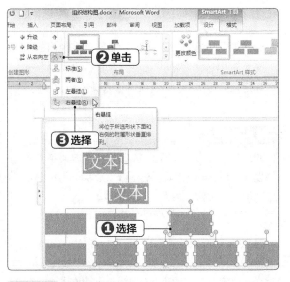

添加一个形状，效果如下图所示。

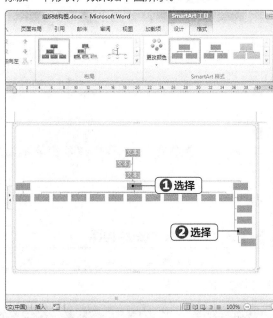

STEP 10　添加其他形状

❶选择第 4 层中间的形状，再在其下方添加 11 个形状；❷选择第 5 层的右侧最下方的形状，在其下方再

3. 输入文本

结构图创建完成后，就可以在其中输入文本来说明结构图中每个形状所代表的含义。下面在"组织结构图"文档中的形状中输入文本，其具体操作步骤如下。

微课：输入文本

STEP 1　打开文本窗格

❶在"组织结构图"文档中选择 SmartArt 图形；❷在【SmartArt 工具 设计】/【创建图形】组中，单击"文本窗格"按钮。

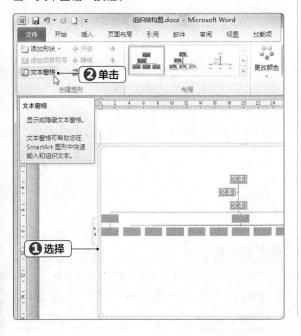

STEP 2　输入文本

❶打开"文本窗格"窗格，在结构图中选择第 1 行的形状；❷在文本窗格中自动选择相应的形状，直接在其中输入"股东大会"文本。

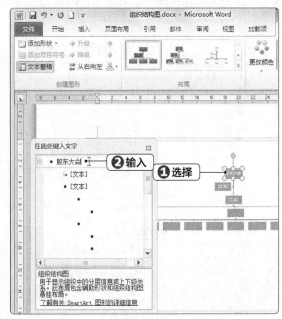

STEP 3 **输入其他文本**

依次选择其他形状，通过文本窗格输入相关的文本。

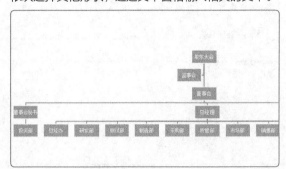

技巧秒杀

选择形状，在其上单击鼠标右键，在弹出的快捷菜单中选择"添加文字"命令，也可以将光标定位到形状中，进行文本输入操作。

技巧秒杀

如果要突出显示某个形状以及其中的文本，可以在【SmartArt工具 格式】/【形状】组中单击"增大"按钮，加大显示该形状。

3.3.2 设置企业组织结构图

完成 SmartArt 图形的创建后，如果一些外观样式不是很令人满意，可以对形状的大小、形状的样式以及其中文本的格式进行设置。

1. 设置形状字体格式和大小

在文档中创建 SmartArt 图形时，字体格式都是默认的，且 SmartArt 图形中的形状大小会随着结构的不同自动进行调整。在确认了图形的结构后，也可以自主对形状的大小进行调整，让结构图显得更美观。下面在"组织结构图"文档中对 SmartArt 图形中的字体和形状大小进行设置，其具体操作步骤如下。

微课：设置形状字体格式和大小

STEP 1 **调整排列方式**

❶在"组织结构图"文档的 SmartArt 图形上单击鼠标右键；❷在弹出的快捷菜单中选择"自动换行"命令；❸在打开的子菜单中选择"浮与文字上方"命令。

STEP 2 **调整组织结构图的大小**

选择 SmartArt 图形，将鼠标指针移动到图形的外边框的右下角，按住鼠标左键不放向下拖动边框，调整结构图的大小。

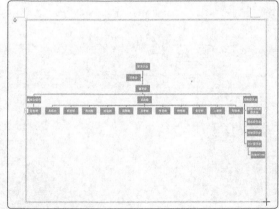

技巧秒杀

只有将组织结构图浮于文字的上方或下方，才能调整其大小，否则只能在文档的边距内进行调整。

STEP 3 设置形状字体

❶选择 SmartArt 图形中第 1 层中的形状；❷在【开始】/【字体】组中设置字体格式为"方正中雅宋简，10"。

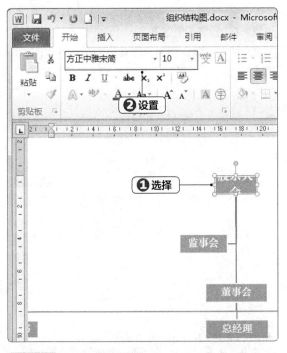

STEP 4 拖动形状控制点

选择结构图第 1 行中的形状，将鼠标指针移动到形状右下角的控制点上，按住鼠标左键不放拖动鼠标。

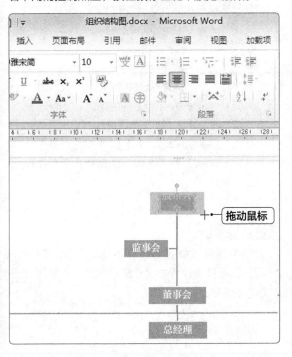

STEP 5 调整形状大小

当形状中的文本全部显示出来后释放鼠标，完成形状大小的调整。

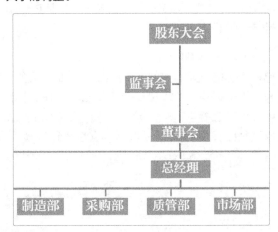

STEP 6 设置其他形状的字体和大小

用同样的方法选择其他形状，设置相同的字体格式并根据文本调整形状的大小。

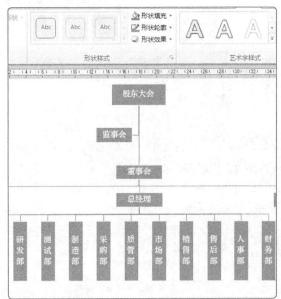

技巧秒杀

若要为多个形状设置相同的字体格式，可以在按住【Shift】键的同时选择多个形状，然后再进行统一设置。对于需设置为相同大小的多个形状，可在【SmartArt工具 格式】/【大小】组中精确调整其宽度和高度。

2. 设置 SmartArt 图形样式

直接创建的 SmartArt 图形一般都是默认的样式，可以根据自己的需要重新为图形设置相应的样式。下面在"组织结构图"文档中为 SmartArt 图形设置图形样式，其具体操作步骤如下。

微课：设置 SmartArt 图形样式

STEP 1　设置图形颜色

❶在"组织结构图"文档中，选择 SmartArt 图形；❷在【SmartArt 工具 设计】/【SmartArt 样式】组中单击"更改颜色"按钮；❸在打开的下拉列表的"彩色"栏中选择"彩色范围–强调文字颜色 3 至 4"选项。

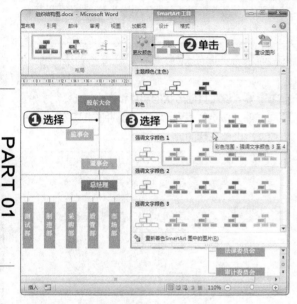

STEP 2　设置图形样式

在"SmartArt 样式"列表框的"文档的最佳匹配对象"栏中，选择"强烈效果"选项。

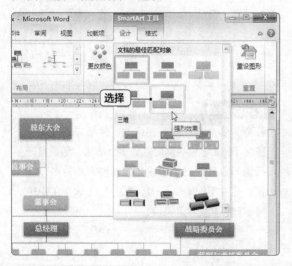

STEP 3　查看设置效果

返回文档，可以看到设置样式后组织结构图的最终效果。

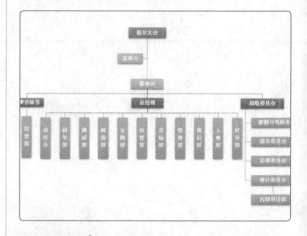

技巧秒杀

在前面和后面添加形状都是添加与选择形状同一级别的形状；在上方添加形状则是添加比选择形状高一级别的形状；在下方添加形状则是添加比选择形状低一级别的形状。

操作解谜

调整形状的级别

结构图中的形状自上而下是逐级进行排列的，如果在创建时，某个结构的级别出现错误，可以在【SmartArt工具 设计】/【创建图形】组中单击"升级"或"降级"按钮对其分别进行调整。

技巧秒杀

为结构图设置颜色后，若不满意已设置的效果，也可以像设置形状一样对单独的形状进行颜色和样式的设置。

3.4 制作"入职登记表"文档

　　"入职登记表"是新进员工填写的一份最基本的文书资料，其目的在于了解员工的基本情况。一份详尽的、能够保护用人单位利益的入职登记表应包括以下信息：员工的基本信息、教育背景、工作经历、家庭成员、紧急联络人以及通信地址、入职信息、健康状况、前工作单位信息、其他信息、声明、员工签字等。

3.4.1 创建"入职登记表"

　　表格主要用于将数据以一组或多组存储方式直观地表现出来，方便比较与管理，它以行和列的方式将多个矩形小方框组合在一起，形成多个单元格。插入表格的方法主要有 4 种：自动插入表格、自定义表格、绘制表格和插入内置表格。

1. 插入表格

　　通过拖动鼠标选择行数和列数可以在文档中快速插入表格。下面创建"入职登记表"文档，并在其中插入一个 4 行 10 列的表格，其具体操作步骤如下。

微课：插入表格

STEP 1　创建文档

❶新建文档并将其保存为"入职登记表"，在文档中输入"员工入职登记表"和"年月日"文本；❷分别设置字体格式为"小二，加粗，居中"和"小四，加粗，文本右对齐"。

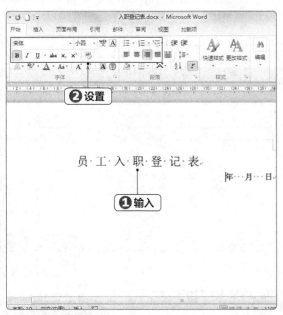

STEP 2　选择行数和列数

❶按【Enter】键切换新的一行，在【插入】/【表格】组中单击"表格"按钮；❷在打开的下拉列表中拖动鼠标选择其中 4 行 10 列的方块。

STEP 3　查看插入的表格

释放鼠标后，将在文档中自动创建一个 4 行 10 列的表格。

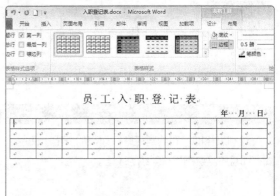

2. 自定义表格

由于自动插入表格时可插入的行列数有限，因此 Word 还提供了插入任意行数与列数表格的功能。下面在"入职登记表"文档中创建 6 列 4 行的表格，其具体操作步骤如下。

STEP 1 选择"插入表格"选项

❶在"入职登记表"文档中，将光标定位到表格下面的空白行；❷在【插入】/【表格】组中单击"表格"按钮；❸在打开的下拉列表中选择"插入表格"选项。

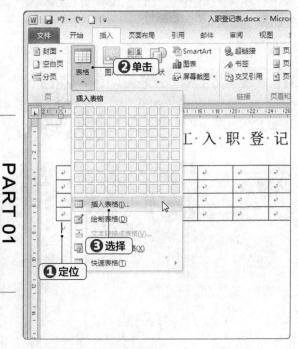

STEP 2 输入行数和列数

❶打开"插入表格"对话框，在"列数"数值框中输入"6"，在"行数"数值框中输入"4"；❷单击"确定"按钮。

> **技巧秒杀**
>
> 直接在表格前后的行中插入表格，新表格将与旧表格组合成一个表格。

STEP 3 查看表格效果

返回文档可以看到，在上一个表格的下面插入了一个 6 列 4 行的表格。

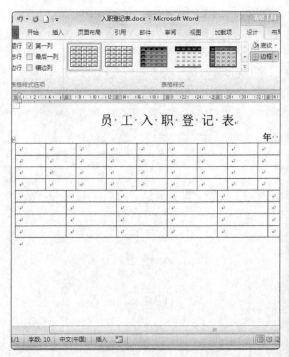

3. 绘制表格

绘制表格即手动绘制任意行列数的表格，使用该功能可以绘制出自己所需的表格样式，而且还可绘制带有斜线的表格。

PART 01

STEP 1　选择"插入表格"选项

❶在"入职登记表"文档的【插入】/【表格】组中，单击"表格"按钮；❷在打开的下拉列表中选择"绘制表格"选项。

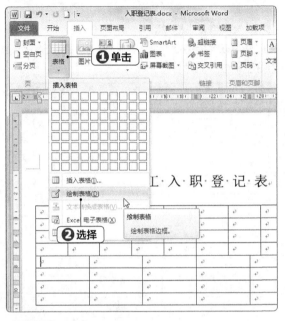

STEP 2　绘制单元格

当鼠标指针变成 ⁄ 形状时，按住鼠标左键不放并拖动鼠标，出现一个表格的虚线框。

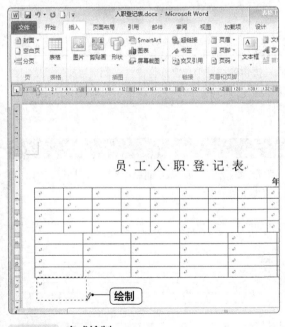

STEP 3　完成绘制

当拖动到合适大小后，释放鼠标，即可生成表格的边框。

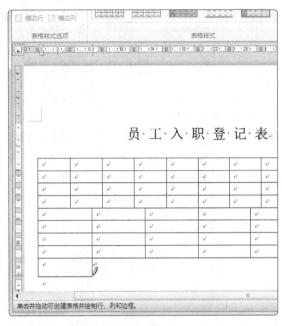

STEP 4　绘制其他单元格

用相同的方法绘制其他的表格，最终效果如下图所示。

技巧秒杀

使用绘制表格功能可以绘制出使用常规方法不能创建的表格，如在表格中绘制带有斜线的单元格。

第
3
章　美化 Word 文档

4. 插入内置表格

在 Word 中还有一种快速插入表格的方法，即利用系统内置的表格样式插入所需的表格类型。下面在"入职登记表"文档中插入一个内置表格，其具体操作步骤如下。

STEP 1　选择表格样式

❶在"入职登记表"文档的【插入】/【表格】组中单击"表格"按钮；❷在打开的下拉列表中选择"快速表格"选项；❸在打开的子列表中选择"矩阵"选项。

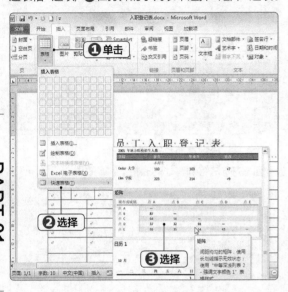

STEP 2　查看表格效果

此时即可在文档中插入所选的表格，表格中已自动设置好了相应的样式。

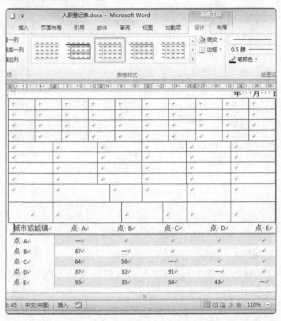

3.4.2　设置"入职登记表"

当需要在文档的表格中输入相同的内容时，可利用 Word 提供的移动与复制操作快速实现；当发现表格的数量过多或过少时，可进行插入或删除操作；当要制作一个带有标题行的表格时，为了美观可对标题行进行合并以满足用户的实际需求。

1. 选择单元格

要对表格进行编辑操作，首先需要进行单元格的选择。单元格的选择主要包括选择单元格、选择行或列、选择单元格区域、选择整个表格，下面分别介绍各种选择单元格的方法。

● **选择单元格：**移动鼠标到单元格的左端线上，待光标变为一个指向右的黑色箭头时单击鼠标即可。在表格中按【Shift+Tab】组合键可以选择上一个单元格，按【Tab】键可选择下一个单元格。

● **选择单元格区域：**将光标定位到要选择的连续单元格区域的第一个单元格中，拖动至要选择的连续单元格的最后一个单元格；或将光标定位到要选择的连续单元格区域的第一个单元格中，按住【Shift】键不放，用鼠标单击单元格的最后一个单元格即可。

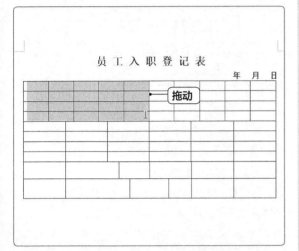

● **选择行：**将光标移到表格边框的左端线，当光标变为 形状时，单击鼠标即可。

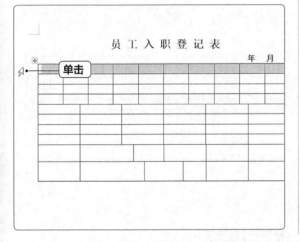

● **选择列：**将光标移到表格边框的上端线上，当光标变成 形状时，单击鼠标左键即可。

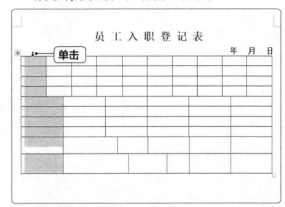

● **选择整个表格：**移动光标到表格内，表格的左上角将出现带箭头的十字形小方框，右下角将出现小方框，单击这个两个小方框中的任意一个，即可选择整个表格。

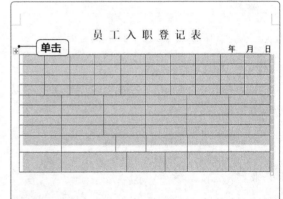

技巧秒杀

在表格中按住【Ctrl】键不放，单击不同的单元格或单元格区域，可以选择不连续的单元格或单元格区域。

2. 插入行和列

如果创建的表格不能满足需要，还需要在单元格中增加行或列，则可以通过插入行和列的方法来完成。插入行列单元格的方法有多种，下面在"入职登记表"文档中介绍插入行列单元格的方法，其具体操作步骤如下。

微课：插入行和列

STEP 1 单击"在下方插入"按钮

❶在"入职登记表"文档中，将光标定位到需要插入行的单元格中；❷在【表格工具 布局】/【行和列】组中单击"在下方插入"按钮。

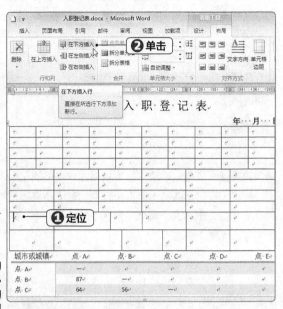

STEP 2 插入一行单元格

此时即可在定位的单元格下方插入一行单元格，并以选择状态显示。

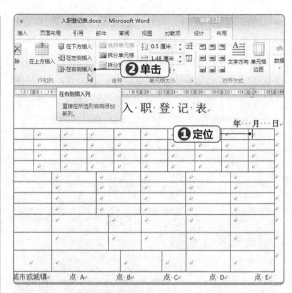

STEP 3 单击"在右侧插入"按钮

❶将光标定位到需要插入列的单元格中；❷在【表格工具 布局】/【行和列】组中单击"在右侧插入"按钮。

STEP 4 插入一列单元格

此时即可在定位的单元格右侧插入一列单元格，并以选择状态显示。

技巧秒杀

在【行和列】组中单击"在上方插入"按钮和"在左侧插入"按钮可以分别在单元格的上方插入一行单元格和在左侧插入一列单元格。

STEP 5 删除表格

❶选择前面插入的内置表格；❷在【表格工具 布局】/【行和列】组中单击"删除"按钮；❸在打开的列表中选择"删除表格"选项。

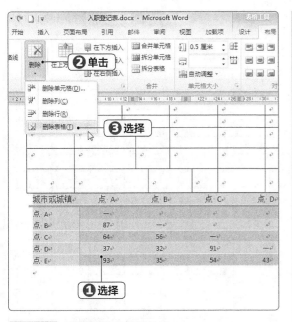

①选择

②单击

③选择

城市或城镇	点 A	点 B	点 C	点 D
点 A	—			
点 B	87	—		
点 C	64	56	—	
点 D	37	32	91	—
点 E	93	35	54	43

STEP 6 查看删除表格的效果

将选择的表格全部删除。

STEP 7 插入其他单元格

用前面介绍的方法在文档中继续插入行和列，最终效果如下图所示。

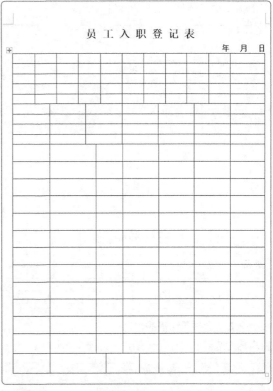

员 工 入 职 登 记 表

年 月 日

操作解谜

删除表格与删除表格内容

在表格中选择单元格、行、列或表格，然后在【表格工具 布局】/【行和列】组中单击"删除"按钮，在打开的下拉列表中选择不同的选项可以删除单元格、行、列以及表格。选择表格，按【Delete】键或【Backspace】键，则只会删除表格中的文本内容，不会删除表格与表格的样式。

3. 合并和拆分单元格

通过前面的方法绘制或插入的表格通常都比较规则，但在实际工作中，经常需要将多个单元格合并成一个单元格，或者将一个单元格拆分为多个单元格，此时就要用到合并和拆分功能。下面在"入职登记表"文档中对单元格进行合并和拆分，其具体操作步骤如下。

微课：合并和拆分单元格

第 **3** 章 美化 Word 文档

81

STEP 1 合并单元格

❶在"入职登记表"文档中拖动鼠标指针选择表格第2行的第2、3、4列单元格；❷在【表格工具 布局】/【合并】组中单击"合并单元格"按钮。

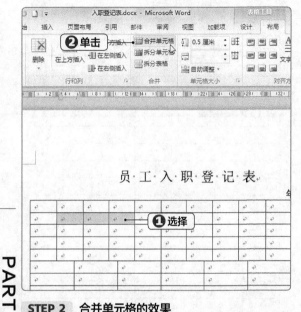

STEP 2 合并单元格的效果

将表格中选择的3个单元格合并为一个单元格。

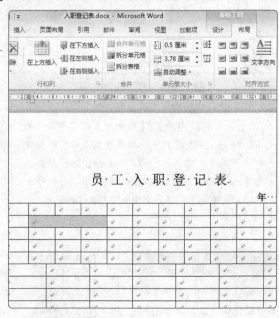

STEP 3 合并其他单元格

用相同的方法选择表格中的其他单元格进行合并操作，效果如下图所示。

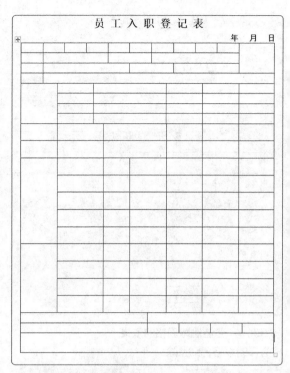

STEP 4 拆分单元格

❶选择表格中倒数第2行单元格；❷在【表格工具 布局】/【合并】组中单击"拆分单元格"按钮。

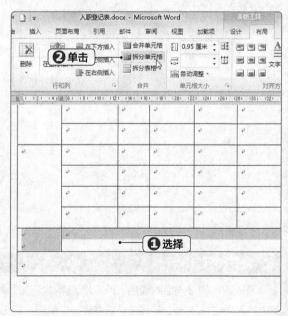

STEP 5 输入拆分行数和列数

❶打开"拆分单元格"对话框，分别在"列数"和"行数"数值框中输入"2"；❷单击"确定"按钮。

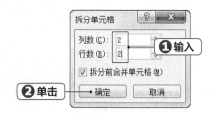

❶输入

❷单击

STEP 6 拆分单元格效果

返回文档中可以看到已将选择的单元格拆分为 2 行 2 列的单元格。

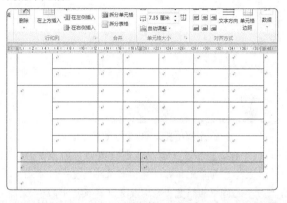

STEP 7 拆分其他单元格

用相同的方法选择右下角的单元格,将其拆分为 1 行 4 列,完成单元格的合并和拆分操作。

4. 调整行高和列宽

　　创建表格时,表格的行高和列宽都是默认的,而在表格各单元格中输入内容的多少并不相等,因此需要对表格的行高和列宽进行适当调整。下面在"入职登记表"文档中调整单元格的行高和列宽,其具体操作步骤如下。

微课:调整行高和列宽

STEP 1 调整第 1~19 行单元格的行高

❶在"入职登记表"文档中拖动鼠标指针选择表格第 1~19 行单元格;❷在【表格工具 布局】/【单元格大小】组的"表格行高"数值框中输入"0.8 厘米",调整单元格的行高。

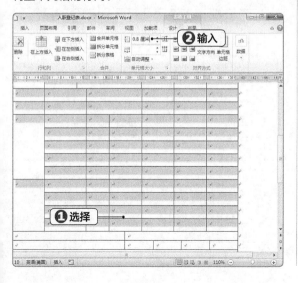

❷输入

❶选择

STEP 2 调整第 20 行单元格的行高

❶选择第 20 行单元格;❷在【表格工具 布局】/【单元格大小】组的"表格行高"数值框中输入"4 厘米"。

❷输入

❶选择

STEP 3　调整第 21、22 行行高

❶选择第 21、22 行单元格；❷在【表格工具 布局】/【单元格大小】组的"表格行高"数值框中输入"1.5厘米"。

STEP 4　手动调整单元格的列宽

将光标移动到表格左侧的垂直边框线上，当光标变成 ╫ 形状时，按住鼠标左键不放向左拖动，调整单元格的列宽。

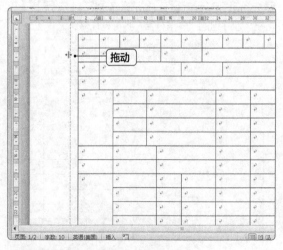

STEP 5　调整指定单元格的列宽

将光标移动到第一列单元格的右侧边框上，向右拖动，调整单元格的列宽。

操作解谜

使用鼠标拖动调整列宽的方法

如果直接选择边框线进行拖动，则调整的是表格整列单元格的列宽；如果要调整一行或几行单元格中的列宽，则需要先选择该行中的单元格，然后拖动边框线进行调整，这样其他边框线将保持不变。

STEP 6　调整其他单元格的列宽

用相同的方法选择表格中其他单元格并对其列宽进行调整。

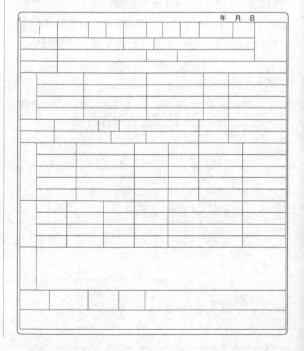

5. 设置表格内容

微课：设置表格内容

调整好表格的单元格后，就可以在表格中输入相关内容，并为其设置相应的文本格式和对齐方式。下面在"入职登记表"文档中输入表格的相关内容，并设置格式，其具体操作步骤如下。

STEP 1　在单元格中定位光标

在"入职登记表"文档的第 1 行第 1 列的单元格中单击鼠标，将光标定位到其中。

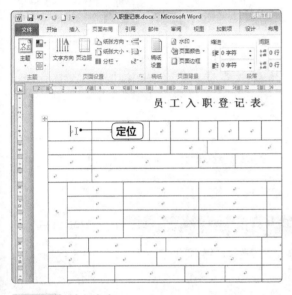

STEP 2　输入文本

切换中文输入法，在单元格中输入"姓名"文本。

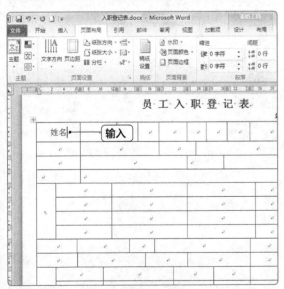

STEP 3　在其他单元格中输入文本

用相同的方法在其他单元格中输入相应的文本。

STEP 4　设置文本格式

❶选择表格中的全部文本；❷在【开始】/【字体】组中设置单元格的文本格式为"宋体，小四"。

STEP 5　设置对齐方式

保持单元格的选择状态，在【表格工具 布局】/【对齐方式】组中单击"水平居中"按钮。

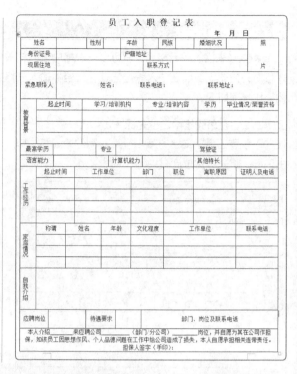

STEP 6　查看设置效果

返回文档可查看设置了字体格式和对齐方式后的效果。

6. 设置表格样式

在 Word 2010 中为表格提供了许多样式，用户可直接进行选择使用。下面在"入职登记表"文档中选择一种表格样式，其具体操作步骤如下。

微课：设置表格样式

STEP 1　选择表格样式

将光标定位到在"入职登记表"文档的表格中，在【表格工具 设计】/【表格样式】组中的列表框的"内置"栏中，选择"浅色列表 - 强调文字颜色 5"选项。

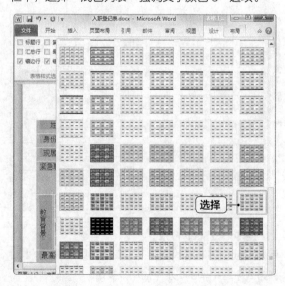

STEP 2　查看设置样式后的效果

文档中的表格将自动应用选择的样式效果，需要注意的是，应用样式后的文本在表格中的位置已经发生了变化。

7. 设置表格的边框和底纹

为表格添加边框可以使其更加美观，添加底纹可以使底纹上的文字颜色更加醒目。下面在"入职登记表"文档中为表格设置边框和底纹效果，其具体操作步骤如下。

微课：设置表格的边框和底纹

STEP 1　选择"边框和底纹"选项

❶在"入职登记表"文档的【表格工具 设计】/【表格样式】组中，单击"边框"按钮右侧的下拉按钮；❷在打开的下拉列表中选择"边框和底纹"选项。

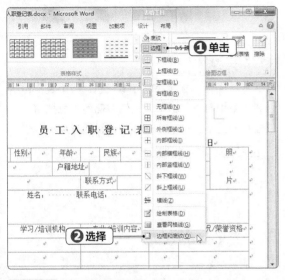

STEP 2　设置表格外边框

❶打开"边框和底纹"对话框，单击"边框"选项卡，在"设置"栏中选择"方框"选项；❷在"样式"列表框中选择一种样式；❸在"宽度"下拉列表中选择"0.75 磅"选项；❹在"预览"栏中分别单击"上""下""左""右"4 个边框线按钮。

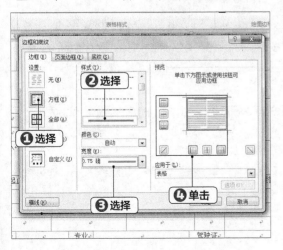

STEP 3　设置表格内边框

❶在"设置"栏中选择"自定义"选项；❷在"样式"列表框中选择一种样式；❸在"颜色"下拉列表中选择"黑色"选项；❹在"预览"栏中分别单击 2 个中间线按钮。

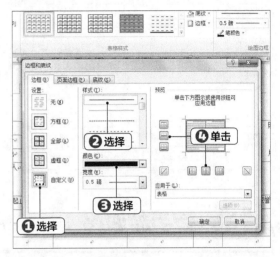

STEP 4　设置表格底纹

❶单击"底纹"选项卡；❷在"填充"下拉列表的"主题颜色"栏中选择"蓝色，强调文字颜色 1，淡色 80%"选项；❸单击"确定"按钮。

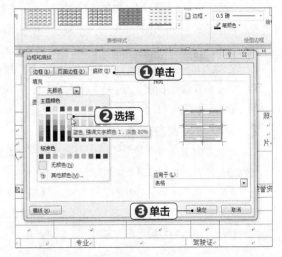

STEP 5　查看表格效果

返回文档中可以看到设置边框和底纹后的表格效果。

第 3 章　美化 Word 文档

87

操作解谜

擦除不需要的单元格

在【表格工具 设计】/【绘图边框】组中单击"擦除"按钮，然后将鼠标指针移动到表格中选择不需要的单元格，即可对该单元格进行擦除。

技巧秒杀

选择单元格，在【表格工具 设计】/【表格样式】组中单击"边框"按钮右侧的下拉按钮，在打开的下拉列表中选择边框样式选项，可快速为单元格设置边框样式。

PART 01

新手加油站 —— 美化 Word 文档的技巧

1. 组合形状图形

当一个文档中的形状较多时，为了方便形状的移动、管理等操作，可将几个形状组合为一个形状。这样即可在保证单个形状相对位置不变的情况下移动整个组合形状。

按住【Ctrl】键不放，依次选择需要组合的形状，然后选择【格式】/【排列】组，单击"组合"按钮，在打开的下拉列表中选择"组合"选项，即可将所选的形状都组合在一起。此时单击其中任意一个形状，就可以选择整个组合。

如果要取消组合，则可选择组合形状，单击鼠标右键，在弹出的快捷菜单中选择"组合"/"取消组合"命令，或选择【格式】/【排列】组，单击"组合"按钮，在打开的下拉列表中选择"取消组合"选项，即可取消形状的组合。

2. 将表格转换为文本

将表格转换为文本是指将表格中的文本内容按原来的顺序提取出来，以文本的方式显示，但会丢失一些特殊的格式，其具体操作步骤如下。

❶ 选择表格，在【表格工具 布局】/【数据】组中单击"转换为文本"按钮。

❷ 打开"表格转换成文本"对话框，单击选中"段落标记"单选按钮，单击"确定"按钮，即可将表格转换为文本内容显示在文档中。

第 1 部分

第 4 章

Word 高级排版

/ 本章导读

在学习并掌握了 Word 的基本操作后，还需要学习更高级的 Word 操作知识，来进一步对文档进行设置，使文档更加美观、结构更加紧密有条理。下面将详细介绍有关长文档编辑的一系列操作，包括目录、页眉和页脚的使用、模板和样式的创建等。

4.1 排版"招聘计划"文档

"招聘计划"是人力资源部门根据用人部门的增员申请，结合企业的人力资源规划和职务描述书，明确一定时期内需招聘的职位、人员数量、资质要求等因素，并制定具体的招聘活动的执行方案。招聘计划一般包括以下内容：人员需求清单，包括招聘的职务名称、人数、任职资格要求等内容；招聘信息发布的时间和渠道；招聘小组人选，包括小组人员姓名、职务、各自的职责；应聘者的考核方案，包括考核的场所、大体时间、题目设计者姓名等；招聘的截止日期；新员工的上岗时间等。

4.1.1 创建文档封面

在日常办公中，为了使文档更加美观，都会要求为文档添加封面。封面中的文字虽然不多，但却能够直观地表现文档的性质，使查看文档的人快速了解文档的一些基本信息。

1. 设计封面底图

一般常用的文档的封面包含了背景图形和说明文本，下面为"招聘计划"文档设计一个封面底图，其具体操作步骤如下。

微课：设计封面底图

STEP 1　单击"图片"按钮

打开"招聘计划"文档，在【插入】/【插图】组中单击"图片"按钮。

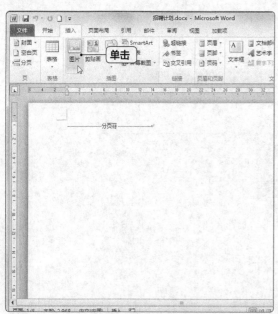

STEP 3　调整图片排列方式

❶选择插入的图片；❷在【图片工具 格式】/【排列】组中单击"自动换行"按钮；❸在打开的下拉列表中选择"衬于文字下方"选项。

STEP 2　选择插入图片

❶在打开的"插入图片"对话框中选择图片保存的位置；❷在中间列表框中选择"背景.jpg"图片；❸单击"插入"按钮。

技巧秒杀

在"插入图片"对话框中双击需要插入的图片，也可以快速将其插入到文档中。

STEP 4 设置图片大小和位置

选择图片，将鼠标指针移动到图片四角的控制点上，拖动鼠标调整图片大小，将其布满整个文档。

STEP 5 插入另一张背景图片

用同样的方法再插入一张图片，并调整其排列方式、大小以及位置，完成文档的设置。

插入图片并设置

操作解谜

插入封面

Word 2010 中内置了多种封面的样式，用户可通过该功能快速创建文档封面，其方法是在【插入】/【页】组中单击"封面"按钮，在打开的下拉列表的列表框中选择一种封面样式。

2. 设计封面文字

封面的底图设置完成后，可以在其中输入相应的说明文本，表明该文档的主要用途。在封面中，可以输入普通文本，也可以使用插入艺术字的方法来设计文本。下面在"招聘计划"文档中为封面设计文本，其具体操作步骤如下。

微课：设计封面文字

STEP 1　选择艺术字样式

❶在"招聘计划"文档中，将光标定位到文档的封面中；❷在【插入】/【文本】组中单击"艺术字"按钮；❸在打开的下拉列表中选择"渐变填充 – 蓝色，强调文字颜色 1，轮廓 – 白色"选项。

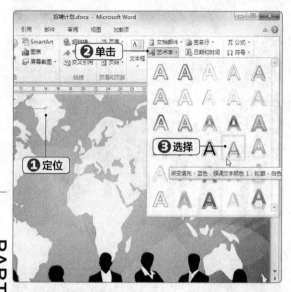

STEP 2　输入艺术字文本

❶在文档中插入一个艺术字框，选择其中的文本，然后在其中输入"招聘计划"文本；❷将该艺术字移动到文档中合适的位置。

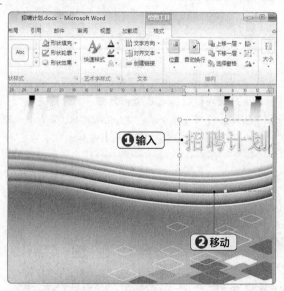

STEP 3　设置艺术字字体格式

❶选择插入的艺术字；❷在【开始】/【字体】组中设置艺术字文本格式为"方正中雅宋简，60，加粗"。

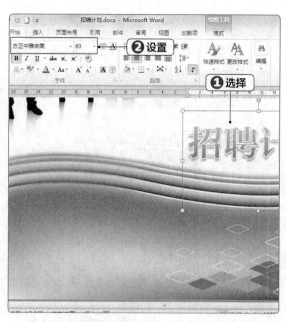

STEP 4　插入其他艺术字

再插入一个"渐变填充 – 蓝色，强调文字颜色 1"样式的艺术字，输入"2016 年度"文本，设置文本格式为"黑体，28"，然后移动到下图所示位置。

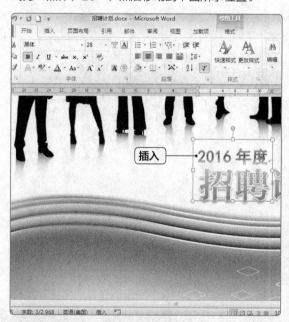

STEP 5　插入艺术字

在文档中再插入一个"渐变填充 – 黑色，轮廓 – 白色，外部阴影"样式的艺术字，输入"北京顺展科技有限公司"文本，设置文本格式为"黑体，28，加粗"，然后将其移动到文档的左下角。

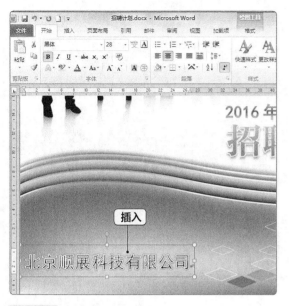

STEP 6　创建英文艺术字

在文档中再插入一个同样样式的艺术字，在其中输入公司英文名称，设置其文本格式为"Calibri, 20"，

然后将其移动到公司名称的下方，完成封面文字的制作。

4.1.2　插入并编辑目录

在制作公司制度手册、项目等文档时，为了让读者快速了解文档内容，一般都会为文档创建目录，通常可以手动创建目录，也可以自定义目录。

1. 插入目录

在 Word 文档中创建目录时，使用 Word 自带的创建目录功能可快速地完成创建。下面在"招聘计划"文档中为文档创建目录，其具体操作步骤如下。

微课：插入目录

STEP 1　创建自动目录

❶在"招聘计划"文档中，将光标定位到第 3 页中，在【引用】/【目录】组中单击"目录"按钮；❷在打开的下拉列表中选择"自动目录 1"选项。

操作解谜

自动目录和手动目录

选择"自动目录"选项，文档将自动创建目录，包含了格式设置为标题1~标题3样式的所有文本；而选择"手动目录"选项，用户可以不受文档内容的限制而自行设置文档目录的结构。

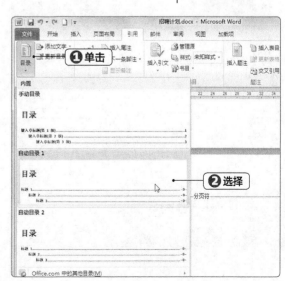

STEP 2　查看目录

在文档第 3 页中的文本插入点处，将自动根据文档的结构创建一个目录文档。需要注意的是，这里的目录并没有显示目录序号，这是因为文档中的标题文本中并没有进行编号，只有文本标题在已经存在序号的情况下，自动插入的目录才会有编号。

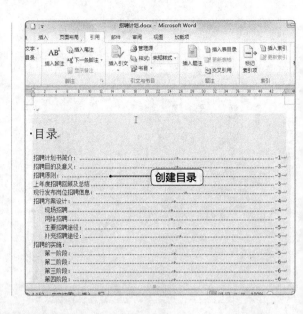

技巧秒杀

在文档中创建自动目录后，按住【Ctrl】键，然后单击目录中的某一节标题，即可自动跳转到对应的章节中。

---

2. 修改目录

默认情况下，Word 中一般内置了"手动目录""自动目录 1"和"自动目录 2"3 种目录样式，如果用户对内置目录不满意，可以根据需要对其进行修改，制作自定义目录。下面在"招聘计划"文档中对目录进行修改，其具体操作步骤如下。

微课：修改目录

STEP 1　选择"插入目录"选项

❶在"招聘计划"文档的【引用】/【目录】组中，单击"目录"按钮；❷在打开的下拉列表中选择"插入目录"选项。

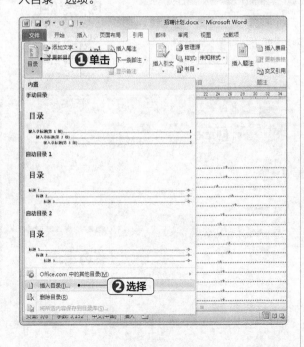

STEP 2　设置前导符和显示级别

❶打开"目录"对话框，单击"目录"选项卡，在"制表符前导符"下拉列表中选择一种样式；❷在"常规"栏中的"显示级别"数值框中输入"3"；❸单击"修改"按钮。

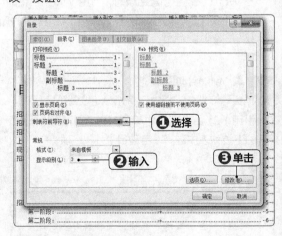

STEP 3　设置目录样式

❶打开"样式"对话框，在"样式"列表框中选择"目录 1"选项；❷单击"修改"按钮。

STEP 4　设置一级目录字体格式

❶打开"修改样式"对话框，在"格式"栏中设置字体为"黑体"，字号为"四号"；❷单击"确定"按钮。

STEP 5　选择二级目录

❶返回"样式"对话框，在列表框中选择"目录2"选项；❷单击"修改"按钮。

STEP 6　设置二级目录字体格式

❶打开"修改样式"对话框，在"格式"栏中设置字体为"黑体"，字号为"五号"；❷单击"确定"按钮。

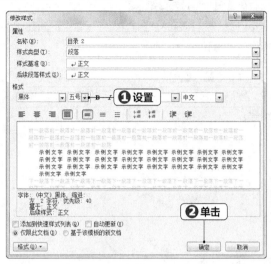

STEP 7　查看修改后的效果

设置完成后，将会打开提示对话框提示是否替换目录，单击"是"按钮即可将设置的新样式应用到目录中。

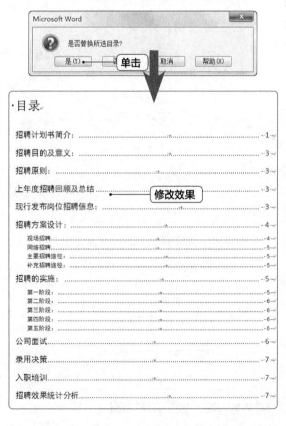

3. 更新目录

设置完文档的目录后，当文档中的文本需要修改时，目录的内容和页码都有可能发生变化，因此需对目录重新进行调整。在 Word 2010 中使用"更新目录"功能可快速地更正目录，使目录和文档内容保持一致。下面在"招聘计划"文档中更新目录，其具体操作步骤如下。

微课：更新目录

STEP 1 输入编号

在"招聘计划"文档中为一级标题和二级标题输入编号。

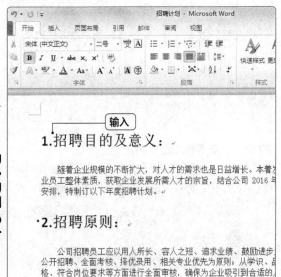

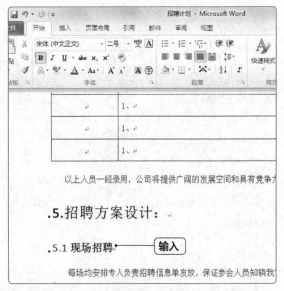

STEP 2 单击"更新目录"按钮

在【引用】/【目录】组中单击"更新目录"按钮。

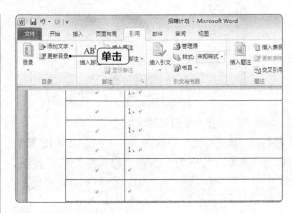

STEP 3 查看更新目录

❶打开"更新目录"对话框，在其中根据需要单击选中"更新整个目录"单选按钮；❷单击"确定"按钮完成目录的更新操作。

PART 01

4.1.3 设置页眉和页脚

在进行文档的编辑时，可在文档页面顶部和底部区域插入文本或图形，如文档标题、公司标志、文件名或日期等，这些就是文档的页眉或页脚。

1. 插入分隔符

在 Word 中输入文本时，输入完一页的文本，将会自动跳转到下一页中，这是 Word 自动分隔符的功能。如果在一页文档中没有输满文本，就需要跳转到下一页，为了防止下一页的内容跳转到上一页，这时就需要手动添加分隔符。下面在"招聘计划"文档中插入分隔符，其具体操作步骤如下。

微课：插入分隔符

STEP 1　插入分页符

❶在"招聘计划"文档中将光标定位到第 2 页文本的末尾处，在【页面布局】/【页面设置】组中单击"分隔符"按钮；❷在打开的下拉列表的"分页符"栏中选择"分页符"选项。

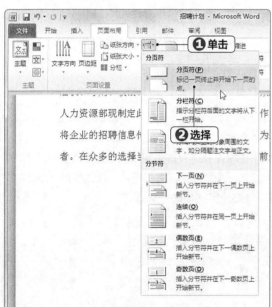

STEP 2　查看效果

在页面中插入一个分页符，光标将自动跳转到下一页中，且该页分页符后将不能再输入文本。

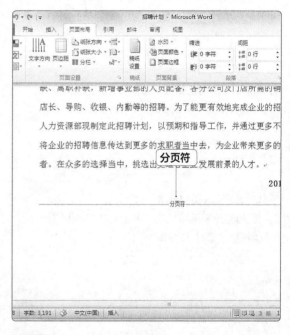

操作解谜

显示分页符

在Word 2010中一些默认的标记没有显示出来，如插入的分隔符等，可以通过设置将其显示出来，其方法是单击"文件"选项卡，在打开的界面中选择"选项"选项，打开"选项"对话框，在左侧列表中选择"显示"选项，然后在中间的列表中单击选中"显示所有格式标记"复选框。

操作解谜

删除分页符

在Word 2010中插入分页符后，如果需要将其删除，可直接将光标定位于分页符之后，按【Backspace】键即可。删除后，被分页的文本将自动调整到上一页。

第**4**章　Word 高级排版

2. 插入页眉和页脚

通过 Word 的页眉页脚功能，可在文档的顶部或底部添加一些说明文本，这些文本将在文档的每一页显示出来。下面在"招聘计划"文档中插入页眉和页脚内容，其具体操作步骤如下。

微课：插入页眉和页脚

STEP 1 选择页眉样式

❶在"招聘计划"文档的【插入】/【页眉和页脚】组中单击"页眉"按钮；❷在打开的下拉列表中的"内置"栏中选择"空白"选项。

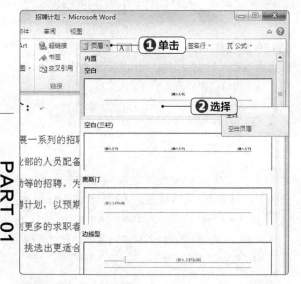

STEP 2 输入页眉文本

进入页眉和页脚编辑状态，并自动跳转到页眉位置，在其中输入公司名称文本。

STEP 3 设置页眉文本格式

❶选择页眉中的文本；❷将其字体格式设置为"汉仪长美黑简，小五，左对齐"。

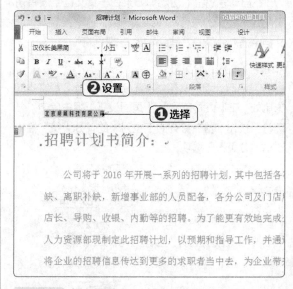

STEP 4 插入图片

单击【插入】/【插图】组中的"图片"按钮，在页眉中插入一个"公司标志"图片，并调整其大小，将其移动到公司名称的左侧位置。

STEP 5　设置奇偶页不同

在【页眉和页脚工具 设计】/【选项】组中单击选中
"奇偶页不同"复选框。

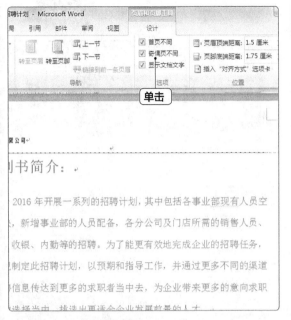

STEP 6　设置偶数页页眉

❶切换到文档偶数页的页眉中,输入"招聘计划"文本,
将其字体格式设置为"汉仪长美黑简,小五,右对齐";
❷在【页眉和页脚工具 设计】/【导航】组中单击"转
至页脚"按钮。

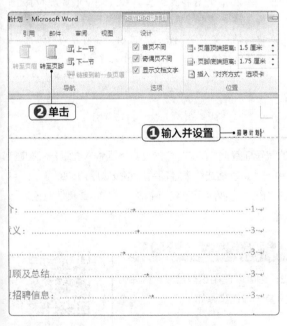

STEP 7　编辑页脚内容

切换到页面的页脚位置,在其中输入公司宗旨"团结
拼搏 奋斗 向上"文本,将其字体格式设置为"汉仪
长美黑简,小五,居中对齐"。

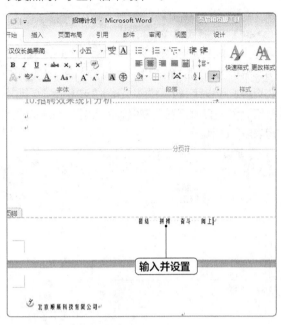

STEP 8　退出编辑状态

编辑完成后,在【页眉和页脚工具 设计】/【关闭】
组中单击"关闭页眉和页脚"按钮,退出页眉和页脚
编辑状态。

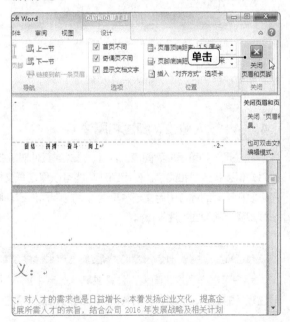

3. 插入页码

文档制作完成后，可以在文档中插入页码，方便阅读。下面在"招聘计划"文档中插入页码，其具体操作步骤如下。

微课：插入页码

STEP 1　选择页码样式

❶在"招聘计划"文档中双击页脚位置，进入页眉和页脚编辑状态，将光标插入到页脚文本后，在【页眉和页脚工具 设计】/【页眉和页脚】组中单击"页脚"按钮；❷在打开的下拉列表中选择"内置"栏中的"字母表型"选项。

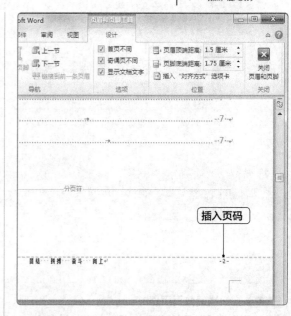

STEP 2　插入页码

此时即可在页脚的文本处插入一个页码。

操作解谜

设置页码格式

在【页眉和页脚工具 设计】/【页眉和页脚】组中单击"页脚"按钮，在打开的下拉列表中选择"设置页码格式"选项，在打开的对话框中可以对编号格式和页码编号进行设置。

4.1.4 | 插入题注、脚注和尾注

题注是一种可添加到图表、表格、公式或其他对象中的编号标签，如在文档中的图片下面输入图编号和图题，可以方便读者查找和阅读。使用题注功能可以保证长文档中图片、表格或图表等项目能够按顺序自动编号，而且还可以在不同的地方引用文档中其他位置的相同内容。脚注和尾注主要用于对文档中的一些文本或其他对象进行一些解释、延伸或批注等操作。

1. 插入题注

用户可以在表格、图表、公式或其他对象中插入题注，也可以使用这些题注创建带题注项目的目录。下面在"招聘计划"文档中插入题注，其具体操作步骤如下。

微课：插入题注

STEP 1　选择插入题注的表格

❶在"招聘计划"文档中选择第 3 页中的第一个表格；
❷在【引用】/【题注】组中单击"插入题注"按钮。

STEP 2　设置题注

❶打开"题注"对话框，在"题注"文本框中输入"表格 1- 公司现有人员"文本；❷在"位置"下拉列表中选择"所选项目上方"选项；❸单击"确定"按钮。

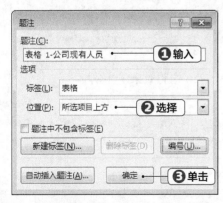

STEP 3　查看题注效果

返回文档中可以看到刚选择的表格上方自动添加了一个表格的题注说明文本。

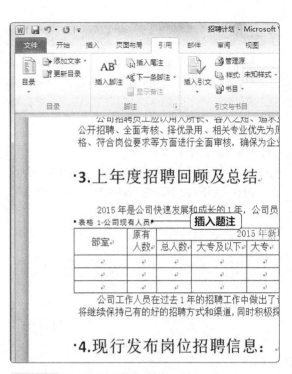

STEP 4　为其他表格插入题注

在页面中选择下一个表格，然后为其添加内容为"表格 2- 招聘岗位和信息"的题注。

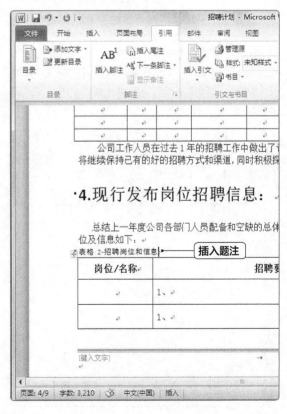

2. 插入脚注和尾注

脚注可以附在文章页面的最底端，对某些东西加以说明；尾注则是一种对文本的补充说明。脚注一般位于页面的底部，可以作为文档某处内容的注释；尾注一般位于文档的末尾，用于列出引文的出处等。下面在"招聘计划"文档中插入脚注和尾注，其具体操作步骤如下。

微课：插入脚注和尾注

STEP 1 插入脚注

❶在"招聘计划"文档中将光标定位到文档第2页；❷在【引用】/【脚注】组中单击"插入脚注"按钮。

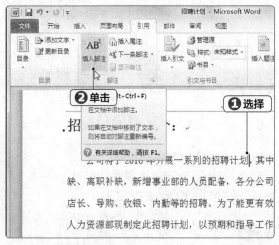

STEP 2 编辑脚注内容

在页面的底端插入一个空白脚注，在其中输入"根据公司发展，公司需每年制定招聘计划"文本，完成脚注的创建。

STEP 3 插入尾注

将光标定位到文档第3页；在【引用】/【脚注】组中单击"插入尾注"按钮。

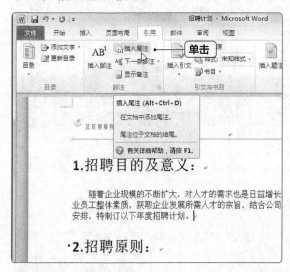

STEP 4 编辑尾注内容

在文档最后一页的底端插入一个尾注，在其中输入"招聘信息将在智联招聘网公布"文本，完成尾注的插入。

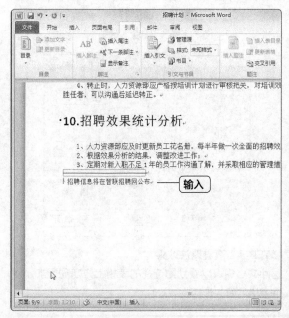

PART 01

4.2 使用模板和样式制作"公司文件"文档

一般重要的公司文件可以理解为公文。公文是企业在管理的过程中形成的具有法定效力和规范体式的文书,是依法进行公务活动的重要工具。公文属于应用文的范围,具有应用文的特性。企业公文除了具有国家行政机关公文的基本特征外,还有自身的特点。综合表现在规范化、程序化、法定性和效益性等几个方面。公文的种类有多种,本节将以创建有关"董事会决议"的公文来介绍相关的操作方法。

4.2.1 使用模板

Word 的模板功能可以定义好文档的基本结构和文档设置,如字体快捷键、页面设置以及特殊格式和样式等,为了使制作文档更加简单快捷,可选择使用模板。

1. 创建模板文件

在制作文档时,如发现比较精美的文档,可将其另存为模板,也可利用 Word 中自带的样本模板,快速制作出同类型的文档。下面创建一个模板文件,其具体操作步骤如下。

微课:创建模板文件

STEP 1 新建文档

❶新建一个文档,将其保存为"公司文件",单击"文件"选项卡;❷在打开的列表中选择"另存为"选项。

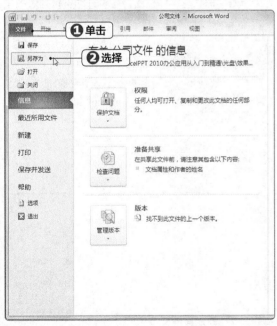

STEP 2 保存模板

❶打开"另存为"对话框,在"保存类型"下拉列表中选择"Word 模板"选项;❷单击"保存"按钮。

操作解谜

模板的保存位置

Word中设置了默认的模板保存位置,这样在新建模板文档时,软件将会按照默认的保存位置查找模板文件,因此保存模板文件时,尽量不要保存到其他位置。

第 **4** 章 Word 高级排版

2. 添加模板内容

　　创建模板后，就可以在模板中添加内容。下面在"公司文件"模板文档中添加模板的内容，其具体操作步骤如下。

微课：添加模板内容

STEP 1　输入文本

打开"公司文件"模板文档，将光标定位至文档中，在第 1 行和第 2 行输入公司名称文本和编号文本。

STEP 2　选择直线形状

❶在【插入】/【插图】组中单击"形状"按钮；
❷在打开的下拉列表的"线条"栏中选择"直线"选项。

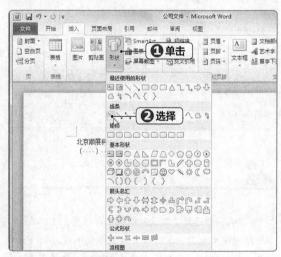

STEP 3　绘制直线

将光标移动到第 2 行文本下方，按住【Shift】键向右拖动鼠标绘制一条水平的线条。

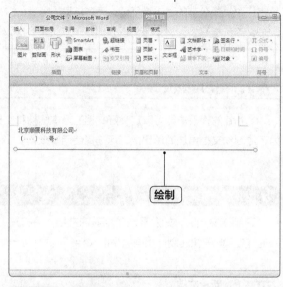

STEP 4　设置直线样式

选择绘制的线条，在【绘图工具 格式】/【形状样式】组中单击"形状轮廓"按钮，在打开的下拉列表中设置线条的颜色为"红色"，设置其粗细为"3 磅"。

STEP 5　输入其他文本

从第 4 行开始依次输入"董事会决议""时间""地点""与会董事""议题""决议""董事签章"等文本。

PART 01

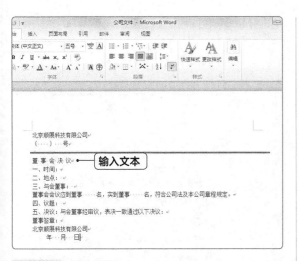

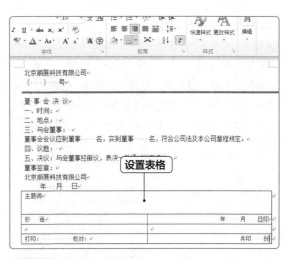

STEP 6 插入表格

在【插入】/【表格】组中单击"表格"按钮，在打开的下拉列表中拖动 4 行 2 列的矩形块，插入一个 4 行 2 列的表格。

STEP 8 设置表格边框

选择表格，将其边框样式设置为"无"，然后选择第 2 行和第 3 行单元格，将其外边框设置为 1.5 磅，内边框设置为 1 磅，并且只显示水平边框线，不显示垂直边框线，完成模板内容的添加。

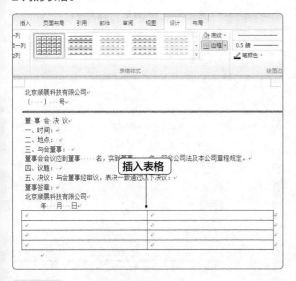

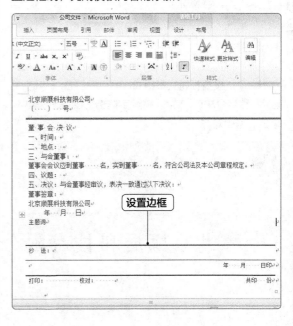

STEP 7 设置单元格并输入文本

选择表格第 1 行和第 2 行，将其单元格合并，并调整各行的行高，然后在各个单元格中依次输入相应的文本。

3. 设置模板

模板中的内容添加好后，可以在其中对模板内容的样式进行设置，这样以后在使用该模板时便无需再设置其格式。下面在"公司文件"模板文档中设置文本格式，其具体操作步骤如下。

微课：设置模板

PART 01

STEP 1 输入并设置文本

❶在"公司文件"模板文档中选择第 1 行文本,将其字体格式设置为"宋体,40,红色,加粗",段落间距为段后 1 行; ❷将第 2 行文本设置为"仿宋,三号,加粗,居中对齐"; ❸将直线移动到第 2 行文本的下方。

STEP 2 设置标题文本格式

选择"董事会决议"文本,将其字体格式设置为"黑体,小二,居中对齐"。

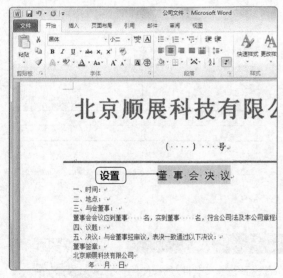

STEP 3 设置正文字体格式

选择正文文本,将其字体格式设置为"宋体,四号",段落格式设置为"1.5 倍行距"。

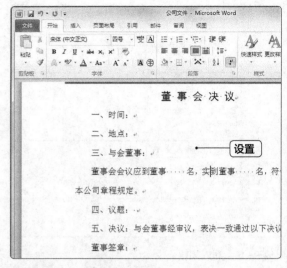

STEP 4 设置表格文本格式

选择表格中的"主题词"文本,将其设置为"黑体,三号,左对齐",其他文本设置为"仿宋,三号"。

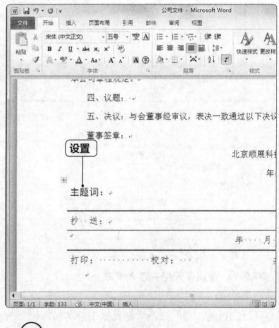

操作解谜

使用创建的模板新建文档

创建模板后,就可以使用该模板新建文档,其方法是单击"文件"选项卡,在打开的界面中选择"新建"选项,单击"个人"超链接,在下面选择所需模板文件。

4.2.2 使用样式

在制作同一类型的文档时，其字体和段落格式大部分相同，这样，为了能快速完成文档的编辑，可将其中相同的文档格式创建为样式，通过应用文档样式来快速制作文档。

1. 套用内置样式

Word 2010 中保存了多种内置样式，只需在样式组中选择相应的样式即可为文本套用该样式。下面在"公司文件"模板文档中为各个文本设置内置样式，其具体操作步骤如下。

微课：套用内置样式

STEP 1　套用标题样式

❶在"公司文件"模板文档中将光标定位到文档第 1 行文本中，在【开始】/【样式】组中单击"快速样式"按钮；❷在打开的列表框中选择"标题 1"选项，为文本套用该样式。

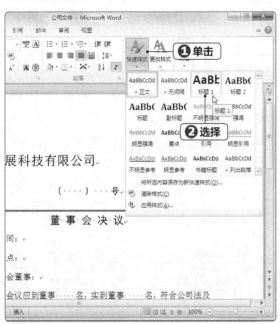

速样式"按钮；❷在打开的列表框中选择"明显强调"选项，为文本套用该样式。

技巧秒杀

如果为文本选择了错误的样式，可以在【开始】/【样式】组中的列表框中单击"快速样式"按钮，在打开的列表中选择"清除格式"选项，将格式清除，然后重新进行选择即可。

STEP 2　设置其他样式

❶选择编号文本，在【开始】/【样式】组中单击"快

2. 新建样式

Word 中内置的样式并不一定能满足编辑文档的需要，在这种情况下就需要自己创建新的样式，该样式中的字体格式和段落格式可根据自己的要求进行设置。下面在"公司文件"模板文档中为文本创建新的样式，其具体操作步骤如下。

微课：新建样式

PART 01

STEP 1　保存新快速样式

❶在"公司文件.docx"模板文档中输入相关内容，选择标题文本；❷在【开始】/【样式】组中单击"快速样式"按钮；❸在打开的列表框中选择"将所选内容保存为新快速样式"选项。

STEP 2　设置样式名称

❶打开"根据格式设置创建新样式"对话框，在"名称"文本框中输入"公司名称"文本；❷单击"修改"按钮。

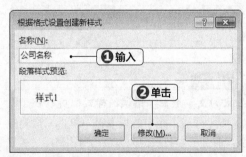

STEP 3　选择"字体"选项

❶在打开的"根据格式设置创建新样式"对话框中单击"格式"按钮；❷在打开的下拉列表中选择"字体"选项。

技巧秒杀
创建的样式可以根据文档中文本所在的位置和文本的功能来命名。

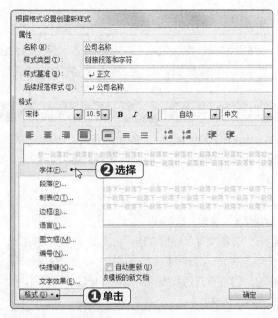

STEP 4　设置字体格式

打开"字体"对话框，单击"字体"选项卡，在"中文字体"下拉列表框中选择"宋体"选项，在"字形"列表框中选择"加粗"选项，在"字号"列表框中输入"38"，在"所有文字"栏的"字体颜色"下拉列表框中选择"红色"选项。

STEP 5　设置文本间距

❶单击"高级"选项卡；❷在"字符间距"栏的"间距"下拉列表中选择"加宽"选项；❸单击"确定"按钮。

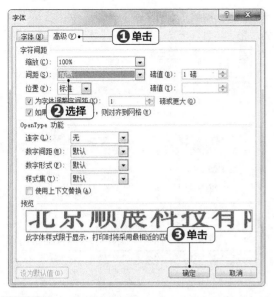

STEP 6　设置段落格式

❶返回"根据格式设置创建新样式"对话框,单击"格式"按钮,在打开的下拉列表中选择"段落"选项,打开"段落"对话框,在"缩进和间距"选项卡的"间距"栏中的"段后"数值框中输入"1 行";❷单击"确定"按钮。

STEP 7　设置快捷键

❶返回"根据格式设置创建新样式"对话框,单击"格式"按钮,在打开的下拉列表中选择"快捷键"选项,

打开"自定义键盘"对话框,在"请按新快捷键"文本框中按【Ctrl+1】组合键;❷单击"指定"按钮;❸在"将更改保存在"下拉列表中选择"Normal"选项;❹单击"关闭"按钮。

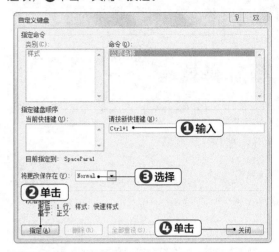

STEP 8　创建"编号"样式

返回"根据格式设置创建新样式"对话框,单击"确定"按钮,完成格式的创建。用同样的方法为第 2 行文本创建一个"编号"样式,将其字体格式设置为"仿宋,三号,加粗,居中对齐",设置其快捷键为【Ctrl+2】组合键。

STEP 9　创建"文档标题"样式

为第 4 行文本创建一个"文档标题"样式,将其字体格式设置为"黑体,小二,加粗,居中对齐",设置其快捷键为【Ctrl+3】组合键。

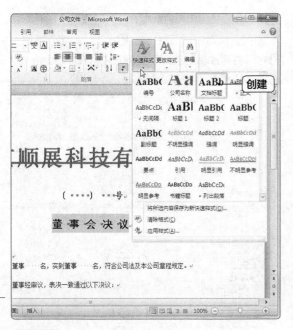

STEP 10 创建"文档正文"样式

为正文创建一个"文档正文"样式，设置字体格式为"宋体，四号"，段落格式为"首行缩进两个字符，1.5倍行距"，快捷键为【Ctrl+4】组合键。

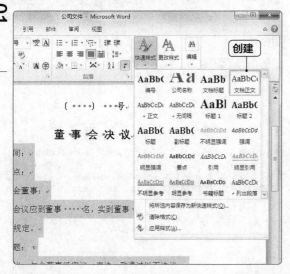

STEP 11 创建"表格样式"样式

为表格文本创建一个"表格样式"样式，将其字体格式设置为"仿宋，三号"。

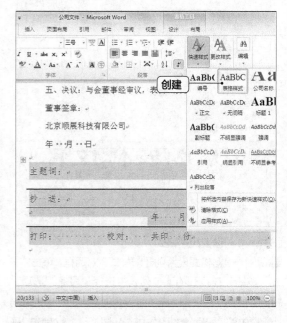

操作解谜
设置表格样式的方法

　　在"修改样式"对话框的"样式基准"下拉列表中选择"普通表格"选项，然后单击"格式"按钮，在打开的下拉列表中选择"表格属性"和"边框和底纹"选项，对表格的单元格属性以及边框进行设置。

技巧秒杀

　　在"修改样式"对话框中单击选中"仅限此文档"单选按钮，可将样式限制在本文档中；单击选中"基于该模板的新文档"单选按钮可以将样式设置到模板文件中。

3. 应用样式

　　创建样式后，以后在创建类似的文档时，可以直接选择相应的选项为文本应用样式，即可为文本快速设置相应的格式，这样就提高了制作文档的效率。下面在"公司文件"模板文档中为文本应用样式，其具体操作步骤如下。

微课：应用样式

STEP 1 选择操作

❶在创建了样式的文档中的【开始】/【样式】组中单击"更改样式"按钮；❷在打开的列表框中选择"样式集"选项；❸在打开的子列表中选择"另存为快速样式集"选项。

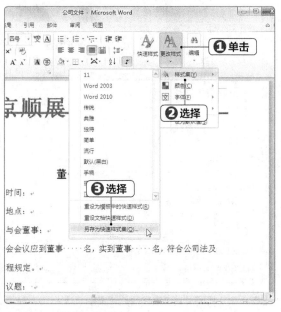

STEP 2 保存样式集

❶打开"保存快速样式集"对话框，在"文件名"文本框中输入"公司文件"；❷单击"保存"按钮。

STEP 3 选择样式集

❶打开需要应用样式的文档，这里打开前面创建的"公

司文件"模板文件，在【开始】/【样式】组中单击"更改样式"按钮；❷在打开的列表框中选择"样式集"选项；❸在打开的子列表中选择"公司文件"选项。

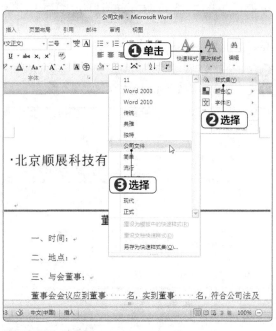

STEP 4 应用样式

❶将光标定位到标题文本中，在【开始】/【样式】组中单击"快速样式"按钮；❷在打开的列表框中选择"公司名称"选项，为标题文本应用该样式。

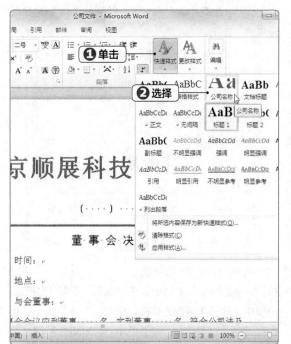

微课：管理样式

4. 管理样式

在文档中创建样式后，根据实际需要可以对其进行修改和删除等操作，下面在"公司文件"文档中对创建的样式进行相应的管理，其具体操作步骤如下。

STEP 1 单击扩展按钮

❶在"公司文件"模板文档中调整红色直线的位置；
❷在【开始】/【样式】组中单击"扩展"按钮。

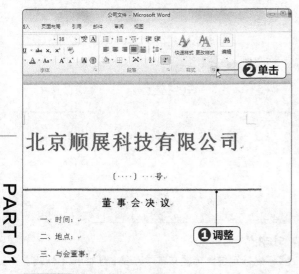

STEP 2 打开"样式"窗格

❶打开"样式"窗格，单击选中"显示预览"复选框，在上面的列表框中将显示创建样式的效果；❷单击"管理样式"按钮。

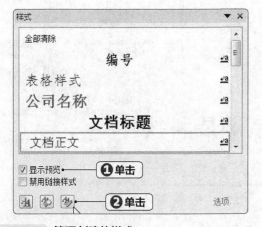

STEP 3 管理创建的样式

打开"管理样式"对话框，在"编辑"选项卡中的列表框中选择需要管理的样式，单击"修改"按钮，可在打开的"修改样式"对话框中对样式进行修改，单击"删除"按钮可以将创建的样式删除。

STEP 4 打开"样式检查器"窗格

在"样式"窗格中单击"样式检查器"按钮，将打开"样式检查器"窗格，在其中对段落格式和文字级别格式进行检查，单击"全部清除"按钮可清除所有创建的样式，文本将以默认的格式进行显示。

PART 01

新手加油站 —— Word 高级排版的技巧

1. 使 Word 启动时自动打开模板文件

当经常需要使用保存的模板文件时，可将其设置为启动 Word 时自动打开该模板文件，其具体操作步骤如下。

❶ 单击"文件"选项卡，然后在打开的界面中选择"选项"命令。

❷ 打开"Word 选项"对话框，单击"高级"选项卡，在右侧的"常规"栏中单击"文件位置"按钮。

❸ 打开"文件位置"对话框，在"文件类型"列表框中选择"用户模板"选项，单击"修改"按钮。

❹ 打开"修改位置"对话框，在"查找范围"下拉列表中选择需要的模板存放的位置，然后依次单击"确定"按钮，返回 Word 文档单击"关闭"按钮使设置生效，再次启动 Word，即可看到启动后默认打开的文档。

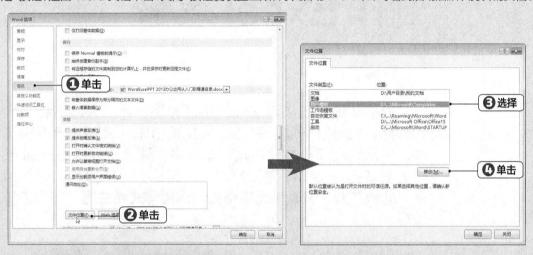

2. 在长文档中快速查找阅读的位置

如果经常需要使用和查阅一个长文档中的某一段文本，但每次都需花费大量的时间在文档中查找该段文本，这时可使用 Word 自带的"书签"功能，它和现实中的书签效果相同，通过它可快速找到目标位置，其具体操作步骤如下。

❶ 选择需要创建书签的文本，在【插入】/【链接】组中单击"书签"按钮。

❷ 在打开的"书签"对话框中输入书签的名称，单击"添加"按钮插入书签。

❸ 在需要使用书签定位文本时，只需选择【插入】/【链接】组，单击"书签"按钮，在打开的"书签"对话框中单击"定位"按钮即可快速查找到阅读的位置。

第 2 部 分

第 5 章

制作 Excel 表格

/ 本章导读

　　Excel 被广泛应用于现代生活和工作中，并起着相当大的作用。它可以帮助公司和个人完成日常的表格内容编辑工作，满足绝大部分办公需求。本章将主要介绍编辑 Excel 表格的基本操作，如新建工作簿、单元格的基本操作、输入数据、编辑数据、设置单元格格式、应用样式和主题、打印工作表等。

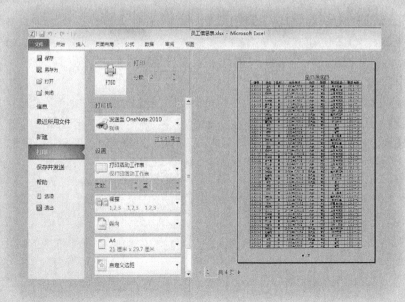

5.1 制作"员工信息登记表"工作簿

"员工信息登记表"主要用于帮助公司领导了解员工的基本情况。通常,员工信息登记表的内容跟简历内容是一致的,主要包含员工姓名、出生日期、通信地址、员工的教育经历以及员工主要家庭成员及社会关系等信息。

5.1.1 工作簿的基本操作

在实际工作中,Excel 多用于制作和编辑办公表格,它与 Word 类似,可以进行文字的输入、编辑、排版和打印工作,最主要的功能是进行数据的登记、计算以及设计数据表格。使用 Excel 制作表格的基础操作包括新建、打开和保存工作簿的方法。

1. 新建工作簿

Excel 与 Word 是一个系列的软件,因此也可通过"开始"菜单启动并新建工作簿。除此之外,通常可在启动的 Excel 工作界面中单击"文件"选项卡,通过"新建"界面新建空白工作簿,其具体操作步骤如下。

微课:新建工作簿

STEP 1 打开"文件"列表

在启动的 Excel 工作界面中单击"文件"选项卡。

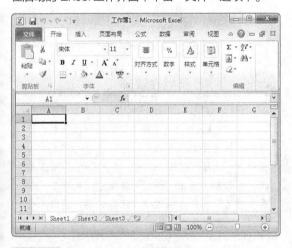

STEP 2 选择"空白工作簿"样式

❶ 在打开的列表中选择"新建"选项;❷ 在打开的界面中选择"空白工作簿"选项。

技巧秒杀

在Excel工作界面按【Ctrl+N】组合键可快速新建空白工作簿。

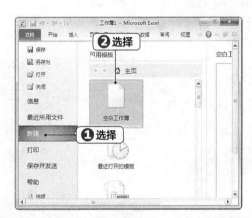

STEP 3 完成工作簿的新建

此时将完成新建操作,新建的工作簿将自动命名为"工作簿 2"。

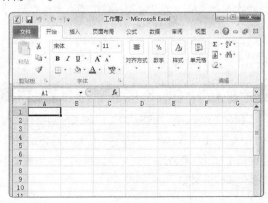

第 **5** 章 制作 Excel 表格

2. 保存工作簿

保存工作簿是 Excel 中最基本的操作，同时也是进行一切数据输入和管理的前提。新建工作簿，在表格中输入数据后，需要对工作簿进行保存，否则输入的数据将丢失。下面对新建的工作簿进行保存，其具体操作步骤如下。

微课：保存工作簿

STEP 1 单击"文件"选项卡

在启动的 Excel 工作界面中单击"文件"选项卡。

PART 02

STEP 2 打开"另保存"对话框

在打开的列表中选择"保存"选项，可打开"另存为"对话框。

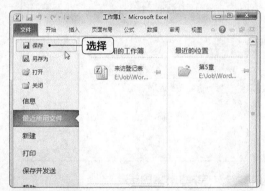

技巧秒杀

首次保存表格，要求设置保存位置，而保存已有的表格则直接单击"保存"按钮即可。

STEP 3 保存工作簿

❶在"另存为"对话框中选择保存位置；❷在"文件名"文本框中输入工作簿名称"员工信息登记表"；❸单击"保存"按钮保存工作簿。

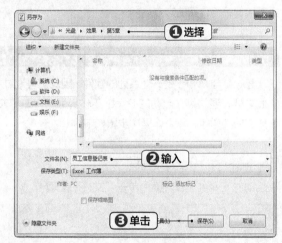

操作解谜

自动保存表格

使用Excel的自动保存功能，能够在断电或计算机死机时降低数据损失。方法是单击"文件"选项卡，选择"选项"选项，在打开的"Excel 选项"对话框中单击"保存"选项卡，然后在"保存工作簿"栏中单击选中"保存自动恢复信息时间间隔"复选框并设置自动保存的间隔时间。

3. 打开已有工作簿

保存工作簿后，如果想对工作簿进行编辑或修改，就需要打开该工作簿。在 Excel 中打开已有工作簿的方式有多种，最常用的方法是双击文件图标打开、将文件拖动到工作窗口中打开以及通过"打开"对话框打开。下面使用这几种方法分别打开所需工作簿，其具体操作步骤如下。

微课：打开已有工作簿

STEP 1 双击打开

打开已保存有工作簿的文件夹,直接双击文件图标。

STEP 2 查看打开的工作簿

此时将启动 Excel 2010,并打开"办公用品信息"
工作簿。

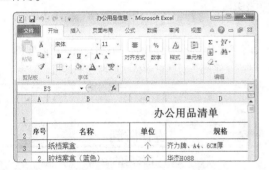

STEP 3 拖动打开

❶打开工作簿保存的文件夹,选择要打开的工作簿;
❷按住鼠标左键不放,将其向 Excel 窗口的标题栏
拖动,当鼠标下方出现十字标记时释放鼠标。

STEP 4 查看打开的工作簿

此时将打开拖动的工作簿。

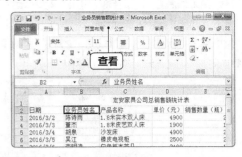

STEP 5 打开"打开"对话框

在 Excel 2010 工作界面中选择【文件】/【打开】菜
单命令。

STEP 6 打开工作簿

❶打开"打开"对话框,选择工作簿保存的位置;
❷双击要打开的工作簿选项打开工作簿。

4. 保护工作簿

为了防止存放重要数据的工作簿在未经授权的情况下被修改,可利用 Excel 的保护
功能设置打开和修改密码来保护重要的工作簿。下面在"员工信息登记"工作簿中设置
密码保护,其具体操作步骤如下。

微课:保护工作簿

STEP 1 选择"用密码进行加密"选项

❶打开"员工信息登记"工作簿,单击"文件"选项卡,在打开的界面中选择"信息"选项,在打开的界面的"信息"栏中单击"保护工作簿"按钮;❷在打开的下拉列表中选择"用密码进行加密"选项。

STEP 2 设置密码

❶打开"加密文档"对话框,在"密码"文本框中输入密码"12345";❷单击"确定"按钮。

STEP 3 确认密码

❶在打开的"确认密码"对话框的"重新输入密码"文本框中输入相同的密码;❷单击"确定"按钮。在需要打开该工作簿时,则会打开提示框,需要用户输入正确的密码,才能打开。

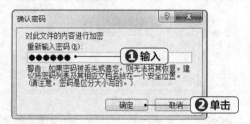

技巧秒杀

如果要撤销对工作簿的保护操作,可单击"保护工作簿"按钮,在打开的"加密文档"对话框和"确认密码"对话框中依次删除密码即可。

操作解谜

保护工作簿的结构

使用"保护工作簿"功能对工作簿进行设置,可防止对工作簿结构的修改,如复制、删除工作表等。方法是选择【审阅】/【更改】组,单击"保护工作簿"按钮,打开"保护结构和窗口"对话框,单击选中"结构"复选框,在"密码(可选)"和"重新输入密码"文本框中输入相同的密码。

5. 共享工作簿

使用"共享工作簿"功能,可以使多用户同时编辑一个工作簿,大大提高办事效率,许多公司或企业都经常使用这种方法来降低办公成本并提高工作效率。下面将"员工信息登记"工作簿设置为共享,其具体操作步骤如下。

微课:共享工作簿

STEP 1 设置共享

❶打开"员工信息登记"工作簿,在【审阅】/【更改】组中单击"共享工作簿"按钮;❷打开"共享工作簿"对话框,单击"编辑"选项卡,然后在下方单击选中"允许多用户同时编辑,同时允许工作簿合并"复选框;❸单击"确定"按钮。

技巧秒杀

双击桌面上的"网络"图标,在打开的窗口中双击局域网中设置共享的用户计算机图标,然后直接定位到共享文件夹,用双击的方式即可打开共享工作簿。

STEP 2　启动共享

在打开的提示对话框中单击"确定"按钮保存当前文档，并启用共享功能。

STEP 3　共享效果

此时，可在工作簿名称栏中看到显示"共享"文字信息。

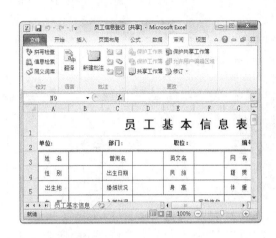

技巧秒杀

在"共享工作簿"对话框中取消选中"允许多用户同时编辑，同时允许工作簿合并"复选框可取消共享。

5.1.2　工作表的操作

工作簿由工作表组成，在熟悉工作簿的各项操作后，需要对工作表的操作进行掌握，工作表就是表格内容的载体，用户需熟练掌握工作表的各项操作以便轻松地输入、编辑和管理数据。

1. 插入和重命名工作表

在 Excel 2010 默认状态下，新建的工作簿中有 3 张工作表，分别命名为"Sheet1""Sheet2"和"Sheet3"，而在实际工作中可能需要用到更多的工作表，此时就需要在工作簿中插入新的工作表。下面在"员工信息登记表"工作簿中插入和重命名工作表，其具体操作步骤如下。

微课：插入和重命名工作表

STEP 1　选择"插入"命令

❶打开"员工信息登记表"工作簿，在"Sheet1"工作表名称上单击鼠标右键；❷在弹出的快捷菜单中选择"插入"命令。

技巧秒杀

在工作表标签后面单击"新工作表"按钮也可以快速插入一张空白工作表。

STEP 2 选择工作表类型

❶在打开的"插入"对话框中单击"常用"选项卡；
❷在列表框中选择"工作表"选项；❸单击"确定"
按钮。

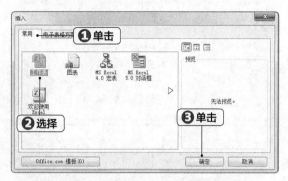

STEP 3 插入空白工作簿

此时将在"Sheet1"工作表的左侧插入一张空白的
工作簿，并自动命名为"Sheet4"。

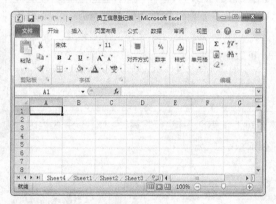

STEP 4 选择"重命名"命令

❶在"Sheet4"工作表名称上单击鼠标右键；❷在
弹出的快捷菜单中选择"重命名"命令。

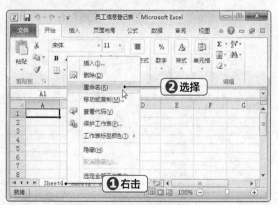

STEP 5 输入工作表名称

此时工作表标签呈黑底可编辑状态，在其中输入工作
表名称即可，如输入"员工信息登记"。

STEP 6 完成重命名

按【Enter】键，完成工作表的重命名，使用相同的
方法将"Sheet1"工作表重命名为"职业生涯"。

技巧秒杀

在【开始】/【单元格】组中单击"插入"
按钮，在打开的下拉列表中选择"插入工作
表"选项，可直接在当前工作表后插入空白工
作表。

操作解谜

双击标签重命名

在工作表名称上双击，可直接进入编辑状态
重命名工作表。

2. 移动、复制和删除工作表

在实际应用中有时会将某些表格内容集合到一个工作簿中，此时可使用移动或复制功能实现该目的，大大提高工作效率。对于工作簿中不需要的工作簿，可将其删除。下面在"员工信息登记表"工作簿和"员工生活照"工作簿中移动、复制和删除工作表，其具体操作步骤如下。

微课：移动、复制和删除工作表

STEP 1　选择"移动或复制工作表"选项

❶打开"员工信息登记表"和"员工生活照"工作簿，在"员工生活照"工作簿中的【开始】/【单元格】组中，单击"格式"按钮；❷在打开的下拉列表中选择"移动或复制工作表"选项。

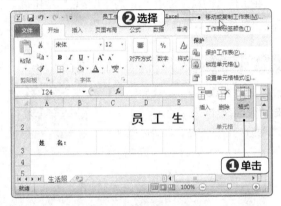

STEP 2　复制到不同工作簿中

❶打开"移动或复制工作簿"对话框，在"工作簿"下拉列表中选择"员工信息登记表 .xlsx"选项；❷在"下列选定工作表之前"列表框中选择"（移至最后）"选项，设置工作表的移动位置；❸单击选中"建立副本"复选框，复制工作表；❹单击"确定"按钮。

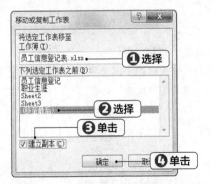

STEP 3　在同一个工作簿中移动工作表

在"员工信息登记表"工作簿中选择"Sheet2"工作表，然后按住鼠标左键不放，拖动鼠标将"Sheet2"

工作表移至最后（复制则需按住【Ctrl】键拖动）。

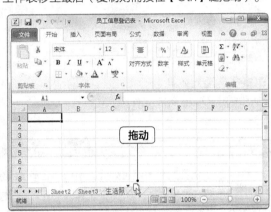

STEP 4　移动到不同工作簿中

❶在"员工信息登记表"工作簿的【开始】/【单元格】组中，单击"格式"按钮，在打开的下拉列表中选择"移动或复制工作表"选项，打开"移动或复制工作簿"对话框，在"工作簿"下拉列表中选择"员工生活照 .xlsx"选项；❷在"下列选定工作表之前"列表框中选择"（移至最后）"选项；❸单击"确定"按钮，将"职业生涯"工作表移动到"员工生活照"工作簿中。

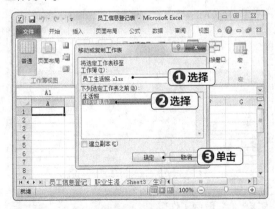

STEP 5　选择"删除"命令

❶在"员工信息登记表"工作簿的"Sheet3"工作表标签上单击鼠标右键；❷在弹出的快捷菜单中选

择"删除"命令。

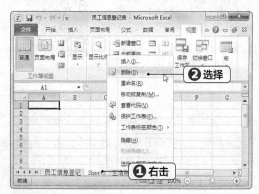

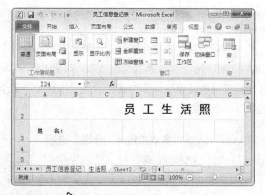

STEP 6　查看效果

此时将删除"Sheet3"工作表。

技巧秒杀

在工作簿的状态栏中单击"新工作表"按钮可
快速在工作表后面插入新的工作表。

3. 隐藏和显示工作表

PART 02

　　为了防止重要的数据信息外泄，可以将含有重要数据的工作表隐藏起来，待需要使
用的时候再将其显示出来，同时，在工作表中还可将重要数据所在行或列隐藏。下面在"员
工信息登记表"工作簿中介绍隐藏和显示工作表以及工作表部分内容的方法，其具体操
作步骤如下。

微课：隐藏和显示工作表

STEP 1　选择"隐藏工作表"命令

❶在"员工信息登记表"工作簿中删除"员工基本信息"
工作表，并将"员工信息登记"工作簿中的"员工基
本信息"工作表复制到"员工信息登记表"工作簿中，
在该工作表标签上单击鼠标右键；❷在弹出的快捷菜
单中选择"隐藏"命令。

STEP 2　隐藏工作表

返回工作簿，可发现"员工基本信息"工作表被隐藏
起来了。

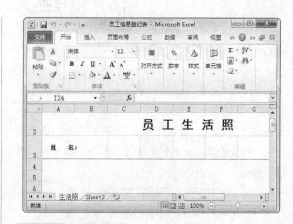

STEP 3　取消隐藏

在任何工作表名称上单击鼠标右键，在弹出的快捷菜
单中选择"取消隐藏"命令。

STEP 4　显示工作表

❶打开"取消隐藏"对话框，在"取消隐藏工作表"列表框中选择要取消隐藏的工作表；❷单击"确定"按钮。

STEP 5　选择单元格区域

将光标移到"员工基本信息"工作表的 35 行行标上，然后向下拖动鼠标选择 35~42 行单元格区域。

STEP 6　选择"隐藏"命令

❶在选择的区域上单击鼠标右键；❷在弹出的快捷菜单中选择"隐藏"命令。

STEP 7　隐藏单元格区域

此时可查看到 35~42 行单元格区域被隐藏。

STEP 8　取消隐藏

❶将光标移到"员工基本信息"工作表的 34 行行标上；❷单击鼠标右键，在弹出的快捷菜单中选择"取消隐藏"命令。

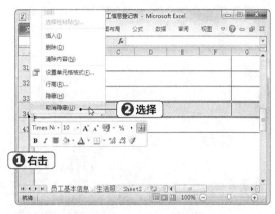

STEP 9　重新显示

此时，可发现被隐藏的"员工基本信息"工作表中的内容重新显示了出来。

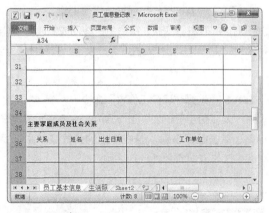

技巧秒杀

利用相同的方法也可将列单元格区域隐藏起来。

微课：设置工作表标签颜色

4. 设置工作表标签颜色

　　Excel 中默认的工作表标签颜色是相同的，为了区别工作簿中的各个工作表，除了对工作表进行重命名外，还可以为工作表的标签设置不同颜色加以区分。下面在"员工信息登记表"工作簿中将"生活照"工作表标签的颜色设置为"红色"，其具体操作步骤如下。

STEP 1　选择颜色选项

❶在"员工信息登记表"工作簿中选择需要设置颜色的工作表标签，单击鼠标右键；❷在弹出的快捷菜单中选择"工作表标签颜色"命令；❸在打开的子菜单的"标准色"栏中，选择"红色"选项。

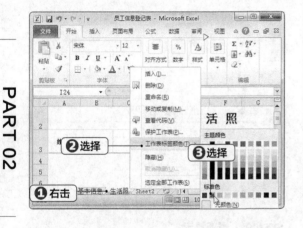

STEP 2　查看标签颜色效果

此时工作表标签显示为所选择的颜色。

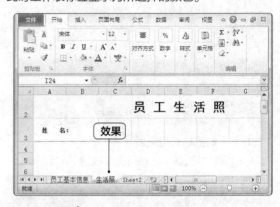

技巧秒杀

要取消工作表标签的颜色设置，只需在其上单击鼠标右键，在弹出的快捷菜单中选择"无颜色"命令。

5. 保护工作表

　　保护工作表的操作与保护工作簿相似，只是保护工作表是为了防止在未经授权的情况下对工作表进行插入、重命名、移动或复制等操作。下面在"员工信息登记表"工作簿中对"生活照"工作表进行保护设置，其具体操作步骤如下。

微课：保护工作表

STEP 1　选择"保护工作表"命令

❶在"员工信息登记表"工作簿的"生活照"工作表标签上单击鼠标右键；❷在弹出的快捷菜单中选择"保护工作表"命令。

技巧秒杀

选择要进行保护的工作表后，选择【审阅】/【更改】组，单击"保护工作表"按钮，可进行相同的保护操作。

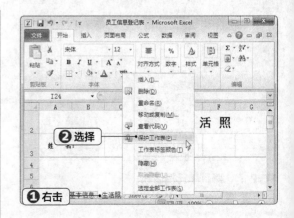

PART 02

STEP 2　设置保护范围和密码

❶在"取消工作表保护时使用的密码"文本框中输入密码"12345"；❷在"允许此工作表的所有用户进行"列表框中设置用户可对该工作表进行的操作，这里单击选中"设置单元格格式"复选框；❸单击"确定"按钮。

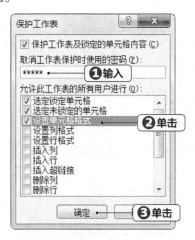

STEP 3　再次输入保护密码

❶在打开的"确认密码"对话框中的"重新输入密码"文本框中输入相同的密码"12345"；❷单击"确定"按钮。

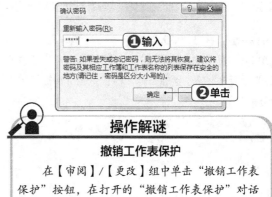

操作解谜

撤销工作表保护

在【审阅】/【更改】组中单击"撤销工作表保护"按钮，在打开的"撤销工作表保护"对话框中输入设置保护时的密码，最后单击"确定"按钮即可。

5.1.3 │ 单元格的基本操作

为了使工作表整洁美观，便于编辑和阅读，用户需对工作表中的单元格进行编辑整理，常用的单元格操作包括选择单元格区域、插入单元格以及调整合适的行高与列宽等，下面分别对各知识点进行介绍。

1. 选择单元格

单元格是工作表中重要的组成元素，是数据输入和编辑的直接场所，在编辑各类表格时，选择单元格区域是一项频繁的操作。而根据需要选择最合适、最有效的选择方法，将提高编辑制作表格的效率。下面介绍几种选择单元格区域的常用方法。

- **选择单个单元格：** 直接使用鼠标单击需要选择的单元格。
- **选择相邻的单元格区域：** 首先选择目标区域内左上角的单元格，然后按住鼠标左键不放并拖动至目标区域右下角的最后一个单元格，释放鼠标即可选择拖动过程中框选的所有单元格，也可在选择左上角单元格后，按住【Shift】键，同时单击右下角最后一个单元格，选择完成后，所选单元格区域呈蓝色背景显示。
- **选择不相邻的单元格区域：** 按住【Ctrl】键，同时选择其他单元格或区域，即可选择多

个不相邻的单元格，被选择的单元格区域将呈蓝色背景显示。

- **选择整行 / 列单元格：** 单击行号或列标即可选择整行 / 列，与选择单元格区域类似，使用【Ctrl】或【Shift】键可选择相邻或不相邻的多行 / 列单元格。
- **选择当前数据区域：** 先单击数据区域中的任意一个单元格，然后按【Ctrl+A】组合键即可选择当前数据区域。

2. 插入和删除单元格

在对工作表进行编辑时，有时需要在原有表格的基础上添加遗漏的数据，此时可在工作表中插入所需单元格区域，然后输入数据；如果有重复或不再需要的数据，则可将数据所在单元格删除。下面在"员工基本信息表"工作簿的第4行单元格上方插入整行单元格，将第3行单元格删除，其具体操作步骤如下。

微课：插入和删除单元格

STEP 1　选择"插入"命令

❶打开"员工基本信息表"工作簿，在第4行任意位置的单元格上单击鼠标右键；❷在弹出的快捷菜单中选择"插入"命令。

STEP 2　插入整行单元格

❶打开"插入"对话框，在"插入"栏中单击选中"整行"单选按钮；❷单击"确定"按钮。

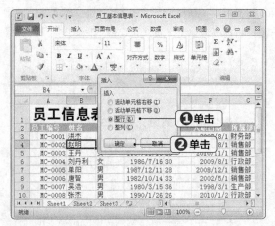

STEP 3　选择"删除"命令

❶此时，在第4行单元格上方插入了整行单元格，在第3行任意位置的单元格上单击鼠标右键；❷在弹出的快捷菜单中选择"删除"命令。

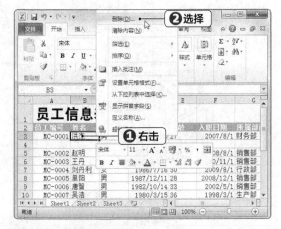

STEP 4　删除整行单元格

❶打开"删除"对话框，在"删除"栏中单击选中"整行"单选按钮；❷单击"确定"按钮。

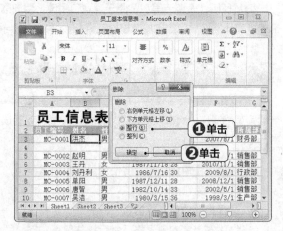

技巧秒杀

选择某行或某列数据单元格并进行复制操作，然后单击鼠标右键，在弹出的快捷菜单中选择"插入复制的单元格"命令，可快速插入复制的单元格区域。

STEP 5 查看效果

用同样的方法删除刚才插入的整行，返回工作簿中查看插入和删除单元格后的效果。

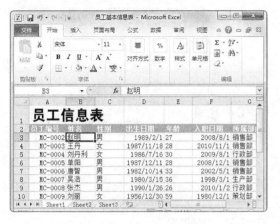

操作解谜

"插入"和"删除"对话框各个单选按钮的作用

"插入"和"删除"对话框中的各个单选按钮的作用分别是：单击选中"右侧单元格左移"单选按钮，删除选择的单元格后，右侧的单元格将向左侧移动到删除的单元格位置；单击选中"下方单元格上移"单选按钮，删除选择的单元格后，下方的单元格将向上移动到删除的单元格位置；单击选中"整行"单选按钮，将删除单元格所在的整行；单击选中"整列"单选按钮，将删除单元格所在的整列。

3. 合并和拆分单元格

为了使制作的表格更加专业和美观，有时需要将表格中多个单元格合并为一个单元格。在修改表格内容时，也可能需要将合并的单元格拆分，再重新选择区域合并。下面在"员工基本信息表"工作簿中介绍合并和拆分单元格的操作，其具体操作步骤如下。

微课：合并和拆分单元格

STEP 1 合并标题

❶在"员工基本信息表"工作簿中选择 A1:H1 单元格区域；❷在【开始】/【对齐方式】组中单击"合并后居中"按钮。

STEP 2 合并效果

此时标题所在单元格区域将合并为一个单元格。

技巧秒杀

需注意的是，在进行单元格合并操作时，只能合并连续相邻的单元格，而不连续的单元格是不能进行合并操作的。

STEP 3 选择"设置单元格格式"命令

❶在合并的单元格上单击鼠标右键；❷在弹出的快捷

菜单中选择"设置单元格格式"命令。

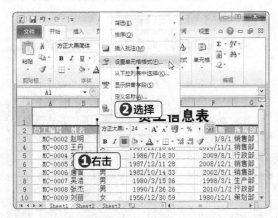

STEP 4   拆分单元格

❶打开"设置单元格格式"对话框,单击"对齐"选项卡;❷在"文本控制"栏中取消选中"合并单元格"复选框;❸单击"确定"按钮。

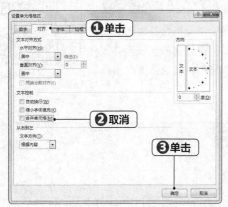

STEP 5   拆分效果

此时合并的标题区域被拆分,标题文本将显示在 A1 单元格中。

STEP 6   合并效果

选择 A1:G1 单元格区域,将标题重新合并,效果如下图所示。

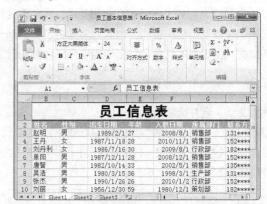

4. 设置单元格的行高和列宽

当工作表中的行高或列宽不符合要求时,将直接影响到单元格中数据的显示,此时需要对行高和列宽进行调整,通常可通过鼠标拖动和"行高"或"列宽"对话框来实现。下面在"员工基本信息表"工作簿中通过不同的方法调整行高或列宽,设置精确数值,其具体操作步骤如下。

微课:设置单元格行高和列宽

STEP 1   拖动鼠标调整行高

打开"员工基本信息表"工作簿,将光标移到第 1 行行标下方,当光标变为带箭头的十字样式后,向下拖动鼠标至合适的位置后释放鼠标(在上方将同步显示高度距离)。

STEP 2　选择"行高"命令

❶选择第 2 行单元格；❷单击鼠标右键；❸在弹出的快捷菜单中选择"行高"命令。

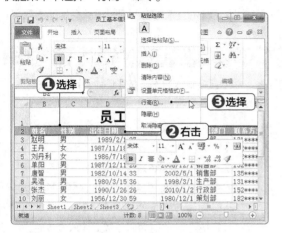

STEP 3　设置行高

❶打开"行高"对话框，在"行高"文本框中输入行高数值；❷单击"确定"按钮。

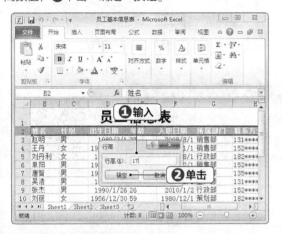

STEP 4　调整列宽

❶选择 D 列单元格，单击鼠标右键，在弹出的快捷菜单中选择"列宽"命令，打开"列宽"对话框，在"列宽"文本框中输入"13"；❷单击"确定"按钮。

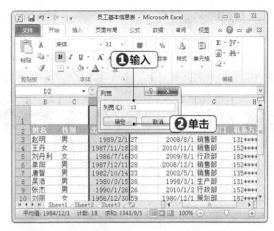

STEP 5　查看效果

返回工作表查看效果。

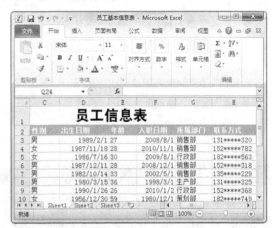

技巧秒杀

由于在手动调整表格的行高和列宽时，会显示具体的数值，所以在表格内容较少的情况下，通常通过手动调整会比较简单。如果表格内容较多，可以同时选择所有需要设置的表格，通过"行高"或"列宽"对话框，一次性设置表格的行高和列宽。

5.2 编辑"办公用品信息表"工作簿

　　办公用品是指人们在日常工作中所使用的辅助用品，主要应用于企业单位，它涵盖的种类非常广泛，如办公工具、纸笔等。"办公用品信息表"是对办公用品的信息进行登记的一种表格，一般包括办公用品的名称、规格、单位、单价等内容。

5.2.1 | 输入数据

在 Excel 表格中，数据是构成表格的基本元素，也是表格的一种直观表现。常见的数据类型包括数字、文本、日期和时间等。除了直接输入数据外，也可以在 Excel 中通过填充的方式输入相同或具有规律的数据。

1. 输入一般数据

在单元格中输入数据时，首先应选择单元格或双击单元格，然后直接输入数据，按【Enter】键确认输入。输入各类普通数据的方法分别介绍如下。

- **输入一般数字：** 选择需输入数字的单元格，直接输入所需数字后按【Enter】键即可。单元格中可显示的最大数字为 999 9999 9999，当超过该值时，Excel 会自动以科学记数方式显示。
- **输入文本内容：** 默认状态下，Excel 中输入的中文文本都将呈左对齐方式显示在单元格中。当输入的文本超过单元格宽度时，将自动延伸到右侧单元格中显示。
- **输入负数：** 输入负数时可在前面添加 "–" 号，或是将输入的数字用圆括号括起。如

输入 "–1" 或 "（1）"，在单元格中都会显示为 "–1"。
- **输入分数：** 输入分数的规则为 "0+ 空格 + 数字"，如输入 "0 4/5" 时即可得到 "4/5"，此时为真分数；如输入 "0 5/4" 将得到 "1 1/4"，此时为假分数。输入分数时，在编辑栏中将显示为小数，如 "0.8" "1.25"。
- **输入小数：** 输入小数时，小数点的输入方法为直接按小键盘中的【Del】键。输入的小数过长时在单元格中将会显示不全，此时可在编辑栏中进行查看。

2. 填充相同的数据

在制作工作簿时有时需要输入一些相同的数据，手动输入这些数据十分浪费时间，为此，Excel 专门提供了快速填充数据的功能，可以大大提高输入数据的准确性和工作效率。下面在"办公用品信息表"工作簿中填充相同数据，快速输入单位，其具体操作步骤如下。

微课：填充相同数据

STEP 1 填充相同的数据

❶打开"办公用品信息表"工作簿，在 C3 单元格中输入单位"个"；❷将光标移到 C3 单元格的右下角，当光标变为十字形状时，按住鼠标左键不放并拖动到目标单元格位置，这里拖动至 C15 单元格。

技巧秒杀

填充相同数据时，也可以通过复制单元格来实现，输入数据后复制单元格，选择其他单元格区域，粘贴数据即可。

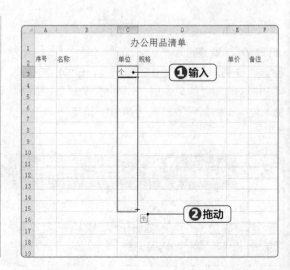

STEP 2　查看效果

释放鼠标，可看到选择的单元格区域中已填充相同的文本数据。

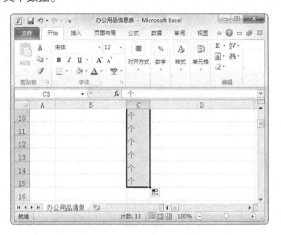

操作解谜

使用快捷菜单填充相同数据

使用快捷菜单填充相同数据时，首先应在起始单元格中输入数据，如输入"星期一"，然后将光标移至该单元格右下角，当光标变为十字形状时，按住鼠标右键不放并拖动到目标单元格，释放鼠标，在弹出的快捷菜单中选择"复制单元格"命令。

技巧秒杀

当在单元格中输入日期，如输入"5月7日"时，拖动鼠标，此时，将以"5月8日""5月9日"的方式进行填充。

3. 填充有规律的数据

　　在 Excel 中，除了可以使用鼠标左键拖动的方法自动填充相同数据外，还可通过"序列"对话框快速填充等差序列、等比序列、日期等特殊的数据。下面在"办公用品信息表"工作簿中输入编号，其具体操作步骤如下。

微课：填充有规律的数据

STEP 1　选择"系列"选项

❶在"办公用品信息表"工作簿的 A3 单元格中输入编号"101"，选择 A3:A15 单元格区域；❷在【开始】/【编辑】组中单击"填充"按钮；❸在打开的下拉列表中选择"系列"选项。

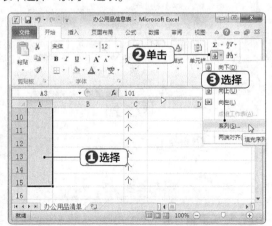

STEP 2　填充等差序列

❶打开"序列"对话框，在"序列产生在"栏中单击

选中"列"单选按钮；❷在"类型"栏中可以选择要填充的类型，这里单击选中"等差序列"单选按钮；❸在"步长值"文本框中输入"5"；❹单击"确定"按钮。

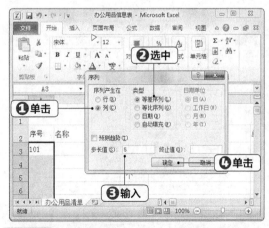

STEP 3　查看效果

返回工作簿中，即可看到 A3:A15 单元格区域已填充了数据，然后在其他单元格中输入相关数据。

	A	B	C	D	E	F
1			办公用品清单			
2	序号	名称	单位	规格	单价	备注
3	101	纸档案盒	个	乔力牌、A4、6CM厚	15	
4	106	胶制档案盒（蓝色）	个	华杰H088	25	
5	111	文件（三层）	个	华志 H-318	10	
6	116	文件（资料册）	个	清达牌、20页、A4	15	
7	121	螺旋式笔记本	个	SC80A56-1	20	
8	126	会议记录本	个	GuangBo A4、80页黑色	25	
9	131	皮制笔记本（小）	个	得力牌 NO.3325	45	
10	136	签字笔	个	斑马牌、10支/盒	3	
11	141	中性笔（红）	个	真彩或晨光牌、0.5毫米	3	
12	146	铅笔（带橡皮头）	个	中华牌6151	5	
13	151	计算器	个	万能牌200	105	
14	156	订书针	个	益而高 #24/6 1000个/盒	35	
15	161	印泥油	个	得力牌NO.9874(红色、蓝色)	35	
16						

操作解谜

递增规律

在该例中填充编号数值时，可在按住【Ctrl】键的同时拖动鼠标，将直接以"1"为单位进行递增填充；或先在C3和C4单元格中输入"101"和"106"，然后拖动鼠标，也可按照以"5"为单位的方式递增填充。

5.2.2 编辑数据

如果在输入数据的过程中出现输入错误的情况，可对数据进行重新编辑。数据的编辑不只是对错误的数据进行修改，还包括设置数据的格式以及数据的删除、查找与替换等。

PART 02

1. 设置数据格式

不同的工作领域对单元格中数字的类型有不同的需求，因此，Excel 提供了多种数字类型，如数值、货币、日期等，该功能可通过"设置单元格格式"对话框来实现。下面在"办公用品信息表"工作簿中设置"单价"的数字格式，其具体操作步骤如下。

微课：设置数据格式

STEP 1　选择"设置单元格格式"命令

❶在"办公用品信息表"工作簿中选择 E3:E15 单元格区域；❷单击鼠标右键；❸在弹出的快捷菜单中选择"设置单元格格式"命令。

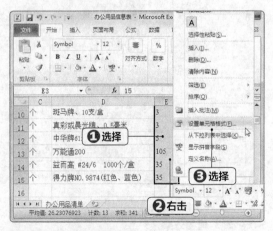

STEP 2　设置货币格式

❶打开"设置单元格格式"对话框，在"数字"选项卡中的"分类"列表框中选择"货币"选项；❷在"小

数位数"数值框中输入"2"；❸在"货币符号"下拉列表中选择"¥"选项；❹在"负数"列表框中选择"¥-1,234.10"选项；❺单击"确定"按钮。

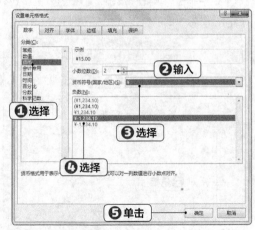

STEP 3　查看效果

此时即可将数字设置为"货币"格式。

操作解谜

输入以"0"开头的数字

默认状态下，以"0"开始的数据，在单元格中输入后却不能正确显示，此时可以通过相应的设置避免这种情况的发生。其方法是首先选择要输入如"0101"类型数字的单元格，然后打开"设置单元格格式"对话框，单击"数字"选项卡，在"分类"列表框中选择"文本"选项，然后单击"确定"按钮即可。

2. 修改数据

在输入数据时，难免会输入错误的数据信息，在发现错误后就需要对其中的数据进行修改，在修改的过程中选择适当的修改方法，将使修改过程变得简单，从而提高编辑表格的效率。表格数据通常通过编辑栏或单元格进行修改。下面在"办公用品信息表"工作簿中修改单位数据，其具体操作步骤如下。

微课：修改数据

STEP 1 在单元格中修改

在"办公用品信息表"工作簿中单击需要修改数据的单元格，这里单击"C7"单元格，然后重新输入"本"。

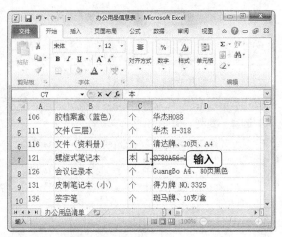

STEP 2 在编辑栏中修改

选择需修改数据的单元格，然后将光标插入点定位到编辑栏中，拖动鼠标选择需修改的数据，然后重新输入。

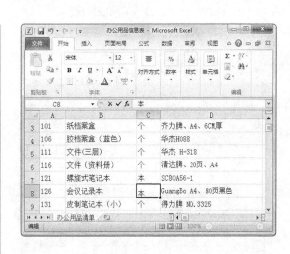

STEP 3 查看修改结果

使用相同的方法修改其他单位数据。

技巧秒杀

通过单元格修改数据更加直观，而在编辑栏中修改数据适用于长文本内容。

序号	名称	单位	规格	单价	备注
101	纸档案盒	个	齐力牌、A4、6CM厚	¥15.00	
106	胶档案盒（蓝色）	个	华杰H088	¥25.00	
111	文件（三层）	个	华杰 H-318	¥10.00	
116	文件（资料册）	个	清达牌、20页、A4	¥15.00	
121	螺旋式笔记本	本	SC80A56-1	¥20.00	
126	会议记录本	本	GuangBo A4、80页黑色	¥25.00	
131	皮制笔记本（小）	本	得力牌 NO.3325	¥45.00	
136	签字笔	支	斑马牌、10支/盒	¥3.00	
141	中性笔（红）	支	真彩或晨光牌、0.5毫米	¥3.00	
146	铅笔（带橡皮头）	支	中华牌6151	¥5.00	
151	计算器	台	万能通200	¥105.00	
156	订书针	盒	益而高 #24/6 1000个/盒	¥35.00	
161	印泥油	个	得力牌NO.9874(红色、蓝色)	¥35.00	

操作解谜

删除单元格中的数据

要删除数字、文本等一般数据和符号，可先选择数据所在的单元格，然后按【Delete】键，或在单元格中选择数据内容，按【Delete】键或【Backspace】键删除。

3. 移动和复制数据

在制作数据量较大且部分数据相同的表格时，如果重复输入将浪费很多时间，此时可使用 Excel 提供的剪切或复制功能快速进行编辑。下面在"办公用品信息表"工作簿中使用移动、复制功能修改备注内容，其具体操作步骤如下。

微课：移动和复制数据

PART 02

STEP 1　剪切数据

❶在"办公用品信息表"工作簿的 F3 单元格中输入"损坏"，并选择该单元格；❷在【开始】/【剪贴板】组中单击"剪切"按钮，剪切单元格数据。

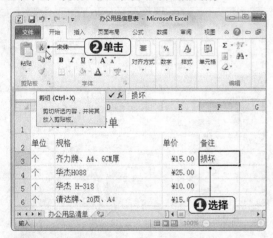

STEP 2　移动数据

❶选择目标单元格，这里选择 F5 单元格；❷在【开始】/【剪贴板】组中，单击"粘贴"按钮，粘贴单元格数据。

技巧秒杀

复制和移动多个单元格中的数据与复制和移动单个数据是一样的，不同的是前者需要先选择多个单元格数据。

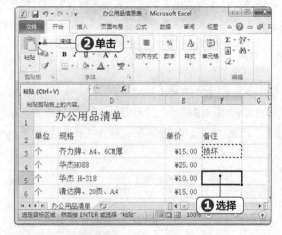

STEP 3　复制数据

❶在 F5 单元格中单击鼠标右键；❷在弹出的快捷菜单中选择"复制"命令。

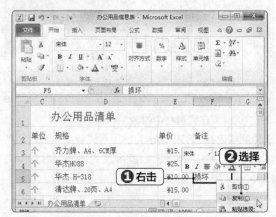

STEP 4 查看效果

选择 F8 单元格，在【开始】/【剪贴板】组中单击"粘贴"按钮，粘贴单元格数据。

	A	B	C	D	E	F
1			办公用品清单			
2	序号	名称	单位	规格	单价	备注
3	101	纸档案盒	个	齐力牌、A4、6CM厚	¥15.00	
4	106	胶档案盒（蓝色）	个	华杰H088	¥25.00	
5	111	文件（三层）	个	华杰 H-318	¥10.00	损坏
6	116	文件（资料册）	个	清达牌、20页、A4	¥15.00	
7	121	螺旋式笔记本	本	SC80A56-1	¥20.00	
8	126	会议记录本	本	GuangBo A4、80页黑色	¥25.00	损坏
9	131	皮制笔记本（小）	本	得力牌 NO.3325	¥45.00	
10	136	签字笔	支	斑马牌、10支/盒	¥3.00	
11	141	中性笔（红）	支	真彩晨光牌、0.5毫米	¥3.00	
12	146	铅笔（带橡皮头）	支	中华牌6151	¥5.00	
13	151	计算器	台	万能通200	¥105.00	
14	156	订书针	盒	益而高 #24/6 1000个/盒	¥35.00	
15	161	印泥油	个	得力牌NO.9874(红色、蓝色)	¥35.00	
16						
17						
18						

4. 查找和替换数据

在编辑单元格中的数据时，有时需要在大量的数据中进行查找和替换操作，如果通过逐行逐列的方式进行查找和替换将非常麻烦，此时可利用 Excel 的查找和替换功能快速定位到满足查找条件的单元格，迅速将单元格中的数据替换为需要的数据。下面在"办公用品信息表 .xlsx"工作簿中查找和替换"文件"文本，其具体操作步骤如下。

微课：查找和替换数据

STEP 1 打开"查找和替换"对话框

❶打开"办公用品信息表"工作簿，选择任意一个单元格，在【开始】/【编辑】组中，单击"查找和替换"按钮；❷在打开的下拉列表中选择"查找"选项。

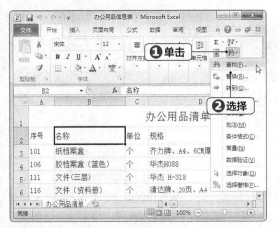

STEP 2 查找第一个数据

❶打开"查找和替换"对话框，单击"查找"选项卡，

在"查找内容"下拉列表中输入查找内容，这里输入"文件"；❷单击"查找下一个"按钮，开始查找当前工作表中第一个符合条件的单元格，并将查找到的结果显示出来。

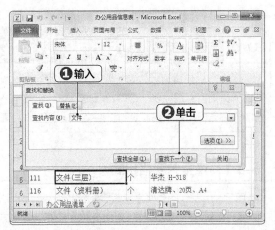

STEP 3 查找所有数据

单击"查找全部"按钮，在"查找和替换"对话框下

方的列表框中将显示当前工作表中所有符合条件的单元格，并显示单元格所在的行列位置。

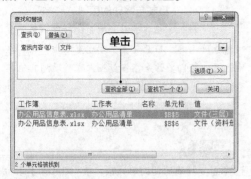

STEP 4　替换数据

❶单击"替换"选项卡；❷在"替换为"下拉列表中输入替换为的数据，这里输入"文件夹"；❸单击"全部替换"按钮；❹在打开的对话框中显示替换的处数，单击"确定"按钮，确认替换。

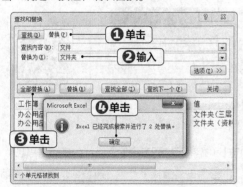

STEP 5　查看效果

返回"查找与替换"对话框，单击"关闭"按钮，关闭对话框，返回工作界面，即可看到替换数据后的效果。

操作解谜

查找和替换的技巧

在设置了查找内容与替换为内容后，如果只想对工作表中的某个区域进行替换，那么此时，可返回工作界面，选择该单元格区域，然后再次打开"查找和替换"对话框，系统默认保留了查找和替换内容，直接进行替换操作即可。对于工作表中设置了数字格式的数据，查找的内容将以实际数值为准，并不是应用格式后的显示内容。

5.3　美化"业务员销售额统计表"工作簿

"业务员销售额统计表"主要用于帮助公司领导对员工销售情况进行了解、对营销情况有所把握。通常，"业务员销售额统计表"的内容包括日期、业务员姓名、销售产品名称、销售数量、产品单价和销售总额等。在制作业务员销售额统计表时，要突出重点内容，使用不同格式区分。

5.3.1　设置单元格格式

用 Excel 制作的表格常常需要制作成报表打印出来，交上级部门审阅，如果表格仅仅是内容详实仍是不够的，还需要对表格进行美化操作，对单元格中数据的对齐方式、字体格式和边框样式等进行设置，使表格的版面美观、数据清晰。

1. 设置字体格式

在单元格中输入的数据都是 Excel 默认的字体格式，这让制作完成后的表格看起来没有主次之分，为了让表格内容表现得更加直观，利于以后对表格数据的进一步查看与分析，可对单元格中的字体格式进行设置。下面在"业务员销售额统计表"工作簿中设置标题和表头内容的字体格式，其具体操作步骤如下。

微课：设置字体格式

STEP 1　选择"设置单元格格式"命令

❶打开"业务员销售额统计表"工作簿，选择合并后的 A1:F1 单元格，然后单击鼠标右键；❷在弹出的快捷菜单中选择"设置单元格格式"命令。

STEP 2　设置标题格式

❶打开"设置单元格格式"对话框，单击"字体"选项卡；❷在"字体"列表框中选择"方正大黑简体"选项；❸在"字形"列表框中选择"加粗"选项；❹在"字号"列表框中选择"20"选项；❺单击"确定"按钮。

STEP 3　设置表头字体格式

❶选择 A2:F2 单元格区域；❷在"字体格式"下拉列表中选择"方正粗宋简体"选项；❸在"字体大小"下拉列表框中选择"12"选项，设置表头字体大小；

❹单击"倾斜"按钮，设置文字倾斜显示。

STEP 4　查看效果

使用相同的方法将 A3:F30 单元格区域的字号设置为"12"，并单击"倾斜"按钮。

	宏安家具公司总销售额统计表				
日期	业务员姓名	产品名称	单价（元）	销售数量（瓶）	总销售额（元）
2016/3/2	陈诗雨	1.8米实木双人床	4900	2	9800
2016/3/3	董杰	1.8米皮艺双人床	1900	1	1900
2016/3/4	胡泉	沙发床	4900	2	9800
2016/3/5	吴江	橡皮电视柜	2500	2	5000
2016/3/6	李明浩	白色板木茶几	2400	1	2400
2016/3/7	向蕓	1.8米实木双人床	4900	1	4900
2016/3/8	肖明明	儿童房家具套餐	6800	1	6800
2016/3/9	向蕓	黑色板木电视柜	2300	3	6900
2016/3/10	肖明明	1.8米皮艺双人床	1900	3	5700
2016/3/11	吴江	沙发床	4900	2	9800
2016/3/12	胡泉	橡皮电视柜	2500	2	5000
2016/3/13	董杰	白色板木茶几	2400	2	4800
2016/3/14	陈诗雨	1.8米实木双人床	4900	1	4900
2016/3/15	陈诗雨	儿童房家具套餐	6800	1	6800
2016/3/16	庞宇	黑色板木电视柜	2300	1	2300
2016/3/17	陈诗雨	1.8米实木双人床	4900	1	4900
2016/3/18	向蕓	儿童房家具套餐	6800	1	6800
2016/3/19	胡泉	黑色板木电视柜	2300	2	4600
2016/3/20	吴江	1.8米皮艺双人床	1900	2	3800
2016/3/21	李明浩	沙发床	4900	3	14700
2016/3/22	向蕓	橡皮电视柜	2500	1	2500
2016/3/23	肖明明	橡皮电视柜	4900	2	9800
2016/3/24	吴江	橡皮电视柜	2500	3	7500
2016/3/25	胡泉	白色板木茶几	2400	3	7200
2016/3/26	董杰	1.8米实木双人床	4900	2	9800
2016/3/27	陈诗雨	儿童房家具套餐	6800	2	13600
2016/3/28	陈诗雨	黑色板木电视柜	2300	2	4600
2016/3/29	陈诗雨	黑色板木电视柜	2300	5	11500

技巧秒杀

在选择字体格式时，可在下拉列表中通过键盘上下键进行选择，同时还可查看表格的字体效果。

2. 设置对齐方式

在 Excel 中不同的数据默认的对齐方式也不同，为了更方便地查阅表格，使表格更加美观，可设置单元格中数据的对齐方式。下面将"业务员销售额统计表"工作簿的表头设置为居中对齐，"日期"设置为"左对齐"，其具体操作步骤如下。

微课：设置对齐方式

STEP 1   设置表头居中对齐

❶在"业务员销售额统计表"工作簿中选择 A2:F2 单元格；❷在【开始】/【对齐方式】组中单击"居中对齐"按钮。

STEP 2   查看效果

返回表格，可查看表头内容居中对齐的效果。

STEP 3   设置"日期"左对齐

❶选择合并后的 A3:A30 单元格；❷在【开始】/【对齐方式】组中单击"文本左对齐"按钮，将"日期"设置为左对齐。

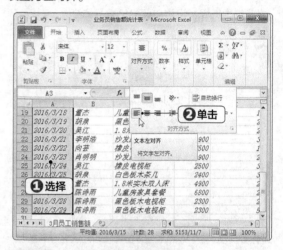

STEP 4   设置其他数据的对齐方式

使用相同的方法，将其他数据内容设置为居中对齐。

3. 添加边框和底纹

Excel 表格的边线默认情况下是不能被打印输出的，有时为了适应办公的需要常常要求打印出表格的边框，此时就可为表格添加边框。为了突出显示内容，还可为某些单元格区域设置底纹颜色。下面为"业务员销售额统计表"工作簿的标题填充绿色底纹，并为表格设置边框，其具体操作步骤如下。

微课：添加边框和底纹

PART 02

STEP 1　填充表头单元格底纹

❶在"业务员销售额统计表"工作簿中选择 A2:F2 单元格区域；❷选择【开始】/【字体】组，单击"填充颜色"按钮右侧的下拉按钮；❸在打开的下拉列表的"标准色"栏中选择"浅绿"选项。

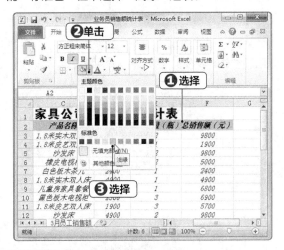

STEP 2　设置表格边框

❶选择 A2:F30 单元格；❷在【开始】/【字体】组中单击"边框"按钮右侧的下拉按钮；❸在打开的下拉列表的"边框"栏中选择"所有框线"选项。

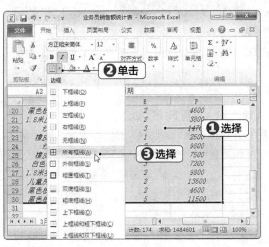

STEP 3　最终效果

返回表格，即可查看设置底纹和添加边框后的效果。

操作解谜

"设置单元格格式"对话框

　　为表格添加边框，还可在"设置单元格格式"对话框的"边框"选项卡中进行。在"样式"栏中设置边框线条的样式；在"颜色"下拉列表中选择边框线条的颜色；在"预置"和"边框"栏中设置边框类型，与边框下拉列表中的选项对应，最后单击"确定"按钮确认设置即可。

技巧秒杀

要取消边框，可在【开始】/【字体】组的"边框"下拉列表中选择"无框线"选项；或在"设置单元格格式"对话框的"边框"选项卡中单击"无"按钮，再单击"确定"按钮确认即可。

5.3.2　应用样式和主题

　　单元格样式是指一组具有特定单元格格式的组合，它的应用与填充单元格较为相似，使用单元格样式可以快速对应用相同样式的单元格进行格式化，从而提高工作效率，使工作表格式规范统一。主题也是对表格格式化的一种快速设置，表格主题包括颜色、字体和效果（包括线条和填充效果）3 个要素，通过应用主题能够制作出更加专业和有特色的表格。

1. 应用单元格样式

Excel 2010 中内置了多种典型的单元格样式，与填充单元格的背景色相似，通过简单操作使可快速设置单元格格式。下面将为"业务员销售额统计表"工作簿的 A2:F2 单元格区域设置样式"标题 3"，其具体操作步骤如下。

微课：应用单元格样式

STEP 1　应用单元格样式

在"业务员销售额统计表"工作簿中选择 A2:F2 单元格，在【开始】/【样式】组中单击"单元格样式"按钮，在打开的下拉列表中选择"标题"栏中的"标题 3"选项。

STEP 2　查看效果

返回工作界面查看应用单元格样式后的效果。

2. 套用表格样式

利用 Excel 自动套用表格格式功能可以快速制作出美观、大方的表格。下面将为"业务员销售额统计表"工作簿的表格内容套用"表样式浅色 20"格式，其具体操作步骤如下。

微课：套用表格样式

STEP 1　选择套用的样式

❶在"业务员销售额统计表"工作簿中选择任意单元格，然后在【开始】/【样式】组中单击"套用表格格式"按钮；❷在打开的下拉列表中选择"表样式浅色 20"选项。

STEP 2　设置套用区域

❶打开"创建表"对话框，在工作表中选择要套用格式的表格区域，这里选择 A3:F30 单元格区域；❷单击选中"表包含标题"复选框；❸单击"确定"按钮。

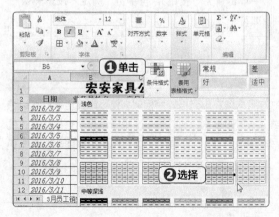

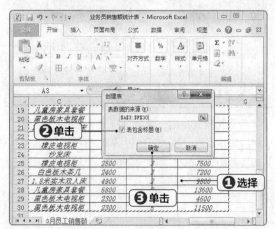

PART 02

STEP 3　转换为普通数据表

❶在【表格工具 设计】/【工具】组中单击"转换为区域"按钮；❷在打开的提示对话框中单击"是"按钮，将表格内容转换为普通数据表。

STEP 4　查看效果

返回工作界面，即可看到套用表格格式后的效果。

3. 设置表格主题

主题的设置是在"页面布局"选项卡中实现，Excel 2010 内置了数十种主题样式，用户可快速地制作出符合自己需求的表格。下面将为"业务员销售额统计表"工作簿应用"华丽"主题，其具体操作步骤如下。

微课：设置表格主题

STEP 1　应用"华丽"主题

❶在"业务员销售额统计表"工作簿中的【页面布局】/【主题】组中，单击"主题"按钮；❷在打开的下拉列表中选择"华丽"选项。

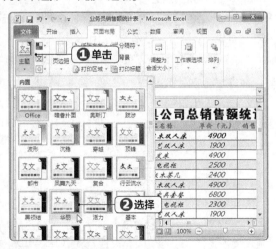

STEP 2　查看效果

返回工作表，可查看应用表格主题后的效果。

操作解谜

设置主题元素

在为工作簿设置主题后，可以对主题中的各元素进行编辑，以满足实际应用需求。选择【页面布局】/【主题】组，单击"主题颜色"按钮，可设置主题颜色；单击"主题字体"按钮可设置主题字体格式。

5.3.3 打印工作表

对于商务办公来说，编辑美化后的表格通常需要通过纸张将其打印出来，让公司人员或客户查看。而在打印中为了在纸张中完美呈现表格内容，就需要对工作表的页面、打印范围等进行设置，完成设置后，可进行预览，查看打印效果。

1. 设置页面和页边距

设置页面的布局方式主要包括设置打印纸张的方向、缩放比例、纸张大小等方面的内容，这些都可通过"页面设置"对话框进行。下面将在"业务员销售额统计表"工作簿中设置打印方向为"横向"，缩放比例为"120"，纸张大小为"A4"，表格内容居中，并进行打印预览，其具体操作步骤如下。

微课: 设置页面和页边距

STEP 1　设置"居中对齐"

在"业务员销售额统计表"工作簿中的【页面布局】/【页面设置】组中单击右下角的"扩展"按钮。

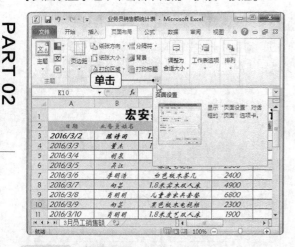

STEP 2　设置页面

❶打开"页面设置"对话框，在"页面"选项卡的"方向"栏中单击选中"横向"单选按钮；❷在"缩放"栏的"缩放比例"数值中输入"100"；❸在"纸张大小"下拉列表中选择"A4"选项。

操作解谜

在"页面布局"选项卡中设置

打开"页面设置"对话框，可对表格页面进行全面设置，若要快速地完成页面的设置，可以直接在"页面布局"组中单击各选项按钮，然后根据需要在下拉列表中选择合适的选项或进行相应的设置。

STEP 3　设置页边距

❶单击"页边距"选项卡；❷单击选中"水平"复选框和"垂直"复选框；❸单击"打印预览"按钮。

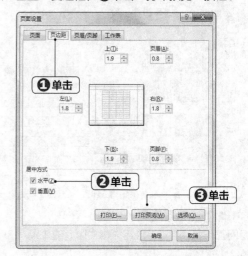

STEP 4 预览表格

此时在"打印"界面右侧可查看设置后的表格打印效果。

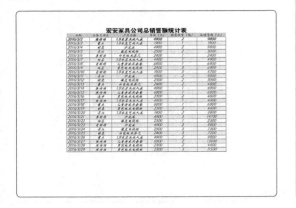

操作解谜

在"页面布局"模式中预览

　　除了通过"打印"界面进行预览外，还可以通过"页面布局"模式预览表格打印效果。选择【视图】/【工作簿视图】组，单击"页面布局"按钮，进入"页面布局"预览模式，在该预览模式下，可对页面设置进行调整，如拖动鼠标调整页边距、将鼠标插入"单击可添加页眉"或"单击可添加页脚"栏中的文本框，在其中输入页眉页脚内容等。

2. 添加页眉和页脚

　　为了使整个工作表更加完整、严谨，可以为表格设置页眉和页脚。下面在"业务员销售额统计表"工作簿中添加页眉和页脚的内容，其具体操作步骤如下。

微课：添加页眉和页脚

STEP 1 自定义页眉

❶在"业务员销售额统计表"工作簿中打开"页面设置"对话框，单击"页眉/页脚"选项卡；❷单击"自定义页眉"按钮。

STEP 2 输入页眉内容

❶打开"页眉"对话框，将光标插入"中"文本框中，输入页眉内容，这里输入"宏安家具连锁"；❷单击"确定"按钮。

操作解谜

设置页眉文本内容

　　在"页眉"对话框中单击"格式文本"按钮可设置页眉文本的字体格式；单击"插入图片"按钮，可在页眉中插入图片，如公司的LOGO。

STEP 3　选择页脚内容

❶返回"页眉/页脚"选项卡，在"页脚"下拉列表中选择内置的页脚选项，这里选择"第1页"选项；❷单击"打印预览"按钮。

STEP 4　预览设置效果

此时，在"打印"界面右侧可查看设置后的表格打印效果。

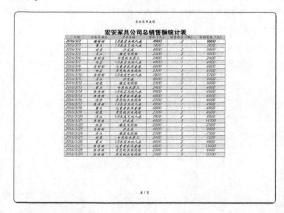

技巧秒杀

若要删除页眉页脚，可在"页眉/页脚"选项卡的"页眉"和"页脚"下拉列表中分别选择"无"选项。

---

3. 设置表格打印区域

当工作簿中涉及的信息过多，但只需要打印其中的部分数据信息时，打印整个工作簿就会浪费不必要的资源。此时可根据需要设置打印范围，只打印需要的部分。下面将"业务员销售额统计表"工作簿的 A1:F9 单元格设置为打印区域，其具体操作步骤如下。

微课：设置表格打印区域

STEP 1　设置打印区域

❶在"业务员销售额统计表"工作簿中选择 A1:F9单元格区域；❷选择【页面布局】/【页面设置】组，单击"打印区域"按钮；❸在打开的下拉列表中选择"设置打印区域"选项。

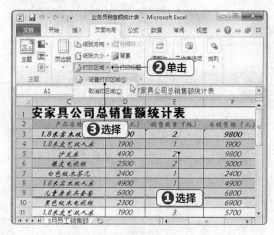

STEP 2　打印预览

单击"文件"选项卡，在打开的界面中选择"打印"选项，查看打印预览效果。

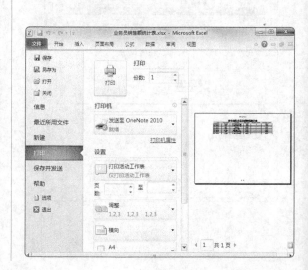

4. 打印设置

　　在完成表格的页面、页边距、页眉页脚内容以及打印区域的设置后，就可以使用打印机将表格打印出来，在开始打印时，需要选择打印机以及打印表格的份数等。下面将所需表格打印 2 份，其具体操作步骤如下。

微课：打印设置

STEP 1　快速设置打印区域和页码

❶打开需打印的工作簿，单击"文件"选项卡，在打开的界面中选择"打印"选项，打开"打印"界面，在"设置"栏中可设置打印区域；❷在"页数"栏中可设置打印表格的页码，如打印 1~3 页，则输入"1-3"，打印第 1 页和第 3 页，则输入"1,3"，以此类推。

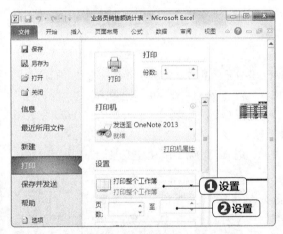

STEP 2　快速设置打印页面

❶拖动右侧滑动条；❷继续在"设置"栏中设置打印方向；❸设置打印大小；❹设置页边距大小。

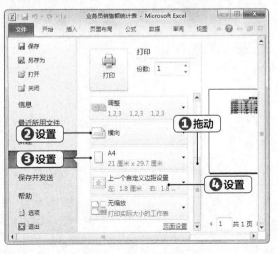

STEP 3　设置打印份数和打印机

❶在"份数"数值框中输入"2"；❷在"打印机"栏中选择计算机连接的打印机；❸单击"打印机"栏中的"打印机属性"超链接。

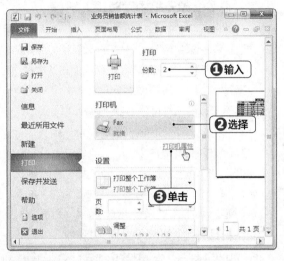

STEP 4　设置打印机属性

❶打开打印机属性对话框，在"纸张大小"下拉列表中选择"A4"选项；❷在"方向"栏中单击选中"横向"单选按钮；❸其他选项保持默认设置，单击"确定"按钮。返回打印界面，单击"打印"按钮可将表格打印出来。

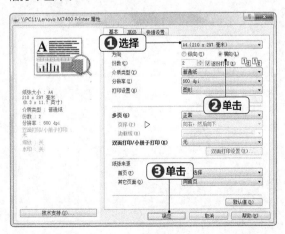

新手加油站 —— 制作 Excel 表格的技巧

1. 设置自动输入小数点

Excel 默认输入数据都是整数格式，通过设置可以实现自动输入固定位数的小数点的功能。其具体操作步骤如下。

❶ 单击"文件"选项卡，在打开的界面中选择"选项"命令。

❷ 在打开的"Excel 选项"对话框左侧选择"高级"选项，然后单击选中"自动插入小数点"复选框。

❸ 如果需要自动填充小数点，应该在"位数"数值框中输入小数点保留的有效数字的位数（如"2"）。

❹ 在单元格中输入数据，如"59"，将自动显示为"0.59"。

2. 在多个单元格中同时输入数据

如果需要在多个单元格中输入同一数据，采用直接输入的方法效率较低，此时可以采用批量输入的方法：首先选择需要输入数据的单元格或单元格区域，如果需输入数据的单元格中有不相邻的，可以按住【Ctrl】键逐一进行选择。然后再单击编辑栏，在其中输入数据，完成输入后按【Ctrl+Enter】组合键，数据就会被填充到所有选择的单元格中。

3. 在单元格中正确输入身份证号码

在单元格中输入身份证号码时，输入完成后，单元格中显示的数据为科学计数法方式（如输入"110125365487951236"，将显示为"1.10125E+17"），使用户不能在单元格中输入正确显示的身份证号码。避免此类问题出现的操作很简单，在工作表中选择需要输入身份证号码的单元格或单元格区域，并单击鼠标右键，在弹出的快捷菜单中选择"设置单元格格式"命令，打开"设置单元格格式"对话框，单击"数字"选项卡，在"分类"列表框中选择"文本"选项，然后单击"确定"按钮即可。

4. 打印不连续的行或列区域

如果需要将一张工作表中部分不连续的行或列打印出来，可在表格中按住【Ctrl】键的同时，用鼠标左键单击行（列）标，选择不需要打印出来的多个不连续的行（列），单击鼠标右键，在弹出的快捷菜单中选择"隐藏"命令，将选择的行（列）隐藏起来，然后再执行打印操作就可以了。

Excel 应用

第 6 章

快速计算 Excel 数据

/本章导读

使用 Excel 和 Word 都可以在页面中输入信息并进行美化，但除此之外，Excel 还具有强大的数据计算和处理功能。在日常办公中，涉及公司产品登记、营业内容等内容时，几乎都离不开数据的计算，Excel 可以帮助公司快速计算数据，实现办公自动化。本章将主要介绍公式和函数的应用与编辑、办公常用函数的应用等。

6.1 计算"日常办公费用统计表"表格数据

计算日常办公费用是管理和经营公司的一项基本事务,可帮助公司了解日常的办公支出费用。"日常办公费用统计表"根据公司的性质和从事的行业内容有所不同,但主要都包括支出日期、范围、用途和金额等,一般需要通过公式计算费用数据。

6.1.1 输入和编辑公式

Excel 是管理数据的场所,具备强大的数据分析和处理功能,输入数据后,使用公式是常用的一种数据处理手段,在单元格中输入公式后,还可以进行复制公式、显示公式、修改公式等编辑操作,以提高数据编辑的效率。

1. 输入公式

要在 Excel 中使用公式,首先必须掌握在 Excel 中输入公式的方法。在 Excel 中输入公式的方法有多种,可以在单元格或编辑栏中输入。下面将在"日常办公费用统计表"工作簿的 G3 单元格中输入公式,使其能自动对 C4:G4 单元格区域中的数据进行相加,得到合计费用,其具体操作步骤如下。

微课:输入公式

STEP 1 输入加法运算公式
打开"日常办公费用统计表"工作簿,在 F3 单元格中输入 "=C4+E4"。

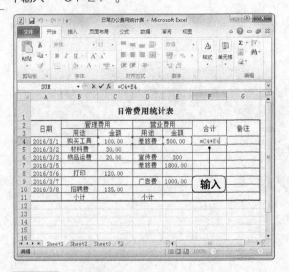

STEP 2 计算费用合计
按【Enter】键完成公式的输入并计算数据,得到费用的合计数据。

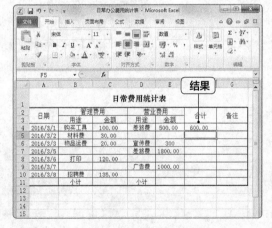

结果

操作解谜

理解公式

公式是数据计算的依据,在Excel中,输入公式进行数据计算时需要遵循一个特定的次序或语法:最前面是等号"=",然后才是计算公式。公式中可以包含运算符、常量数值、单元格引用、单元格区域引用和函数等。本例中的"=C4+E4"公式即是表示C4单元格和E4单元格中的数据相加。

PART 02

2. 填充公式

若要输入多个结构相同的公式，同时引用的单元格地址相邻，只需输入一个公式，然后采用填充公式的方法，即可快速输入其他公式。在填充公式的过程中，Excel 会自动改变引用单元格的地址，这是计算同类数据的最快方法。下面在"日常办公费用统计表"工作簿中利用复制公式的方法快速计算出费用合计，其具体操作步骤如下。

微课：填充公式

STEP 1　拖动鼠标填充数据

在"日常办公费用统计表"工作簿中移动光标到 F4 单元格边框的右下角上，待光标变成十字形状时，按住鼠标左键并向下拖动。

STEP 2　计算数据

将鼠标拖动至目标单元格，这里拖动至 F10 单元格后释放鼠标填充公式，即可计算 F5:F10 单元格区域的数据。

技巧秒杀

在单元格中输入单元格地址时，可使用鼠标单击选择相应单元格来添加单元格地址。例如，输入"="后，单击 C4 单元格，然后输入"+"，再单击 E4 单元格，也可完成"=C4+E4"公式的输入。

操作解谜

复制公式

填充公式适合相邻的单元格操作，当要计算不相邻的单元格时，可通过复制公式来实现。其方法与复制单元格相似，选择公式所在的单元格，按【Ctrl+C】组合键复制，然后选择目标单元格，按【Ctrl+V】组合键粘贴公式，并计算出结果。

3. 修改公式

输入公式后，如果发现公式错误，就需要修改公式。修改时，只需选择要修改的部分，输入所需内容即可。下面将在"日常办公费用统计表"工作簿中输入并修改公式内容，其具体操作步骤如下。

微课：修改公式

第 6 章　快速计算 Excel 数据

STEP 1　选择修改内容

在"日常办公费用统计表"工作簿的 C11 单元格中输入公式"=C4+C5+C6+C7+D8+C9+C10",然后选择"D8"。

STEP 2　计算正确结果

输入"C8"之后,按【Enter】键计算出正确的结果。

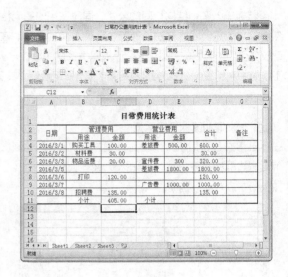

4. 删除公式

通过公式对单元格中的数据进行计算后,其公式仍然在单元格中,如果只需要复制计算出的数据,可选择单元格后按【Delete】键,直接删除单元格中的所有数据及公式,而删除公式实际上指的是删除单元格中的公式而不删除计算结果,此时应通过"选择性粘贴"对话框实现。下面将"日常办公费用统计表"工作簿中 F4:F10 单元格中的公式删除,其具体操作步骤如下。

微课:删除公式

STEP 1　复制单元格

在"日常办公费用统计表"工作簿中选择 F4:F10 单元格,按【Ctrl+C】组合键复制单元格。

STEP 2　选择"选择性粘贴"命令

❶在选择的单元格区域上单击鼠标右键;❷在弹出的快捷菜单中选择"选择性粘贴"命令。

STEP 3　"数值"粘贴

❶打开"选择性粘贴"对话框，在"粘贴"栏中单击选中"数值"单选按钮；❷单击"确定"按钮。

STEP 4　显示为数值

此时可查看到复制前在编辑栏中显示的计算公式，选择性粘贴后单元格显示的只是数字。

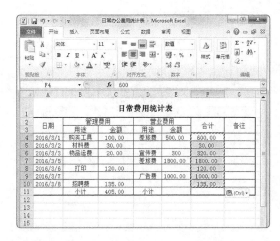

操作解谜

"选择性粘贴"对话框的主要选项的含义

　　"全部"单选按钮是默认的粘贴选项，用于粘贴源数据的数字、公式以及有效性等内容；"公式"单选按钮粘贴所有数据，包括公式，但是不粘贴格式、有效性等内容。

6.1.2　引用单元格

　　在 Excel 中进行数据计算时，经常需要引用单元格中的数据，以此提高计算数据的效率。在默认情况下复制与填充公式时，公式中的单元格地址会随着存放计算结果的单元格位置的不同而不同，即相对引用。除此之外，其他引用单元格的方式还包括绝对引用、混合引用以及引用不同工作表中的单元格和引用不同工作簿中的单元格。

1. 绝对引用

　　绝对引用是指被引用的单元格与公式所在的单元格的位置是绝对的，即不管公式被复制到什么位置，所引用的还是原单元格的数据。在不希望调整引用位置时，则可使用绝对引用。绝对引用公式的每个行号和列标前一般都分别添加了"$"符号，如"=$A$3+$B$4+…"。下面在"日常办公费用统计表"工作簿的"4月办公运输费用控制"工作表中使用绝对引用计算 E5 单元格中的"差价"值，其具体操作步骤如下。

微课：绝对引用

STEP 1　添加"$"符号

在"日常办公费用统计表"工作簿中将"Sheet2"工作表重命名为"4月办公运输费用控制"，并在其中输入数据，在"4月办公运输费用控制"工作表中的 E3 单元格中输入"=$D$3-$C$3"。

技巧秒杀

在编辑栏中选择需进行绝对引用的公式内容，按【F4】键将公式转换为绝对引用，然后复制即可。

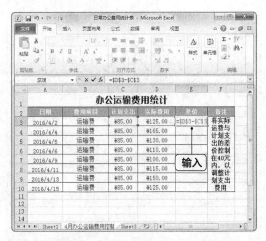

STEP 2 选择"复制"命令

❶按【Enter】键计算结果，在 E3 单元格上单击鼠标右键；❷在弹出的快捷菜单中选择"复制"命令。

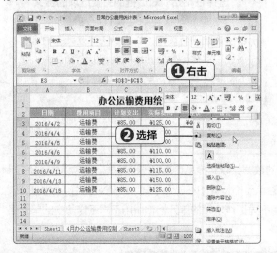

技巧秒杀

在编辑栏中选择绝对引用公式的内容，按多次【F4】键可将公式转换为相对引用。

STEP 3 单击"粘贴"按钮

❶选择 E5 单元格；❷在【开始】/【剪贴板】组中单击"粘贴"按钮。

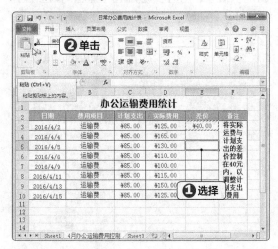

STEP 4 计算数据

E5 单元格绝对引用了 E3 单元格中的公式"D3-C3"，并根据公式计算出结果。

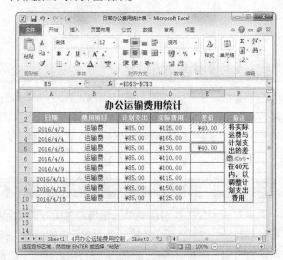

2. 混合引用

混合引用就是同时使用相对引用和绝对引用，即只在行号或列标前添加"$"符号，添加"$"符号的行号或列标就使用绝对引用，而未添加"$"符号的列标或行号使用相对引用。下面在"日常办公费用统计表"工作簿的"4 月日常办公宣传费用"表格的 D4 单元格中输入公式"=$D$2*C4"，然后使用混合引用方式计算 D5:D11 单元格中的宣传费用，其具体操作步骤如下。

微课：混合引用

PART 02

STEP 1　输入混合公式

❶在"日常办公费用统计表"工作簿中创建一个"4月日常办公宣传费用"工作表，选择 D4 单元格；
❷在编辑栏中输入公式"=$D$2*C4"。

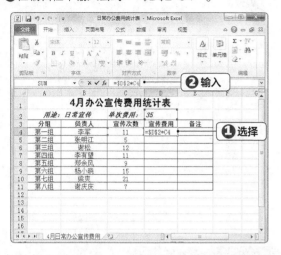

STEP 2　使用混合引用计算结果

按【Enter】键计算数据结果，移动光标到 D4 单元格边框的右下角上，待光标变成十字形状时，按住鼠标左键并向下拖动到 D11 单元格后释放鼠标，填充公式并计算数据结果。

3. 引用不同工作表中的单元格

　　在编辑表格数据时，如果需要在一张工作表中输入与另一张工作表中相同的数据，直接输入显得十分麻烦，此时可以将一张工作表中的数据单元格调用到另一张工作表中。下面在"日常办公费用统计表"工作簿中的"5月日常办公宣传费用"工作表的 D3 单元格中引用"4月日常办公宣传费用"工作表中 D2 单元格的单次宣传费用数据，计算 5月各组宣传费用，其具体操作步骤如下。

微课：引用不同工作表中的单元格

STEP 1　输入引用公式

在"日常办公费用统计表"工作簿中创建一个"5月日常办公宣传费用"工作表并输入数据，在 D3 单元格中输入"=C3*"。

STEP 2　调用单元格

❶选择被调用的"4月日常办公宣传费用"工作表；
❷选择引用的"单次费用"数据所在的 D2 单元格。

第 6 章　快速计算 Excel 数据

153

STEP 3　输入绝对引用符号

在公式编辑栏中选择"D2"，按【F4】键快速添加绝对引用符号。

STEP 4　计算 5 月各组的宣传费用

按【Enter】键得出计算结果，填充公式并计算其他各组宣传费用。

4. 引用不同工作簿中的单元格

PART 02

在不同工作簿中引用单元格的方法与在同一个工作簿的不同工作表中引用单元格的方法相似，首先打开需要引用的两个工作簿，然后通过鼠标操作或输入公式来实现。下面在"日常办公费用统计表"工作簿的"6 月日常办公宣传费用"工作表中引用"6 月日常办公费用统计"工作簿，其具体操作步骤如下。

微课：引用不同工作簿中的单元格

STEP 1　输入引用公式

打开"日常办公费用统计表"和"6 月日常办公费用统计"工作簿，在"日常办公费用统计表"中新建"6 月日常办公宣传费用"工作表并输入数据，在 D3 单元格中输入"='[6 月日常办公费用统计 .xlsx]6 月日常办公费用统计 '!D4"。

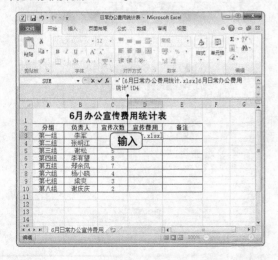

STEP 2　计算 6 月各组的宣传费用

按【Enter】键得出计算结果，填充公式并计算其他各组宣传费用。

操作解谜

鼠标单击输入与输入提示

引用不同工作簿中的单元格可在输入"="后，直接单击引用工作簿中的单元格。引用不同工作簿中的单元格的输入格式为"='[工作簿名称.xlsx]工作表名称 '!单元格地址"；引用不同工作表中的单元格的输入格式为"=工作表名称! 单元格地址"。

6.1.3 | 公式审核

为了降低使用公式时发生错误的几率，Excel 2010 提供了公式审核功能，该功能可用于显示和检查公式错误等，从而降低用户使用公式和函数时的错误几率。

1. 显示公式

默认情况下，单元格将显示公式的计算结果，当要查看工作表中包含的公式时，需先单击某个单元格，再在编辑栏中查看。但是，要查看多个公式时，使用这种方法就显得有些麻烦，此时可通过只显示公式而不显示结果的方式进行查看。下面将"日常办公费用统计表"工作簿中的 D4:D11 单元格的公式显示出来，其具体操作步骤如下。

微课：显示公式

STEP 1　单击"显示公式"按钮

❶在"日常办公费用统计表"工作簿的"4 月日常办公宣传费用"工作表中，选择 D4:D11 单元格区域；❷选择【公式】/【公式审核】组，单击"显示公式"按钮。

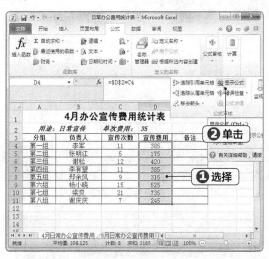

STEP 2　显示公式

此时，所有单元格自动加宽，并在选择的单元格中显示其公式。

2. 公式自动纠错

如果在单元格中输入了错误的公式，按【Enter】键计算结果后，在单元格中将显示错误的提示信息。在 Excel 中常见的错误值有以下几种：#### 错误、#DIV/0! 错误、#NAME? 错误以及 #VALUE! 错误等，导致错误的原因各不相同，修改为正确的公式即可。Excel 中常见的错误信息如下。

- **#### 错误：** 当单元格中所含数据宽度超过单元格本身列宽或者单元格的日期时间公式产生负值时就会出现 #### 错误。
- **#DIV/0！错误：** 当除数为 0 时，将会产生错误值 #DIV/0!。

- **#N/A 错误：** 当数值对函数或公式不可用时出现 #N/A 错误。
- **#REF! 错误：** 当单元格引用无效时出现 #REF! 错误。

155

● **#NAME? 错误：** 在公式中使用 Excel 不能识别的文本时将产生错误值 #NAME?。

● **#VALUE! 错误：** 当使用的参数或操作对象类型错误时，或者通过公式自动更正功能不能更正公式时，将产生错误值 #VALUE!。

6.2 计算"员工绩效考核"表格数据

"员工绩效考核"是公司的一项重要的制度，根据绩效考核情况可确定员工的奖金发放。考评内容根据公司类型的不同而有所变化，一般包括员工假勤、工作表现和工作能力等方面。

6.2.1 输入和编辑函数

与输入公式一样，在工作表中使用函数也可以通过单元格或编辑栏直接输入，除此之外还可以通过插入函数的方法来输入并设置函数参数。修改函数与编辑公式的方法相似，首先应选择需修改函数的单元格，将文本插入点定位到相应的单元格或编辑栏中，然后执行修改操作。

PART 02

1. 输入函数

对所使用的函数比较熟悉时，可直接在编辑栏中输入函数，方法与输入公式完全相同。但 Excel 提供的函数类型很多，要记住所有的函数名和参数并不容易，因此，可通过"函数库"组插入所需函数。下面在"员工绩效考核表"工作簿中插入求和函数"SUM"计算绩效总分，其具体操作步骤如下。

微课：输入函数

STEP 1　单击"插入函数"按钮

❶打开"员工绩效考核表"工作簿，选择 G6 单元格；❷单击公式编辑栏中的"插入函数"按钮。

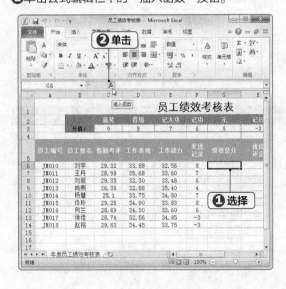

STEP 2　选择"SUM"函数

❶打开"插入函数"对话框，在"或选择类别"下拉列表中选择"常用函数"选项；❷在"选择函数"列表框中选择"SUM"函数类型；❸单击"确定"按钮。

STEP 3 缩小对话框

打开"函数参数"对话框,单击"SUM"栏中"Number1"文本框右侧的"收缩"按钮。

STEP 4 选择引用单元格

❶ "函数参数"对话框缩小成下图所示的状态,在表格中选择 C6:F6 单元格;❷ 再单击"函数参数"对话框中的"展开"按钮。

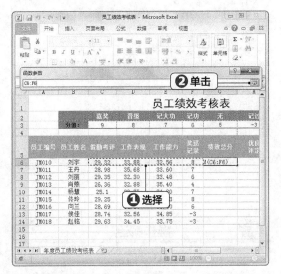

STEP 5 查看引用的数据

❶ "函数参数"对话框返回原始状态,"SUM"栏的"Number1"文本框中显示了引用单元格的地址;❷ 单击"确定"按钮。

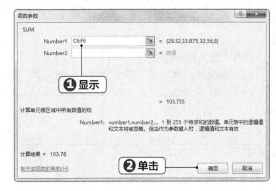

STEP 6 显示结果

返回工作界面,便可在 G6 单元格中看到使用"SUM"求和函数计算出的绩效总分。

技巧秒杀

当不清楚所用函数的语法结构,只知道该函数的类型时,可打开"插入函数"对话框,在相应类型列表中选择该函数,即可查看所需函数的语法结构和使用方法。不同函数所包含的参数数量是不相同的,参数的数量和使用方法分为不带参数、只带一个参数、参数数量固定、参数数量不固定以及具有可选参数等类型。

操作解谜

修改函数

修改函数与编辑公式的方法相似,首先应选择需修改函数的单元格,然后在单元格和编辑栏中选择错误的函数部分,重新输入正确的内容便可;也可以单击编辑栏中的"插入函数"按钮,在打开的"函数参数"对话框中输入正确的函数。

2. 使用嵌套函数

嵌套函数是函数使用时最常见的一种操作，它是指某个函数或公式以函数参数的形式参与计算的情况。在使用嵌套函数时应该注意返回值的类型需符合外部函数的参数类型。下面在"员工绩效考核表"工作簿中通过 IF 嵌套函数计算出"优良评定"和"年终奖金"，其具体操作步骤如下。

STEP 1　输入嵌套函数

在"员工绩效考核表"工作簿中选择 H6 单元格，输入嵌套函数"=IF(G6>=102,"A",IF(G6>=100,"B","C"))"。

STEP 2　计算"优良评定"

按【Enter】键计算数据结果，移动光标到 H6 单元格边框的右下角，待光标变成十字形状时，按住鼠标左键不放并向下拖动到 H14 单元格后释放鼠标，填充函数并计算数据结果。

STEP 3　计算年终奖金

使用相同的方法，在 I6 单元格中输入"=IF(H6="A",15000,IF(H6="B",10000,5000))"，然后填充函数到 I7:I14 单元格区域，计算出年终奖金。

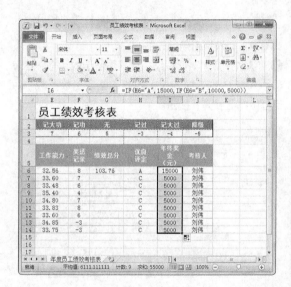

操作解谜

函数的意义

"IF"属于逻辑函数，本例中函数"=IF(G6>=102,"A",IF(G6>=100,"B","C"))"表示，如果G6单元格中的数据大于等于102，目标单元格返回"A"；如果G6单元格中的数据大于等于100，小于102，目标单元格返回"B"，否则返回"C"（即G6单元格中的数据小于100，返回"C"）。同理，函数"=IF(H6="A",15000,IF(H6="B",10000,5000))"表示，如果H6单元格中的评级为"A"，目标单元格返回"15000"；如果H6单元格中的评级为"B"，目标单元格返回"10000"，否则返回"5000"。

6.2.2 使用办公常用函数

函数是 Excel 预先定义好的公式，按特定的结构或顺序进行计算操作及统计。函数功能非常强大，熟练地应用函数，能提高工作效率，快速计算出办公中的数据汇总等。函数的种类有很多，常用的办公函数除了 SUM 求和函数和 IF 逻辑函数，还有 AVERAGE 平均值函数、RANK 排名函数、COUNT 函数及 COUNTIF 条件函数等。

1. 使用平均值函数AVERAGE

AVERAGE 函数属于办公中常用的统计类函数，用于计算某一个单元格区域中数据的平均值，其格式为 AVERAGE(Number1,Number2,Number3,…)。如 AVERAGE(D3,E3) 表示求 D3:E3 区域中数值的平均值。下面在"员工绩效考核表"工作簿中使用 AVERAGE 函数计算出绩效平均分，其具体操作步骤如下。

微课: 使用平均值函数 AVERAGE

STEP 1　输入 AVERAGE 函数

在"员工绩效考核表"工作簿的 G5:G14 单元格区域中插入新的单元格，并在 G6 单元格中输入"=AVERAGE（C6:F6）"。

STEP 2　计算绩效平均分

按【Enter】键计算 C6:F6 单元格区域的平均值，并拖动鼠标填充函数到 G7:G14 单元格区域中。

2. 使用最大/最小值函数MAX/MIN

MAX 函数与 MIN 函数就是计算极值，通常用于工作中遇到单元格的数据较多的情况，其语法结构为：MAX(number1,number2) 和 MIN(number1,number2)。如 MAX(D3,E3) 表示求 D3:E3 区域中数值的最大值，MIN(D3,E3) 表示求 D3:E3 区域中数值的最小值。下面在"员工绩效考核表"工作簿中使用 MAX/MIN 函数计算出"最高绩效分"与"最低绩效分"，其具体操作步骤如下。

微课: 使用 MAX/MIN 函数求最大/最小值

STEP 1　输入 MAX 函数

❶在"员工绩效考核表"工作簿中先计算出 H7:H14 中的绩效总分；❷在 B16:B17 单元格中输入文本；❸在 C16 单元格中输入"=MAX（H6:H14）"。

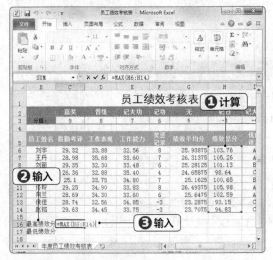

STEP 2　计算最高绩效分

按【Enter】键计算最高绩效分。

STEP 3　计算最低绩效分

在 C17 单元格中输入"=MIN（H6:H14）"，按【Enter】键计算最低绩效分。

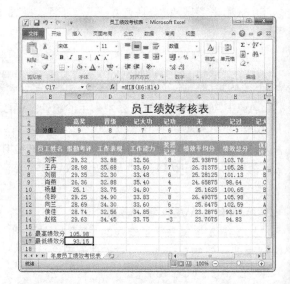

操作解谜

MAX/MIN 函数提示

　　计算MIN函数与计算MAX函数的方法相同。使用MIN或MAX函数时，引用中的数字将被计算，没引用中的数值、空白单元格、逻辑值或文本都将被忽略。此外，使用MAX函数和MIN函数对某一区域的数值进行查找时，选择的单元格区域不能超过31个。

3. 使用排名函数RANK.AVG

　　RANK.AVG 函数用于返回一个数字在数字列表中的排位，如果多个值相同，则返回平均值排位。数字的排位是其大小与列表中其他值的比值，其语法结构为：RANK. AVG(number,ref,order)。下面使用 RANK.AVG 函数在"员工绩效考核表"工作簿中求绩效总分的排位名次，其具体操作步骤如下。

微课：使用排名函数 RANK.AVG

STEP 1　输入 RANK.AVG 函数

在"员工绩效考核表"工作簿的 I5:I14 单元格区域中插入新的单元格，在 I6 单元格中输入"=RANK. AVG(H6,$H$6:$H$14,0)"。

技巧秒杀

在Excel中输入公式时，其中的符号一般均为半角符号。

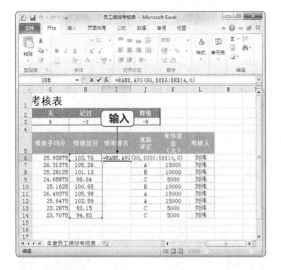

STEP 2　计算排名

按【Enter】键计算绩效排名，并在 I7:I14 单元格区域中填充函数。

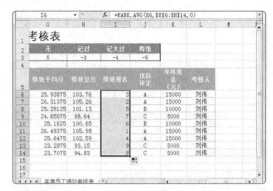

技巧秒杀

RANK.EQ函数用于返回一个数字在数字列表中的排位，如果多个值相同，则返回该组数值平均值排位的最佳数值。其语法结构和用法与RANK.AVG函数相似。

操作解谜

RANK.AVG 函数提示

RANK.AVG函数中的order参数指明排位的方式。如果order为0（零）或省略，那么对数字的排位是基于参数ref按照降序排列的列表。如果order不为0，则对数字的排位是基于ref按照升序排列的列表。

4. 使用条件统计函数COUNTIF

COUNTIF 函数用于计算区域中满足给定条件的单元格的个数。其语法结构为：COUNTIF(range，criteria)。下面使用 COUNTIF 函数在"员工绩效考核表"工作簿中统计绩效分数分别在 100 以下和 105 以上的员工人数，其具体操作步骤如下。

微课：使用条件统计函数 COUNTIF

STEP 1　输入 COUNTIF 函数

❶在"员工绩效考核表"工作簿的 E16:E17 单元格中输入文本；❷在 F16 单元格中输入函数"=COUNTIF(H6:H14,">105")"。

操作解谜

COUNTIF 函数参数含义

range：是一个或多个要计数的单元格，其中包括数字或名称、数组或包含数字的引用，空值和文本值将被忽略；criteria：是确定哪些单元格将被计算在内的条件，其形式可以为数字、表达式、单元格引用或文本。

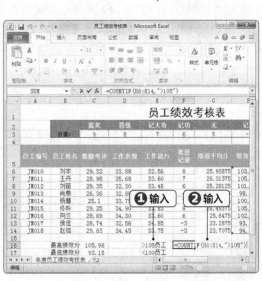

STEP 2　计算绩效总分大于 105 的人数

按【Enter】键，计算出绩效总分大于 105 的员工人数。

STEP 3　计算绩效总分小于 100 的人数

在 F17 单 元 格 中 输 入 "=COUNTIF(H6:H14,"<100")"，计算出绩效总分小于 100 的员工人数。

5. 使用查找函数LOOKUP

LOOKUP 函数主要用于在工作表或数据中查找特定数值，其语法结构为：LOOKUP(lookup_value,lookup_vector,result_vector)，如 LOOKUP(6.5, A1:A3,B1:B3) 表示在 6.5,A1:A3,B1:B3 区域中查找特定数值。下面将在"员工绩效考核表"工作簿中使用 LOOKUP 函数查询员工的绩效考核情况，其具体操作步骤如下。

微课：使用查找函数LOOKUP

STEP 1　输入 LOOKUP 函数

❶在"员工绩效考核表"工作簿中新建"绩效查询表"工作表，在其中选择 A3 单元格，输入任意一个"员工编号"；❷选择 B3 单元格，输入函数"=LOOKUP(A3, 年度员工绩效考核表 !$A$6:$B$14)"。

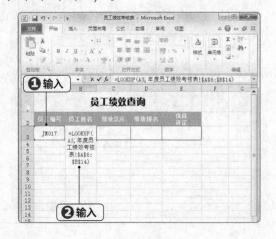

STEP 2　获取员工姓名

按【Enter】键，获取编号所对应的员工姓名。

STEP 3　获取绩效总分

在 C3 单元格中输入函数"=LOOKUP(A3, 年度员工绩效考核表 !$A$6:$H$14)"，按【Enter】键，获取编号所对应的绩效总分。

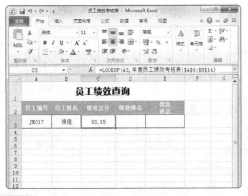

STEP 4 获取绩效排名

在 D3 单元格中输入函数"=LOOKUP(A3, 年度员工绩效考核表 !$A$6:$I$14)",按【Enter】键,获取编号所对应的绩效排名。

技巧秒杀

完成本例操作后,在员工编号对应的下方单元格中输入其他任意的一个编号内容,其后的"员工姓名""绩效总分"等内容都将发生相应变化。

STEP 5 获取绩效优良评定

在 E3 单元格中输入函数"=LOOKUP(A3, 年度员工绩效考核表 !$A$6:$J$14)",按【Enter】键,获取编号所对应的绩效排名。

操作解谜

LOOKUP 函数参数的含义与提示

lookup_value:表示函数在第1个向量中查找的数值,可以为数字、文本、逻辑值、名称或值的引用。lookup_vector:表示第1个包含单行或单列的区域,可以是文本、数字或逻辑值。result_vector:表示第2个包含单行或单列的区域,它指定的区域大小必须与lookup_vector相同。本例中,输入函数"=LOOKUP(A3,年度员工绩效考核表!$A$6:$B$14)"表示,在"年度员工绩效考核表"工作表的$A$6:$B$14单元格区域的B列中查找与A3单元格相对应的数值,$A$6:$H$14表示在H列中查找,以此类推。

6.2.3 定义与使用名称

默认情况下,单元格名称是以行号和列标进行定义的,用户可以根据实际使用情况,对单元格的名称重新定义,在公式或函数中重新定义单元格名称,简化输入过程,并且让数据的计算更加直观。

1. 定义名称

定义单元格名称是指为单元格或单元格区域重新定义一个新名称,这样在定位或引用单元格及单元格区域时就可通过定义的名称来操作相应的单元格。下面在"员工绩效考核表"工作簿的"年度员工绩效考核表"工作表中将"年终奖金"列单元格名称定义为"奖金",将"其他福利"列单元格区域名称定义为"福利",其具体操作步骤如下。

微课:定义名称

STEP 1　选择"定义名称"命令

❶在"员工绩效考核表"工作簿的"年度员工绩效考核表"工作表中选择K6:K14单元格区域,单击鼠标右键;❷在弹出的快捷菜单中选择"定义名称"命令。

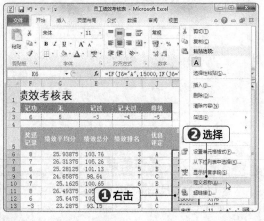

STEP 2　定义"奖金"

❶打开"新建名称"对话框,在"名称"文本框中输入"奖金";❷单击"确定"按钮。

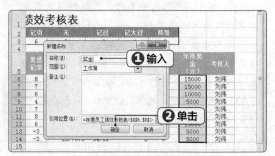

STEP 3　单击"定义名称"按钮

❶在L5:L14单元格区域插入新的列,选择L6:L14单元格区域;❷在【公式】/【定义的名称】组中单击"定义名称"按钮。

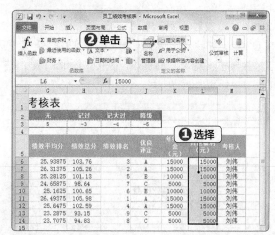

STEP 4　定义"福利"

❶打开"新建名称"对话框,在"名称"文本框中输入"福利";❷单击"确定"按钮。

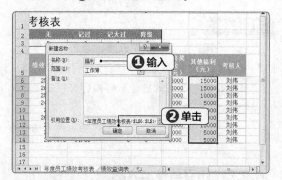

2. 使用名称

　　为单元格或单元格区域定义名称后,就可通过定义的名称方便、快速地查找和引用该单元格或单元格区域,命名的单元格不仅可用于函数,还可用于公式中,可以大大降低错误引用单元格的几率。下面在定义好单元格名称的"员工绩效考核表"工作簿中使用SUM函数计算总经费支出,其具体操作步骤如下。

微课:使用名称

PART 02

STEP 1　输入公式

❶在"员工绩效考核表"工作簿的 H16 单元格中输入"经费支出"；❷选择 I16 单元格，在编辑栏中输入"=SUM(奖金 : 福利)"。

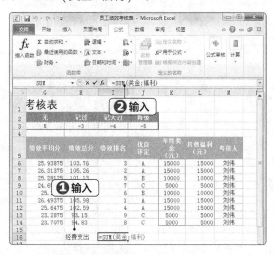

STEP 2　计算经费支出

按【Enter】键计算出经费支出结果。

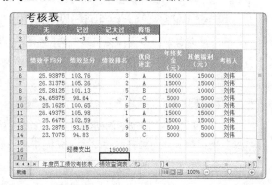

技巧秒杀

选择单元格或单元格区域后，可在名称栏中直接输入内容，来自定义单元格或单元格区域的名称。

新手加油站 —— 快速计算 Excel 数据的技巧

1. 通过记忆式键入输入公式

在 Excel 中使用公式记忆方式快速输入函数，可以省去不少麻烦。启用记忆式键入功能，其具体操作步骤如下。

❶ 单击"文件"选项卡，在打开的界面中选择"选项"命令，打开"Excel 选项"对话框，在左侧列表框中选择"高级"选项 。

❷ 在"编辑选项"栏中单击选中"为单元格值启用记忆式键入"复选框。

❸ 启用记忆式键入功能后，即使只能正确输入公式的开头字母部分，也可快速输入所需公式，如在编辑栏中输入"=S"后，Excel 将自动弹出所有以"S"开头的函数或名称的下拉列表，随着进一步输入函数的其他字母，还可进一步缩小该下拉菜单中函数的范围。

2. 用 LOWER、UPPER 和 PROPER 函数转换字母大小写

LOWER 函数是将一个文本字符串中的所有大写字母转换为小写字母； UPPER 函数是将字母转换成大写形式，该函数不改变文本中非字母的字符；而 PROPER 函数是将单词转换为首字母大写的格式。其语法结构为：LOWER/UPPER/PROPER(text)，其中 text 表示要转换的大小写字母文本，text 可以为引用的对象或文本字符串。

3. 用 MID 函数从身份证号码中提取出生日期

MID 函数可以返回文本字符串中从指定位置开始的特定数目的字符，该数目由用户指定。其语法结构为：MID(text,start_num,num_chars)，各参数的含义分别是：text 是包含要提取字符的文本字符串；start_num 是文本中要提取的第一个字符的位置，文本中第一个字符的 start_num 为 1，以此类推；

num_chars 指定希望 MID 从文本中返回字符的个数。如下图为使用 MID 函数根据客户的身份证号码提取其出生日期，在 D3 单元格中输入函数 "=MID(C3,7,8)"，按【Enter】键并填充公式。

4. 用 NOW 函数显示当前日期和时间

NOW 函数可以返回计算机系统内部时钟的当前日期和时间。其语法结构为：NOW()，没有参数，并且如果包含公式的单元格格式设置不同，则返回的日期和时间的格式也不相同。其方法为：在工作簿中选择目标单元格，输入 "=NOW()"，按【Enter】键即可显示计算机系统当前的日期和时间。

5. 用 COUNT 函数统计单元格数量

COUNT 函数用于返回包含数字单元格的个数，同时还可以计算单元格区域或数字数组中数字字段的输入项个数，空白单元格或文本单元格将不计算在内。其语法结构为：COUNT(value1,value2,...)，其中参数 value1，value2，... 是可以包含或引用各种类型数据的 1~255 个参数，但只有数字类型的数据才计算在内。如下图为使用 COUNT 函数统计实际参赛的人数。

6. 用 COUNTIFS 函数按多条件进行统计

COUNTIFS 函数用于计算区域中满足多个条件的单元格数目。其语法结构为 COUNTIFS(range1, criteria1,range2,criteria2,…)，其中 Range1,range2,…是计算关联条件的 1~127 个区域，每个区域中的单元格必须是数字或包含数字的名称、数组或引用，空值和文本值会被忽略；"Criteria1, criteria2, …" 是数字、表达式、单元格引用或文本形式的 1~127 个条件，用于定义要对哪些单元格进行计算。

如下图表示使用 COUNTIFS 函数统计该班级考试成绩平均分在 60 分与 70 分之间的人数，在表格中选择 L4 单元格，输入函数 "=COUNTIFS(I3:I22,">=60",I3:I22,"<70")"，按【Enter】键便可求出考试成绩平均分在 60 分与 70 分之间的人数，然后复制函数到 L5:L8 单元格区域，修改统计条件完成操作。

7. 用 SUMIF 按条件求和

SUMIF 函数可根据指定条件对若干单元格进行求和，常应用在人事、工资和成绩统计中。它与 SUM 函数相比，除了具有 SUM 函数的求和功能之外，还可按条件求和。其语法结构为 SUMIF(range, criteria，sum_range)，各参数的含义如下。

● **range：** 用于条件判断的单元格区域。

● **criteria：** 确定对哪些单元格相加的条件，其形式可以为数字、表达式或文本。例如，表示为 32、"32"、">32" 或 "apples"。

● **sum_range：** 要相加的实际单元格（如果区域内的相关单元格符合条件）。如果省略 sum_r ange，则当区域中的单元格符合条件时，它们既按条件计算，也执行相加。

下图所示为使用 SUMIF 函数计算各产品的销售总额，输入函数"=SUMIF(B4:B14," 空调 ",G4:G14)"，计算出空调的销售总额；输入函数"=SUMIF(B4:B14," 洗衣机 ",G4:G14)"，计算洗衣机的销售总额；输入函数 "=SUMIF(B4:B14," 冰箱 ",G4:G14)"，则计算冰箱的销售总额。

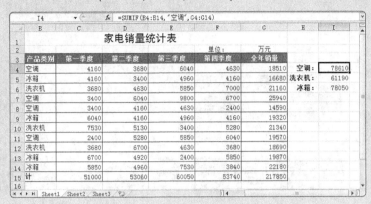

第 6 章　快速计算 Excel 数据

第 7 章

第 2 部分

轻松管理 Excel 数据

/ 本章导读

Excel 2010 不仅具有强大的计算功能，还拥有强大的数据管理功能。当表格中数据繁多时，可以使用 Excel 对其进行排序，将数据依次排列；如果只需查看表格中的某些数据，则可通过筛选功能筛选有用记录；而汇总功能可将某类记录汇总到一起，更利于对整体数据的查看、对比以及分析；同时还可突出显示重要的数据内容。本章将主要介绍管理数据的常用手段，包括数据排序、数据筛选、数据汇总、数据验证、数据突出显示等知识。

7.1 处理"平面设计师提成统计表"数据

提成统计表是对公司业务员的业绩提成情况的统计，业务提成一般通过业绩签单乘以提成率获得，由于业务员的职务不同，其业绩签单和提成率也不同，在管理数据时，就需要利用 Excel 的数据排序、数据筛选功能对数据大小进行依次排列，或筛选出需要查看的数据，以便快速分析数据。本节"平面设计师提成统计表"包含 5 月提成统计和 2015 年度提成统计两部分，是针对广告行业进行的数据管理。

7.1.1 数据排序

数据排序是较为基本的管理方法，可将表格中杂乱的数据按一定的条件进行排序，如在提成表中按提成额进行排序，在销售表中按销售额的高低进行排序等，以便更加直观地查看、理解数据并快速查找需要的数据。排序有 5 种方式：简单排序、按关键字排序、自定义排序、按行排序和按字符数量进行排序。

1. 简单排序

简单排序是数据排序管理中最基本的一种排序，选择该方式，系统将自动对数据进行识别并排序，包括升序和降序两种方式。下面在"平面设计师提成统计表"工作簿中，使用简单排序将签单总金额进行降序排列，然后将提成率按升序排列，其具体操作步骤如下。

微课：简单排序

STEP 1 降序排列

❶打开"平面设计师提成统计表"工作簿，选择要进行排序的"签单总金额"列中的任意单元格；❷在【数据】/【排序和筛选】组中，单击"降序"按钮 。

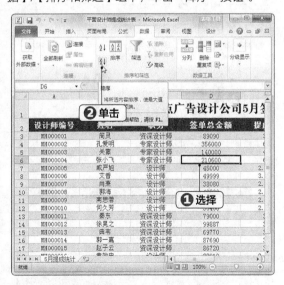

STEP 2 降序效果

此时，所选单元格所在的"签单总金额"列将自动按照"降序"方式进行排列。

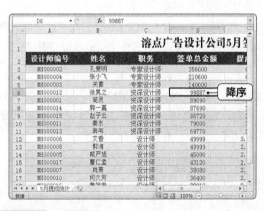

STEP 3 升序排序

❶选择"提成率"列中的任意单元格，单击鼠标右键；❷在弹出的快捷菜单中选择"排序"命令；❸在弹出的子菜单中选择"升序"子命令。

操作解谜

使用简单排序的影响范围

如果被排序的单元格附近没有其他单元格内容，则只对所选单元格进行排序；如果被排序单元格区域附近有其他单元格，则会同时将其他单元格按此单元格的排列方式进行排序。

第 7 章 轻松管理 Excel 数据

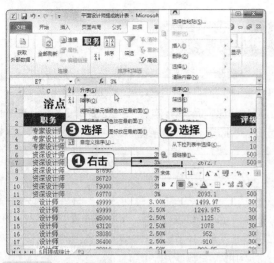

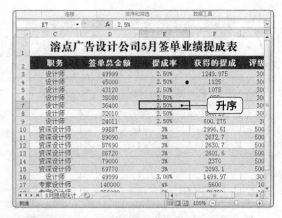

STEP 4　升序效果

此时，"提成率"数据列内容将自动按照"升序"方式进行排列。

操作解谜

简单排序的提示

对其中一列数据排序后，再对其他列进行排序，将影响前一列的排序结果。

PART 02

2. 按关键字排序

　　按关键字排序通常将该方式分为按单个关键字排序与按多个关键字排序，主要通过"排序"对话框实现。按单个关键字排序，只需在"排序"对话框中指定排序的列单元格内容；按多个关键字排序主要针对简单排序后仍然有相同数据的情况。下面在"平面设计师提成统计表"工作簿中按关键字排序相关数据，其具体操作步骤如下。

微课：按关键字排序

STEP 1　打开"排序"对话框

打开"平面设计师提成统计表"工作簿，在【数据】/【排序和筛选】组中，单击"排序"按钮。

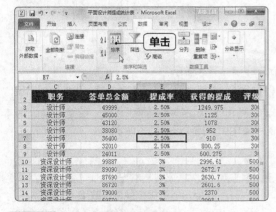

STEP 2　设置关键字与排列方式

❶打开"排序"对话框，在"主要关键字"下拉列表中选择"提成率"选项；❷在"次序"下拉列表中选择"降序"选项；❸单击"确定"按钮。

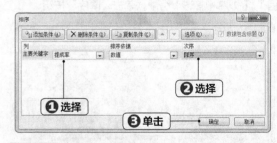

STEP 3　查看排序结果

此时，"提成率"列将按照"降序"方式进行排列。

STEP 4　设置多个关键字排序

❶继续打开"排序"对话框，单击"添加条件"按钮；❷在自动添加的"次要关键字"下拉列表中选择"获得的提成"选项；❸在"次序"下拉列表中选择"升序"选项；❹单击"确定"按钮。

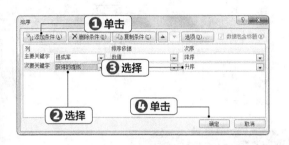

STEP 5　查看排序结果

此时，当"提成率"相同时，"获得的提成"列中的数据将按照"升序"方式进行排列。

---

3. 自定义排序

　　Excel 中的"降序"和"升序"排列方式虽然可满足多数需要，但对于一些有特殊要求的排序则需进行自定义设置，如按照"职务""部门"等进行排序。下面在"平面设计师提成统计表"工作簿中设置自定义排序，按照职务大小进行排列，其具体操作步骤如下。

微课：自定义排序

STEP 1　自定义序列

❶打开"平面设计师提成统计表"工作簿，在【数据】/【排序和筛选】组中单击"排序"按钮，打开"排序"对话框，在"主要关键字"下拉列表中选择"职务"选项；❷在"次序"下拉列表中选择"自定义序列"选项。

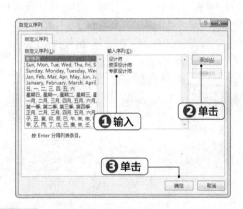

STEP 3　确认排序

返回"排序"对话框，在"次序"下拉列表中即可看到自定义的排序方式，单击"确定"按钮。

技巧秒杀

　　在"自定义序列"对话框中单击"添加"按钮，可将自定义序列添加到左侧的"自定义序列"列表框中，需要使用时可直接在"排序"对话框中选择。

STEP 2　设置自定义序列内容

❶打开"自定义序列"对话框，在"自定义序列"选项卡的"输入序列"文本框中输入自定义的新序列"设计师，资深设计师，专家设计师"；❷单击"添加"按钮；❸单击"确定"按钮。

第 7 章　轻松管理 Excel 数据

STEP 4　查看排序结果

返回工作表，便可查看到按照职务大小进行排序的
效果。

4. 按行排序

　　在 Excel 中默认的排序方式是按列排列，而某些场合需要对数据按行排序，此时可
通过"排序选项"对话框设置按行排序。下面在"平面设计师提成统计表"工作簿中新
建"2015 年度提成统计"工作表，然后将武侯区业绩提成以升序排列，其具体操作步骤
如下。

PART 02

STEP 1　选择排序区域

打开"平面设计师提成统计表"工作簿，新建一个
"2015 年度提成统计"工作表，输入数据并设置其
格式，选择需要排序的单元格区域 A2:E10。

STEP 2　按行排列

❶在【数据】/【排序和筛选】组中，单击"排序"按钮，
打开"排序"对话框，单击"选项"按钮；❷打开"排
序选项"对话框，单击选中"按行排序"单选按钮；
❸单击"确定"按钮。

技巧秒杀

在进行按行排序时，选择表格中包含排序行的
所有数据区域时，如果有标题，则标题不要选
进区域中。

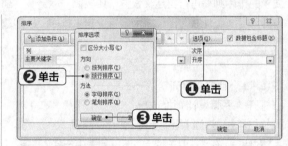

STEP 3　降序排列

❶返回"排序"对话框，左上角的"列"栏变为了"行"
栏，在下方的"主要关键字"下拉列表中选择武侯区
所在的行"行 3"选项；❷在"次序"下拉列表中选
择"降序"选项；❸单击"确定"按钮。

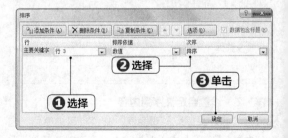

技巧秒杀

"区分大小写"复选框用于对英文进行排序，
相同字母小写排序的值比大写小。

STEP 4　排序效果

返回工作表查看武侯区的提成额按行进行排序的效果,从中可看出第四季度的提成额最高。

操作解谜

排序注意事项

　　为了避免在应用了公式的表格中排序错误,应注意如下事项:单元格排序区域引用了其他工作表中的数据,需要使用绝对引用;对行或列进行排序,应避免引用其他行或列中单元格的公式。

平面设计师提成统计表 - Microsoft Excel

	第四季度	第一季度	第二季度	第三
武侯区	93520	80345	56250	222
青羊区	108770	20280	28486	245
金牛区	124690	75939	85620	209
成华区	45730	85560	25790	743
高新区	86780	44230	23470	576
新都区	78030	23530	68503	434
锦江区	32680	19050	25520	226
温江区	95520	89560	27555	538

溶点广告2015年业绩提成表(单位:元)

5. 按字符数量排序

　　日常习惯中,为了满足观看习惯,在对文本排序时,都是由较少文本开始依次向字符数量多的文本内容进行排列,如"姓名""产品名称"等。下面在"平面设计师提成统计表"工作簿的"5月提成统计"工作表中将姓名由2个字到3个字进行排列,其具体操作步骤如下。

微课: 按字符数量进行排序

STEP 1　计算数据字符数量

打开"平面设计师提成统计表"工作簿,在I3单元格中输入函数"=LEN(B3)",按【Enter】键,拖动鼠标复制到I19单元格,返回所有员工姓名所包含的字符数量。

获得的提成	评级标准参考	业绩评定	列1
600.275	30000以下	不合格	3
800.25	30000-50000	良好	3
910	30000-50000	合格	2
952	30000-50000	合格	2
1078	30000-50000	良好	3
1125	30000-50000	合格	3
1249.975	30000-50000	合格	2
1499.97	30000-50000	合格	2
2093.1	50000-100000	良好	2
2370	50000-100000	良好	2
2601.6	50000-100000	良好	3
2630.7	50000-100000	良好	3
2672.7	50000-100000	良好	3
2996.61	50000-100000	良好	3
5600	100000以上	优秀	2
12636	100000以上	优秀	3
21360	100000以上	优秀	3

5月提成统计　2015年度提成统计

操作解谜

LEN 函数

　　LEN函数用于返回单元格中包含的字符数量。其语法结构是"LEN()",使用简单,不包含参数。

STEP 2　按字符数量升序排列

❶选择字符数量列中的单元格;❷在【数据】/【排序和筛选】组中单击"升序"按钮。

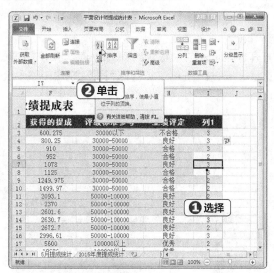

平面设计师提成统计表 - Microsoft Excel

❷单击

❶选择

获得的提成	评级标准参考	业绩评定	列1
600.275	30000以下	不合格	3
800.25	30000-50000	合格	3
910	30000-50000	合格	2
952	30000-50000	合格	2
1078	30000-50000	良好	3
1125	30000-50000	合格	3
1249.975	30000-50000	合格	2
1499.97	30000-50000	良好	2
2093.1	50000-100000	良好	2
2370	50000-100000	良好	2
2601.6	50000-100000	良好	3
2630.7	50000-100000	良好	3
2672.7	50000-100000	良好	3
2996.61	50000-100000	良好	3
5600	100000以上	优秀	

STEP 3　查看排序结果

此时,按照员工姓名字符数量进行升序排列,完成后可将统计字符列删除。

第 **7** 章　轻松管理 Excel 数据

绩成表			
获得的提成	评级标准参考	业绩评定	列1
952	30000-50000	合格	2
1249.975	30000-50000	合格	2
1499.97	30000-50000	合格	2
2093.1	50000-100000	良好	2
2370	50000-100000	良好	2
2672.7	50000-100000	良好	2
5600	100000以上	优秀	2
600.275	300000以下	不合格	3
800.25	30000-50000	良好	3
910	30000-50000	合格	3
1078	30000-50000	良好	3
1125	30000-50000	合格	3
2601.6	50000-100000	良好	3
2630.7	50000-100000	良好	3
2996.61	50000-100000	良好	3

5月提成统计 / 2015年度提成统计

操作解谜

其他按字符数量的排序

不管是文本型数据，还是数字型数据，都可先利用LEN函数计算出字符数量，然后后排序。需要注意的是，在实际操作中，要保留LEN函数，如果删除公式只保留数值，排序只对统计字符数量列有效。

7.1.2 数据筛选

在工作中，有时需要从数据繁多的工作簿中查找符合某一个或某几个条件的数据，这时可使用 Excel 的筛选功能，只需显示满足条件的数据，可暂时隐藏电子表格中不符合条件的数据信息。筛选功能主要有自动筛选、自定义筛选和高级筛选 3 种方式。

PART 02

1. 自动筛选

自动筛选是数据筛选方法中最简单、最常用的一种，主要通过筛选命令或筛选器进行。使用自动筛选功能能够快速地查找到表格中的 10 个最大值、高于平均值或低于平均值等条件的数据。下面在"平面设计师提成统计表"工作簿中利用自动筛选功能筛选提成额低于平均值的选项，以及筛选出"曹仁孟"和"秦东"的提成额，其具体操作步骤如下。

微课：自动筛选

STEP 1 开始筛选

打开"平面设计师提成统计表"工作簿，在表格数据区域选择任意单元格，在【数据】/【排序和筛选】组中单击"筛选"按钮。

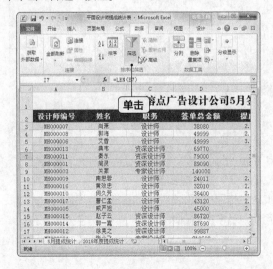

STEP 2 筛选低于平均值选项

❶单击"获得的提成"单元格旁边的下拉按钮；❷在打开的下拉列表中选择"数字筛选"选项；❸在打开的子列表中选择"低于平均值"选项。

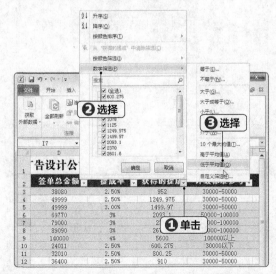

STEP 3 显示低于平均值的选项

返回工作表,在表格中将筛选出低于平均值的提成额选项。

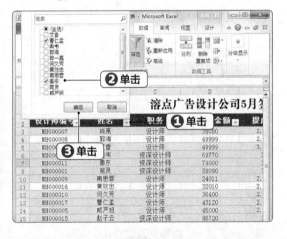

STEP 4 筛选员工姓名

❶单击"姓名"单元格旁边的下拉按钮;❷在打开的下拉列表的筛选器中单击选中"曹仁孟"和"秦东"复选框;❸单击"确定"按钮。

STEP 5 显示筛选出的员工

返回工作表,此时将筛选出"曹仁孟"和"秦东"两个员工的签单业绩提成。

操作解谜

数字筛选与文本筛选

本例中可看到在筛选"提成额"时单击其后的下拉按钮,在打开的下拉列表中显示为"数字筛选",筛选"姓名"时,其下拉列表中显示为"文本筛选",这是因为前者是针对数字型数据字段的筛选,后者是针对文本型数据字段的筛选,但两者的筛选方法是相同的。

技巧秒杀

在表格中执行筛选命令后,在筛选下拉列表中提供了简单排序选项,选择"升序"选项可对字段数据进行升序排列;选择"降序"选项可对字段数据进行降序排列。

2. 自定义筛选

如果自动筛选方式不能满足需要,则可自定义筛选条件,即根据用户的自定义设置筛选数据。下面在"平面设计师提成统计表"工作簿中首先筛选签单总金额介于 30000 到 100000 的设计师,然后在此基础上筛选提成额大于 2000 的设计师,其具体操作步骤如下。

微课:自定义筛选

STEP 1 执行自定义命令

❶打开"平面设计师提成统计表"工作簿,启动筛选功能,单击"签单总金额"单元格旁的下拉按钮;❷在打开的下拉列表中选择"数字筛选"选项;❸在打开的子列表中选择"介于"选项。

操作解谜

多列筛选

本例使用了多列筛选,即在一个字段列中筛选出数据,再在筛选出的结果数据的另一个字段列中进行筛选。同样,也可在一个字段列进行多次筛选。

STEP 2 设置介于筛选条件

❶打开"自定义自动筛选方式"对话框,在"大于或等于"右侧的文本框中输入"30000";❷在"小于或等于"右侧的文本框中输入"100000";❸单击"确定"按钮。

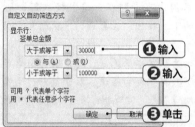

STEP 3 查看筛选结果

返回工作表,此时可查看到签单总金额介于30000到100000的设计师信息。

STEP 4 筛选提成额大于2000的数据

❶单击"获得的提成"单元格旁的下拉按钮,在打开的下拉列表中选择"数字筛选"子列表中的"大于"选项,打开"自定义自动筛选方式"对话框,在"大于"右侧的文本框中输入"2000";❷单击"确定"按钮。

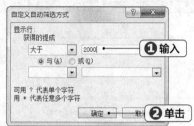

STEP 5 最终效果

返回工作表,查看签单总金额介于30000到100000基础上的提成额大于2000的设计师。

操作解谜

自定义设置方式

单击需筛选单元格旁的下拉按钮,在打开的下拉列表中选择"数字筛选"子列表中的"自定义筛选"选项,也可打开"自定义自动筛选方式"对话框,然后设置筛选条件,如"大于""小于",再在文本框中设置数值条件即可。

3. 高级筛选

通过高级筛选可以筛选出同时满足两个或两个以上条件的记录,同时可将筛选出的结果输出到指定的位置。下面对"平面设计师提成统计表"工作簿进行高级筛选,筛选出满足签单总金额大于50000、提成率等于3%、提成额大于2500这3个条件的记录,其具体操作步骤如下。

微课:高级筛选

STEP 1　输入筛选条件

打开"平面设计师提成统计表"工作簿，在 B21:D22 单元格区域中输入筛选条件。

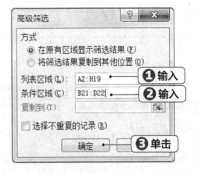

STEP 3　查看筛选结果

返回工作表，可查看到按照筛选条件筛选出的结果。

STEP 2　筛选数据

❶在【数据】/【排序和筛选】组中单击"高级"按钮，在打开的"高级筛选"对话框的"列表区域"文本框中输入需要被筛选的区域"A2:H19"；❷在"条件区域"文本框中输入设定的条件"B21:D22"；❸单击"确定"按钮。

4. 取消筛选

　　如果要将未筛选出的项目显示出来，可取消筛选，其操作很简单，可通过"筛选"按钮、筛选器和"清除"按钮 3 种方式实现。下面在"平面设计师提成统计表"工作簿中使用不同的方法练习取消筛选的操作，显示出所有数据，其具体操作步骤如下。

微课：取消筛选

STEP 1　单击"筛选"按钮取消

打开"平面设计师提成统计表"工作簿，在【数据】/【排序和筛选】组中单击"筛选"按钮。

技巧秒杀

清除筛选数据功能后，再次执行筛选功能时需要重新进行设置。

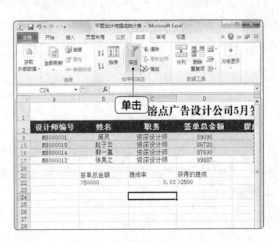

STEP 2 显示所有数据

此时即可取消筛选，在工作表中重新显示出所有数据项目。

	溶点广告设计公司5月签			
设计师编号	姓名	职务	签单总金额	提
MH000007	肖莱	设计师	38080	2.
MH000008	郭海	设计师	49999	2.
MH000006	艾青	设计师	49999	3.
MH000013	曲韦	资深设计师	69770	
MH000011	秦东	资深设计师	79000	
MH000001	简灵	资深设计师	89090	
MH000003	关雯	专家设计师	140000	
MH000009	南思蓉	设计师	24011	2.
MH000016	黄效忠	设计师	32010	2.
MH000010	何久芳	设计师	36400	2.
MH000017	曹仁孟	设计师	43120	2.
MH000005	贼严旭	设计师	45000	2.
MH000015	赵子云	资深设计师	86720	
MH000002	郭一纂	资深设计师	87690	
MH000012	余英之	资深设计师	99887	

STEP 3 使用筛选器取消

❶按【Ctrl+Z】组合键，返回筛选状态，在筛选过的字段旁边单击下拉按钮；❷在打开的下拉列表中的筛选器中单击选中"全选"复选框；❸单击"确定"按钮将隐藏的记录显示出来。

PART 02

操作解谜

复制和删除筛选后的数据

当复制表格中的筛选结果数据时，只有显示的行数据被复制；如果要删除筛选结果，只有显示的数据被删除，而隐藏的数据将不会受到影响。

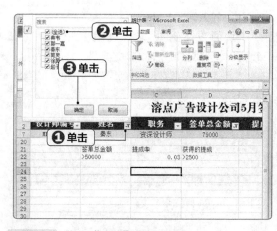

STEP 4 使用"清除"按钮取消

按【Ctrl+Z】组合键，返回筛选状态，选择【数据】/【排序和筛选】组，单击"清除"按钮，将隐藏的记录显示出来。

7.2 处理"楼盘销售记录表"数据

"楼盘销售记录表"用于公司当前销售状况的参考，一般包括开发公司名称、楼盘位置、开盘价格以及销售状况等信息，通过数据处理，从中突出显示所需数据，包括某项数据的汇总，如已售出楼盘的数量，使用数据工具保证数值的大小输入正确，以及对表格数据设置条件格式，用特殊颜色或图标来显示销售记录表中的重点内容。

7.2.1 将数据分类汇总

Excel 的数据分类汇总功能是用于将性质相同的数据汇总到一块，根据表格中的某一列数据将所有记录进行分类，然后再对每一类记录分别进行汇总，以达到使工作表的结构更清晰的目的，使用户能更好地掌握表格中重要的信息。

1. 单项分类汇总

创建单项分类汇总，首先需要对数据进行排序，然后通过"分类汇总"对话框实现。分类汇总以某一列字段为分类项目，然后对表格中其他数据列中的数据进行汇总，如求和、求平均值、求最大值等。下面在"楼盘销售记录表"工作簿中首先按楼盘的"开发公司"进行分类，并按"总套数"进行求和汇总，然后按楼盘的"开发公司"进行分类，并按"已售"求最大值汇总，其具体操作步骤如下。

微课：单项分类汇总

STEP 1　对开发公司排序

❶打开"楼盘销售记录表"工作簿，选择"开发公司"数据列中的任意单元格；❷在【数据】/【排序和筛选】组中单击"升序"按钮，对要进行分类的"开发公司"列进行排序。

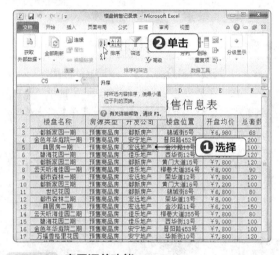

STEP 2　启用汇总功能

排序完成后，在【数据】/【分级显示】组中单击"分类汇总"按钮。

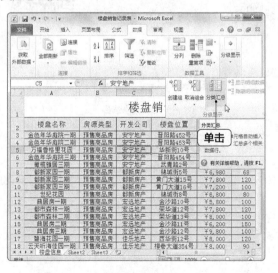

STEP 3　求和汇总

❶打开"分类汇总"对话框，在"分类字段"下拉列表中选择"开发公司"选项；❷在"汇总方式"下拉列表中选择"求和"选项；❸在"选定汇总项"列表框中单击选中"总套数"复选框；❹单击"确定"按钮。

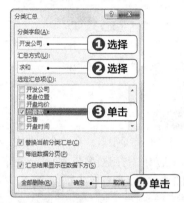

STEP 4　查看求和汇总结果

返回工作表，可查看按楼盘的"开发公司"进行的分类，并按"总套数"进行求和汇总的结果。

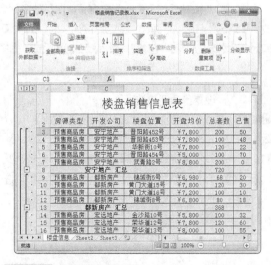

STEP 5　设置最大值汇总

❶再次打开"分类汇总"对话框，在"分类字段"下

拉列表中选择"开发公司"选项；❷在"汇总方式"
下拉列表中选择"最大值"选项；❸在"选定汇总项"
列表框中单击选中"已售"复选框；❹单击"确定"
按钮。

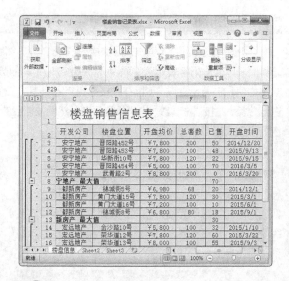

STEP 6　查看最大值汇总结果
返回工作表，可查看按楼盘的"开发公司"进行的分类，
并按"已售"求最大值汇总的结果。

技巧秒杀
如果表格中的数据很多，在"分类汇总"对话
框中单击选中"每组数据分页"复选框，便可
将每组分类汇总数据单独打印在一页上。

PART 02

操作解谜
"替换当前分类汇总"复选框的应用
　　在"分类汇总"对话框中默认单击选中"替
换当前分类汇总"复选框，表示如果在表格中已
创建分类汇总，在"分类汇总"对话框中设置新
的汇总方式，则可将当前分类汇总替换成新的分
类汇总样式；如果撤销选中该复选框，将同时显
示多个分类汇总结果。

2. 多项分类汇总

　　多项分类汇总是在某列分类情况下，对其他多列数据列同时进行"求和""最大值"
或"平均值"汇总。下面在"楼盘销售记录表"工作簿中按楼盘的"开发公司"进行分类，
同时对"总套数"和"已售"进行求和汇总，其具体操作步骤如下。

微课：多项分类汇总

STEP 1　设置多项汇总选项
❶打开"楼盘销售记录表"工作簿，在【数据】/【分
级显示】组中单击"分类汇总"按钮，打开"分类汇总"
对话框，在"分类字段"下拉列表中选择"开发公司"
选项；❷在"汇总方式"下拉列表中选择"求和"选
项；❸在"选定汇总项"列表框中单击选中"总套数"
和"已售"复选框；❹单击"确定"按钮。

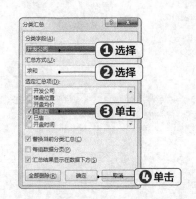

STEP 2 多项汇总结果

此时在表格中可查看到"总套数"和"已售"同时进行了求和汇总。

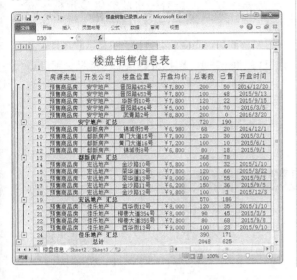

操作解谜

通过多次单项汇总实现多项汇总

多项汇总可通过进行多次单项汇总实现，如上例，需要在打开的"分类汇总"对话框中撤销选中"替换当前分类汇总"复选框，然后将两次的"汇总方式"都选择为"求和"即可。

技巧秒杀

在分类汇总前，对数据列进行排序时，明确以什么字段列为分类后，就对该分类数据列进行排序，否则数据汇总后，将呈散乱状态，如同一个房产公司，将分为几列显示汇总。

3. 隐藏或显示分类汇总

在表格中创建了分类汇总后，为了查看某部分数据，可将分类汇总后暂时不需要的数据隐藏起来，减小界面的占用空间。查看完成后可重新进行显示。下面在"楼盘销售记录表"工作簿中练习隐藏和显示分类汇总的方法，其具体操作步骤如下。

微课：隐藏或显示分类汇总

STEP 1 隐藏"安宁地产"

打开"楼盘销售记录表"工作簿，在"安宁房产"汇总项右侧单击"隐藏"按钮，将"安宁地产"信息隐藏。

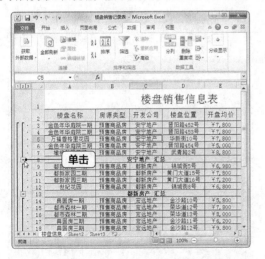

STEP 2 显示"安宁地产"

使用相同的方法，将"都新房产"汇总项信息隐藏。隐藏后，对应的"隐藏"按钮将变成"显示"按钮模式，这里单击"安宁地产"汇总项目的"显示"按钮，将其信息全部显示。

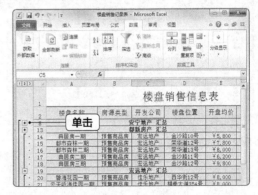

STEP 3 查看最终效果

此时，即可查看分类汇总隐藏和显示后的最终效果。

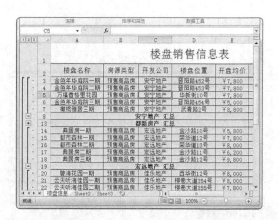

4. 清除和删除分类汇总

清除是指将分级显示框删除，而保留数据汇总结果；删除则是指撤销分类汇总，重新显示源数据。下面在"楼盘销售记录表"工作簿中首先清除显示分级框，然后再删除分类汇总显示源数据，其具体操作步骤如下。

微课：清除和删除分类汇总

PART 02

STEP 1　清除分级显示

❶打开"楼盘销售记录表"工作簿，在【数据】/【分级显示】组中单击"取消组合"按钮；❷在打开的下拉列表中选择"清除分级显示"选项。

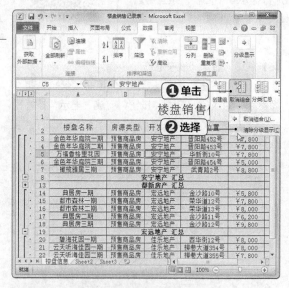

STEP 2　查看清除显示分级后的效果

返回工作表，此时，在表格中将保留分类汇总项目，将左侧的分级显示列表框清除。

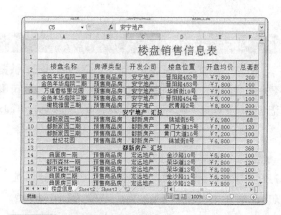

STEP 3　删除分类汇总

打开"分类汇总"对话框，单击"全部删除"按钮，撤销分类汇总，保留源数据。

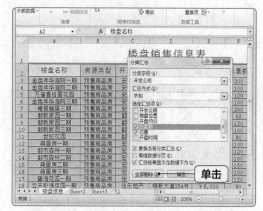

7.2.2 使用数据工具

在 Excel 中，数据工具也是一项数据处理的重要功能，常用于删除数据重复项和数据验证。删除重复项是快速删除表格中多余数据的重要手段；而数据验证是指对某些重要数据区域做出某种限制，以确保数据准确输入并进行管理。

1. 快速删除重复项

在表格中输入数据，有时由于长时间输入造成的视觉疲劳，难免碰到重复输入的情况。在进行数据核对时，则需删除重复数据，此时可使用 Excel 数据工具中的删除重复项来快速实现。下面将在"楼盘销售记录表"工作簿中快速删除重复数据，其具体操作步骤如下。

微课：快速删除重复项

STEP 1　执行删除重复项命令
❶打开"楼盘销售记录表"工作簿，选择表格中任意一个数据单元格；❷在【数据】/【数据工具】组中单击"删除重复项"按钮。

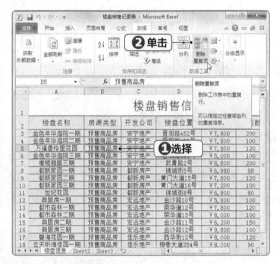

STEP 2　设置删除项
❶打开"删除重复项"对话框，单击"全选"按钮；❷单击"确定"按钮。

操作解谜

"删除重复项"对话框的应用

在"删除重复项"对话框中直接单击"全选"按钮，可快速、准确地对表格中所有重复项进行删除。而在"列"列表框中可设置删除重复项的具体字段列。"数据包含标题"复选框则用于删除包含重复的表头字段内容。

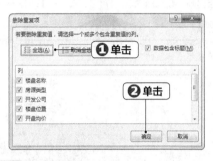

STEP 3　确认删除
在打开的提示对话框中显示未发现的重复项，单击"确定"按钮确认删除。

STEP 4　查看删除后的结果
返回工作表，即可查看删除重复项后的表格内容。

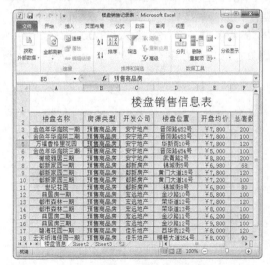

183

2. 使用数据验证功能

数据验证功能可在未输入数据时预先设置，使用数据验证可限制数据输入的范围，以保证输入数据的正确性。而数据验证主要分为"设置"和"出错警告"两种方式："设置"用于提示输入非法值，"出错警告"则提示输入值的范围等。下面在"楼盘销售记录表"工作簿的"新楼盘登记"工作表中进行数据验证设置和数据验证出错警告,限制"开盘均价"和"总套数"的值，其具体操作步骤如下。

微课：使用数据验证功能

STEP 1　启用数据验证功能

❶打开"楼盘销售记录表"工作簿，新建"新楼盘登记"工作表，输入数据并设置格式，在其中选择 E3:E16 单元格区域；❷在【数据】/【数据工具】组中单击"数据有效性"按钮。

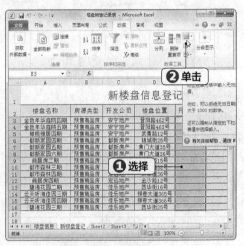

STEP 2　设置数据限制信息

❶打开"数据有效性"对话框，单击"设置"选项卡，在"允许"下拉列表中选择"整数"选项；❷在"数据"下拉列表中选择"介于"选项；❸在"最小值"与"最大值"数值框中分别输入"7000"和"15000"；❹单击"确定"按钮。

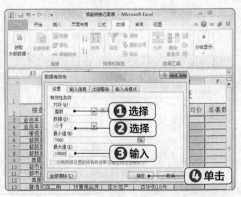

STEP 3　非法输入的提示效果

设置完成后，在设置过有效性的单元格中输入小于 7000 或大于 15000 的数值，将打开提示对话框，提示输入值非法，然后单击"取消"按钮关闭对话框。

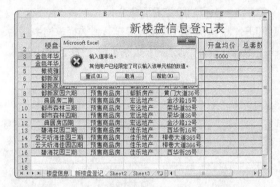

STEP 4　设置警告出错信息

❶选择 E3:E16 单元格区域，打开"数据有效性"对话框，单击"出错警告"选项卡；❷在"标题"文本框中输入"提示"；❸在"错误信息"文本框中输入"开盘均价在'7000-15000'之间！"；❹单击"确定"按钮。

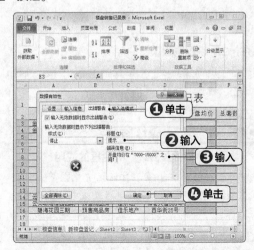

STEP 5　弹出具体警告内容

设置完成后，单击该单元格，当输入的数值不符合验证规则所设置的输入范围时将打开错误警告信息提示对话框，同样单击"取消"按钮，关闭对话框。

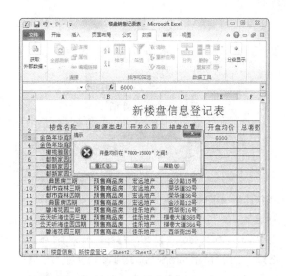

技巧秒杀

要取消数据验证，首先需要选择设置了数据验证的单元格区域，然后在【数据】/【数据工具】组中单击"数据有效性"按钮，打开"数据有效性"对话框，单击"全部清除"按钮，删除该对话框中所有设置的信息，再单击"确定"按钮确认删除操作即可。

7.2.3　设置数据的条件格式

设置数据的条件格式是指规定单元格中的数据在满足某类条件时，将单元格显示为相应条件的单元格样式。使用条件格式功能，可突出显示单元格，或为选择的单元格应用图形效果，包括"数据条""色阶"和"图标集"等。

1. 按规则突出显示单元格

使用条件格式功能，可使单元格在满足预置的规则条件时，呈突出显示。下面在"楼盘销售记录表"工作簿中将"开盘均价"高于平均值和"总套数"大于"150"的数据单元格突出显示，其具体操作步骤如下。

微课：按规则突出显示单元格

STEP 1　选择"高于平均值"选项

❶打开"楼盘销售记录表"工作簿，在"新楼盘登记"工作表中选择 E3:E16 单元格区域，在【开始】/【样式】组中单击"条件格式"按钮；❷在打开的下拉列表中选择"项目选取规则"选项；❸在子列表中选择"高于平均值"选项。

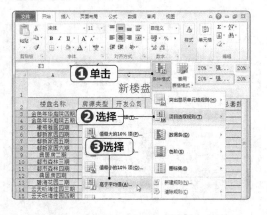

STEP 2　设置格式

❶打开"高于平均值"对话框，在"针对选定区域，设置为"下拉列表中选择"黄填充色深黄色文本"选项；❷单击"确定"按钮。

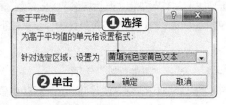

STEP 3　查看显示效果

返回工作表，在 E3:H16 单元格区域中输入相关数据，此时在 E3:H16 单元格区域中的"开盘均价"数据列中高于平均值的数据单元格将呈"黄填充色深黄色文本"格式显示。

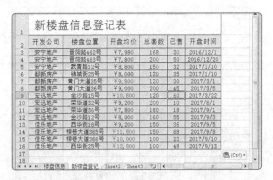

STEP 4 选择"大于"选项

❶选择 F3:F16 单元格区域,在【开始】/【样式】组中单击"条件格式"按钮;❷在打开的下拉列表中选择"突出显示单元格规则"子列表中的"大于"选项。

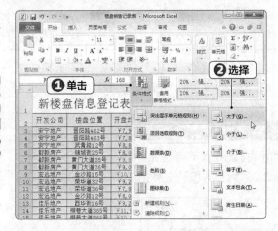

STEP 5 设置显示规则

❶打开"大于"对话框,在"为大于以下值的单元格设置格式"栏下方的文本框中输入"150";❷在"设置为"下拉列表中选择"绿填充色深绿色文本"选项;❸单击"确定"按钮。

STEP 6 查看显示效果

此时在"总套数"数据列中大于 150 的数据单元格将呈"绿填充色深绿色文本"格式显示。

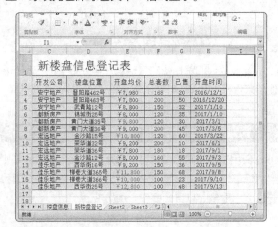

2. 应用图形效果

条件格式中的图形效果主要分为"数据条""色阶"和"图标集"。下面在"楼盘销售记录表"工作簿中将"开盘均价""总套数"和"已售"数据列分别以"数据条""色阶"和"图标集"突出显示,其具体操作步骤如下。

微课:应用图形效果

STEP 1 选择"其他规则"选项

❶打开"楼盘销售记录表"工作簿,在"新楼盘登记"工作表中选择 E3:E16 单元格区域;❷在【开始】/【样式】组中单击"条件格式"按钮;❸在打开的下拉列表中选择"数据条"选项;❹在打开的子列表中选择"其他规则"选项。

技巧秒杀

也可以直接在"数据条"列表中选择一种样式。

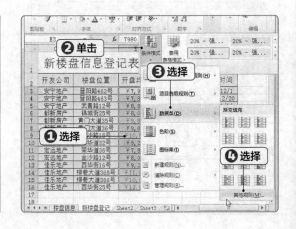

STEP 2　自定义数据条

❶打开"新建规则类型"对话框，在"条形图外观"栏的"填充"下拉列表中选择"渐变填充"选项；❷在"颜色"下拉列表中选择"橙色"选项；❸在"边框"下拉列表中选择"实心边框"选项；❹在"颜色"下拉列表中选择"红色，强调文字颜色2，深色50%"选项；❺在"条形图方向"下拉列表中选择"从左到右"选项；❻单击"确定"按钮。

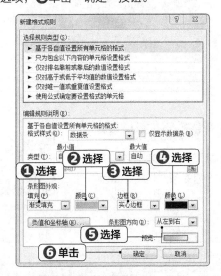

STEP 3　查看应用数据条效果

返回工作表，可查看为"开盘均价"数据列应用数据条后的效果。

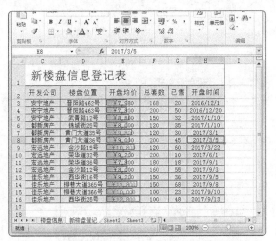

STEP 4　选择色阶样式

❶选择 F3:F16 单元格区域，在【开始】/【样式】组中单击"条件格式"按钮；❷在打开的下拉列表中选择"色阶"选项；❸在打开的子列表中选择"红–黄–绿色阶"选项。

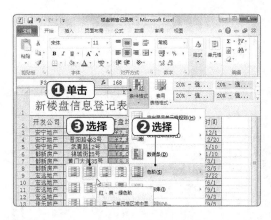

操作解谜

"新建规则"的应用

在"色阶"子列表中选择"其他规则"选项，或在"条件格式"下拉列表中选择"新建规则类型"选项也可打开"新建规则"对话框，在其中可自定义规则，规则定义设置的操作较简单，可根据各项的描述直接选择和设置。

STEP 5　查看应用色阶效果

返回工作表，可查看为"总套数"数据列应用色阶样式后的效果。

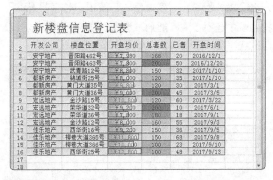

STEP 6　选择图标集样式

❶选择 G3:G16 单元格区域，单击"条件格式"按钮；❷在打开的下拉列表中选择"图标集"选项；❸在打开的子列表中选择"等级"栏中的"四等级"选项。

操作解谜

"图标集"的显示规则

"图标集"是根据数据列中单元格数据的大小来显示不同图标，如值越大则显示深色图标，值越小则显示浅色图标。

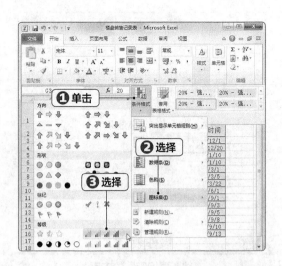

STEP 7　查看应用图标集效果
返回工作表，可查看应用图标集后的效果。

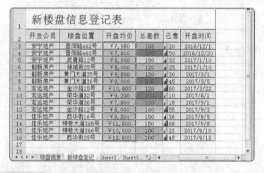

3. 删除条件格式

　　删除条件格式，可分为删除所选单元格区域的条件格式或删除整个工作表的条件格式。下面在"楼盘销售记录表"工作簿中先删除"开盘均价"数据列的条件格式，然后删除整个工作表的条件格式，其具体操作步骤如下。

微课：删除条件格式

PART 02

STEP 1　清除所选单元格的规则
❶打开"楼盘销售记录表"工作簿，选择 E3:E16 单元格区域；❷单击"条件格式"按钮；❸在打开的下拉列表中选择"清除规则"选项；❹在打开的子列表中选择"清除所选单元格的规则"选项。

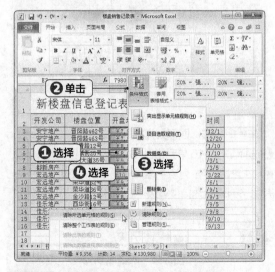

STEP 2　查看清除所选单元格规则的效果
返回工作表，可查看到所选 E3:E16 单元格区域的规则被删除，显示为常规模式。

STEP 3　清除所有规则
单击"条件格式"按钮，在打开的下拉列表中选择"清除规则"子列表中的"清除整个工作表的规则"选项，将所有规则清除。

新手加油站 —— 轻松管理 Excel 数据的技巧

1. 按单元格颜色排序

很多时候，为了突出显示数据，会为单元格填充颜色，Excel 具有在排序时识别单元格或字体颜色的功能，因此在数据的实际排序中可根据单元格颜色进行灵活整理。

当需要排序的字段中只有一种颜色时，在该字段中选择任意一个填充颜色的单元格，然后单击鼠标右键，在弹出的快捷菜单中选择"排序"子菜单中的"将所选单元格颜色放在最前面"命令，便可将填充颜色的单元格放置到字段列的最前面。

如果表格某字段中设置了多种颜色，在打开的"排序"对话框中将字段表头内容设置为主 / 次关键字，在"排序依据"下拉列表中选择"单元格颜色"选项，将"单元格颜色"作为排列顺序的依据，然后在"次序"下拉列表中选择单元格的颜色，如将"红色"置于最上方，然后是"橙色"，然后是"蓝色"等。

2. 按字体颜色或单元格颜色筛选

如果在表格中设置了单元格或字体颜色，通过单元格或字体颜色可快速筛选数据，单击设置过字体颜色或填充过单元格颜色字段右侧的下拉按钮后，在打开的下拉列表中选择"按颜色筛选"选项，在打开的子列表中便显示按单元格颜色筛选和按字体颜色筛选，选择对应选项即可筛选出所需数据。

3. 使用通配符进行模糊筛选

在某些场合中需要筛选出包含某部分内容的数据项目时，便可使用通配符进行模糊筛选，这种方式与文字筛选中的"包含"选项类似。如下面筛选包含"红"的颜色选项，其具体操作步骤如下。

❶ 首先对"价格"进行降序排列，然后选择数据表格，在【数据】/【排序和筛选】组中单击"筛选"按钮。

❷ 单击"颜色"单元格旁边的下拉按钮，在打开的下拉列表中选择"文本筛选"子列表中的"自定义筛选"选项。

❸ 打开"自定义自动筛选方式"对话框，在"颜色"栏第 1 个下拉列表中选择"等于"选项，在右侧的文本框中输入"红 ?"。

❹ 单击"确定"按钮，便可筛选出包含"红"的颜色选项。

第2部分

第8章

快速分析 Excel 数据

/ 本章导读

Excel 中快速分析数据一般是通过图表、数据透视表和数据透视图来实现，可以使数据的对比、大小等一目了然，更具直观性，在公司案例中经常使用。本章将主要介绍图表、数据透视表和数据透视图的创建、分析功能的使用、数据编辑与格式美化设置等。通过本章知识的介绍，帮助读者在实际办公中能够快速、合理地创建所需方案，并制作出专业、美观的图表。

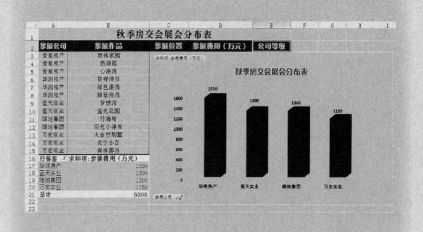

8.1 制作"销售分析"图表

销售分析图表主要包括两方面内容，一是对销售额使用图表分析，二是对销售量使用图表分析，以便直观地对销售额、销售量进行查看、对比和预测分析，为公司的销售策略以及销售重点提供重要的参考价值。以图表表达数据时，需要选择适合的图表类型，同时，要添加相应的图表元素，如数据标签等，以便更加清晰地对数据做出分析，另外，还可对图表进行格式设置与美化。

8.1.1 认识与创建图表

图表是 Excel 中重要的数据分析工具，它具有很好的视觉效果，可直观地表现较为抽象的数据，让数据显示得更清楚、更容易被理解。在应用图表前，首先要认识图表的组成结构和图表的主要类型，然后再根据数据的需要创建出合适的图表。

1. 图表的组成元素及其作用简介

不同类型的图表其组成元素不尽相同，但一个完整的图表中通常包含图表标题、坐标轴、绘图区、数据标签、网格线和图例等，下面分别介绍图表几个主要部分的作用。

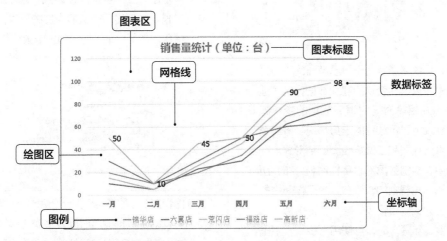

- ●**图表区：**就是整个图表的背景区域，包括所有的数据信息以及图表辅助的说明信息。
- ●**图表标题：**是对本图内容的一个概括，说明本图的中心内容是什么。
- ●**图例：**用一个色块表示图表中各种颜色所代表的含义。
- ●**绘图区：**图表中描绘图形的区域，其形状是根据表格数据形象化转换而来的。绘图区包括数据标签、坐标轴和网格线。
- ●**数据标签：**是根据用户指定的图表类型以系列的方式显示在图表中的可视化数据，在分

类轴上每一个分类都对应着一个或多个数据，并以此构成数据系列。
- ●**坐标轴：**分为横坐标轴和纵坐标轴。一般来说，横坐标轴即 X 轴，是分类轴，它的作用是对项目进行分类；纵坐标轴即 Y 轴，是数值轴，它的作用是对项目进行描述。
- ●**网格线：**配合数值轴对数据系列进行度量的线，网格线之间是等距离间隔，这个间隔可根据需要进行调整设置。

2. 办公常用图表类型介绍

针对不同的数据源及图表要表达的重点，在建立图表前，首先要判断使用哪种类型的图表。只有选择了合适的图表类型，才能直观地反映数据间的关系，使数据更加清楚直观。Excel 中提供了多种类别的图表供用户选择，下面分别对办公中常用的图表进行介绍。

● **柱形图：** 柱形图通常用于显示一段时间内的数据变化或对数据进行对比分析，包括二维柱形图、三维柱形图、圆柱图、圆锥图和棱锥图等。在柱形图中，通常沿水平轴组织类别，沿垂直轴组织数值，下图所示为三维簇状柱形图。

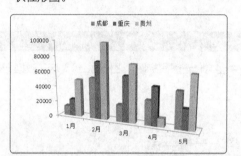

● **折线图：** 折线图通常用于显示随时间（根据常用比例设置）而变化的连续数据，尤其适用于显示在相等时间间隔下数据的变化趋势，可直观地显示数据的走势情况。折线图包括二维折线图和三维折线图两种形式。在折线图中，类别数据沿水平轴均匀分布，所有值数据沿垂直轴均匀分布。当工作簿中的分类标签为文本且代表均匀分布的数值（如月、季度、年等）时，可使用折线图。下图所示为带数据标记的折线图。

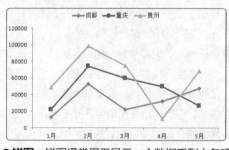

● **饼图：** 饼图通常用于显示一个数据系列中各项数据的大小与各项总和的比例，包括二维饼图和三维饼图两种形式，其中的数据点显示为整个饼图的百分比，下图所示为三维饼图。

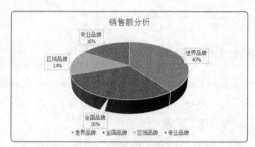

● **条形图：** 条形图通常用于显示各个项目之间的比较情况，排列在工作簿的列或行中的数据都可以绘制到条形图中。条形图包括二维条形图、三维条形图和堆积图等，当轴标签过长，或者显示的数值为持续型时，都可以使用条形图，下图所示为三维簇状条形图。

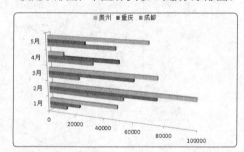

● **面积图：** 面积图可以显示出每个数值的变化，强调的是数据随着时间发生变化的幅度。通过面积图，可以直观地观察到整体和部分的关系。面积图包括"堆积面积图""百分比堆积面积图""三维面积图"等多种图表类型，下图所示为三维面积图。

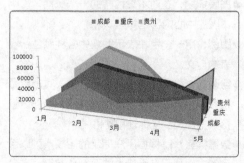

3. 创建图表

在 Excel 2010 中创建图表，主要通过【插入】/【图表】组和"插入图表"对话框两种方法来实现。下面在"美乐家空调销售统计表"工作簿中为"销售额统计"工作表创建柱形图，为"销售量统计"工作表创建折线图，其具体操作步骤如下。

微课：创建图表

STEP 1 创建柱形图

❶打开"美乐家空调销售统计表"工作簿，在"销售额统计"工作表中选择 A2:E7 单元格区域；❷在【插入】/【图表】组中单击"柱形图"按钮；❸在打开的下拉列表中选择"二维柱形图"栏中的"簇状柱形图"选项。

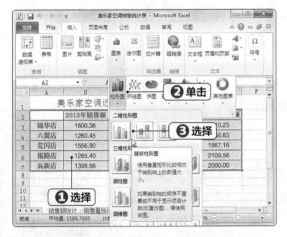

STEP 2 查看创建的图表

此时可查看根据所选的数据区域创建的簇状柱形图图表效果，并能通过图表查看数据的大小。

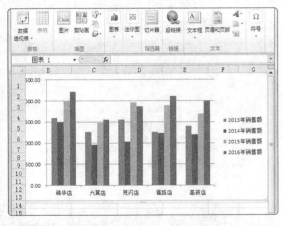

STEP 3 打开创建对话框

❶单击"销售量统计"工作表标签；❷选择 A2:G7 单元格区域；❸在【插入】/【图表】组中单击右下角的"创建图表"按钮。

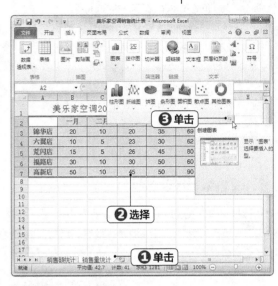

STEP 4 插入折线图

❶打开"插入图表"对话框，在左侧选择创建图表的类型，这里选择"折线图"选项；❷在右侧选择具体的图表选项，这里在"折线图"栏中选择"折线图"选项；❸单击"确定"按钮。

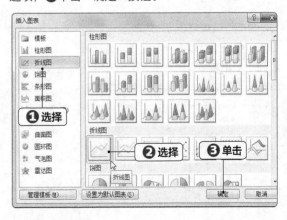

技巧秒杀

Excel包含大量的图表类型，但选择图表类型的原则是以直观显示数据为准，而不应以好看、时尚为首要前提。

第 **8** 章 快速分析 Excel 数据

STEP 5　查看创建的图表

此时在工作表中可查看根据所选的数据区域创建的折线图图表效果。

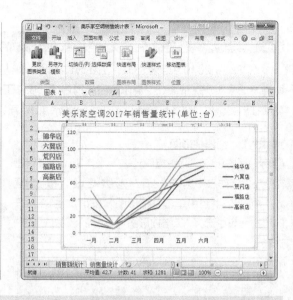

操作解谜

图表对应数据区域的选择

选择用于创建图表的单元格时，如果只选择一个单元格，则Excel会自动将相邻于该单元格且包含数据的所有单元格添加到图表中；如果要添加到图表中的单元格不在连续的区域中，只要选择的区域为矩形，便可以选择不相邻的单元格或区域。

8.1.2　编辑图表数据

数据是建立图表的基础，建立图表只是一种观察数据的手段，而最终目的是要对图表中展示的数据内容进行对比、分析等，为了更准确地表达数据，常常需要对图表数据进行编辑，包括修改图表数据、编辑图表数据系列以及编辑数据标签。

PART 02

1. 修改图表数据

修改图表数据是对图表对应的单元格区域的数值进行更改，随之图表中的数据的系列会发生相应的变化。下面在"美乐家空调销售统计表"工作簿中的"销售额统计"工作表中修改销售额数据，其具体操作步骤如下。

微课：修改图表数据

STEP 1　选择需要修改的数值

打开"美乐家空调销售统计表"工作簿，在"销售额统计"工作表中双击 C3 单元格，将光标插入该单元格中，拖动鼠标选择需要修改的数值部分。

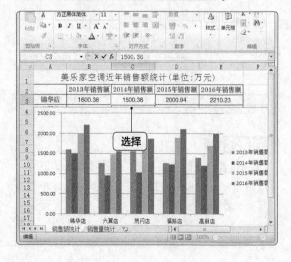

STEP 2　修改数据

将数值修改为"1800.36"，按【Enter】键确认修改，数值对应的图表也发生了变化。

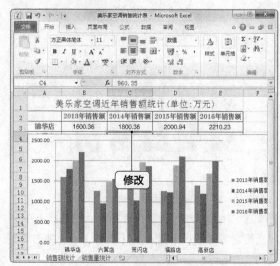

2. 编辑图表数据系列

编辑图表数据系列主要是指对图表数据列进行编辑，如将工作表中的新数据以数据系列的形式添加到图表中或将不需要的系列数据从图表中删除或隐藏。下面在"美乐家空调销售统计表"工作簿中的"销售额统计"工作表中将"2013 年销售额"和"2014 年销售额"数据列删除并添加"2017 年销售额"数据列，其具体操作步骤如下。

微课：编辑图表数据系列

STEP 1　删除数据列

打开"美乐家空调销售统计表"工作簿，在"销售额统计"工作表图表中的"2013 年销售额"数据列对应的蓝色图形上单击鼠标右键，在弹出的快捷菜单中选择"删除"命令或直接按【Delete】键。

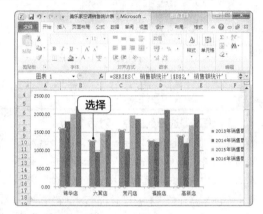

技巧秒杀

直接在表格中删除数据列对应的单元格区域，也可将图表中对应的图形删除。

STEP 2　删除图表数据列的效果

返回工作表，此时"2013 年销售额"数据列中的图形被删除。

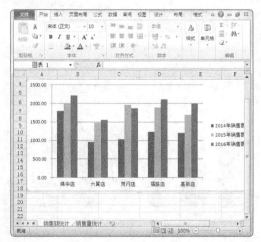

STEP 3　选择"选择数据"命令

❶在图表上单击鼠标右键；❷在弹出的右键快捷菜单中选择"选择数据"命令。

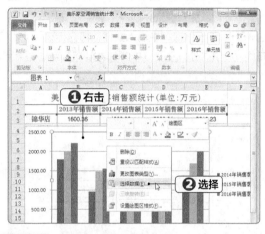

STEP 4　删除或隐藏数据列图形

❶打开"选择数据源"对话框，在"图例项"列表框中选择"2015 年销售额"选项；❷单击"删除"按钮；❸单击"确定"按钮。

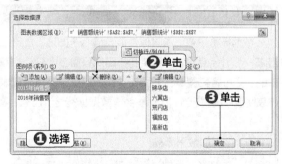

STEP 5　删除图表数据列的效果

此时"2015 年销售额"数据列的图形被删除。

技巧秒杀

图表中的元素可根据实际需要对其进行显示或隐藏，实际上图表也可进行显示或隐藏。选择图表后按【Ctrl+6】组合键可将其隐藏，再次按【Ctrl+6】组合键可将其显示出来。

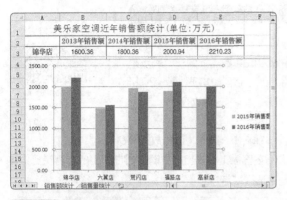

STEP 6　添加数据系列

在 F3:F7 单元格区域中输入数据，将光标移到 E3 单元格右上角的边框上，向右拖动鼠标，使边框包含"2017 年销售额"数据列。

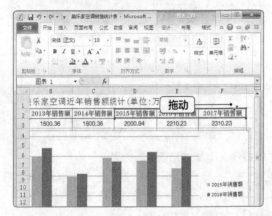

STEP 7　添加数据系列的最终效果

此时图表将自动添加数据列图形。

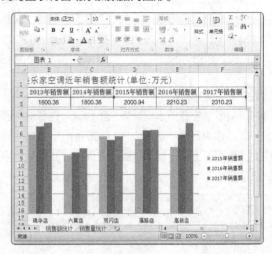

操作解谜

通过"选择数据源"对话框添加

在"选择数据源"对话框中单击"添加"按钮，打开"编辑数据系列"对话框，通过鼠标在工作表中选择F2单元格，在"系列名称"文本框中添加数据列的名称；选择F3:F7单元格区域，在"系列值"文本框中添加系列值，也可添加数据列。

3. 编辑图表数据标签

数据标签是数据的具体数值，显示于图表的图形上，通常不用将所有数据标签显示出来，否则会使图表显示凌乱，因此只需将要分析的数据进行显示即可，不需要显示出来的，则可将其删除。下面在"美乐家空调销售统计表"工作簿中将"销售额统计"工作表图表中的"2017 年销售额"数据标签显示出来，其具体操作步骤如下。

微课：编辑图表数据标签

STEP 1　添加数据标签

❶打开"美乐家空调销售统计表"工作簿，在"销售额统计"工作表中选择图表中的"2017 年销售额"图形；❷单击鼠标右键，在弹出的快捷菜单中选择"添加数据标签"命令。

技巧秒杀

在【图表工具 布局】/【标签】组中，可以设置图表标签。

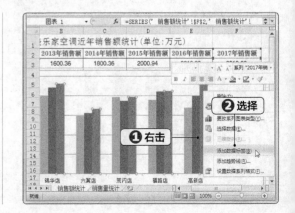

PART 02

STEP 2　添加标签的效果

返回工作表，在图表中可查看添加标签的效果。

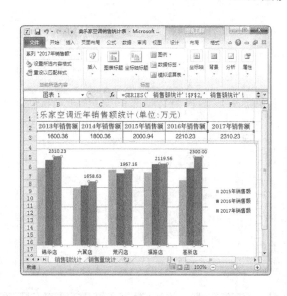

操作解谜

数据标签的删除和添加

如果不需要显示数据标签，则可将其删除，只需选择数据标签，单击鼠标右键，在弹出的快捷菜单中选择"删除"命令或直接按【Delete】键。另外，数据标签的添加还可通过【设计】/【图表布局】组中的"添加图表元素"按钮进行添加，因为数据标签属于图表的一项元素，关于图表元素的设置的具体操作方法将在后面进行详细讲解，这里不再赘述。

8.1.3　图表布局设计

创建图表后，可观察到默认创建的图表位置往往覆盖了表格数据区域，此时无论是图表的完整度和美观度都无法满足需求，因此，就需要对图表进行布局设置，包括调整图表的大小和位置，设置图表元素，对图表进行合理布局等，以达到满意的效果，能够对数据进行直观的分析。

1.　更改图表类型

Excel 中包含了多种不同的图表类型，创建图表后若对当前使用的图表类型不满意或使用了错误的图表类型，可根据需要对其进行更改，而不用重新创建。下面在"美乐家空调销售统计表"工作簿中的"销售额统计"工作表中将簇状柱形图更改为三维簇状柱形图，其具体操作步骤如下。

微课: 更改图表类型

STEP 1　选择更改命令

❶打开"美乐家空调销售统计表"工作簿，在"销售额统计"工作表中将图表调整为最近 5 年的，在图表上单击鼠标右键；❷在弹出的快捷菜单中选择"更改图表类型"命令。

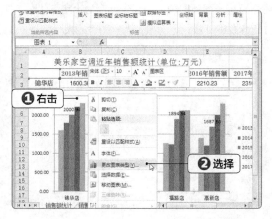

STEP 2　更改为三维簇状柱形图

❶打开"更改图表类型"对话框，选择"柱形图"选项；❷在右侧选择"三维簇状柱形图"选项；❸单击"确定"按钮。

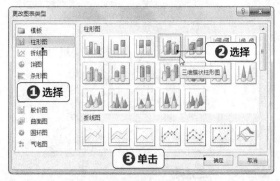

STEP 3　查看三维簇状柱形图图表效果

此时原有图表更改为三维簇状柱形图。

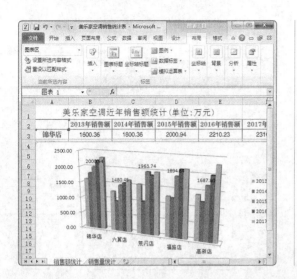

技巧秒杀

除了通过"更改图表类型"命令来更改已创建的图表类型外，也可以先选择图表，然后通过【插入】/【图表】组或单击"更改图标类型"按钮，来快速更改图表的类型。但在更改图表类型时，始终记住一点，那就是首先需要选择图表，然后再进行操作。

2. 调整图表的位置和大小

插入的图表默认浮于工作簿上方，可能会挡住表格数据，使其内容不能完全显示，不利于数据的查看，这时可对图表的位置和大小进行调整，并且可将图表移动到其他工作表中。下面在"美乐家空调销售统计表"工作簿中调整"销售额统计"工作表中图表的大小和位置，然后将"销售额统计"工作表中的图表移到新的工作表中，其具体操作步骤如下。

微课：调整图表位置和大小

PART 02

STEP 1　移动图表

打开"美乐家空调销售统计表"工作簿，将光标移动到"销售额统计"工作表的图表区中，当光标变为十字箭头形状时，按住鼠标左键不放，拖动鼠标移动图表的位置。

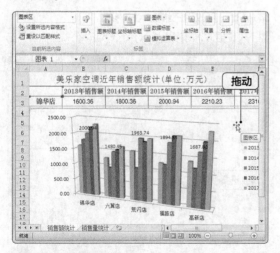

STEP 2　移动效果

将图表拖动到合适的位置后释放鼠标即可完成图表的移动。

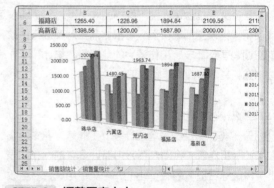

STEP 3　调整图表大小

将光标移至图表四角上，当光标变为十字形状时，按住鼠标左键不放，拖动鼠标调整图表的大小。

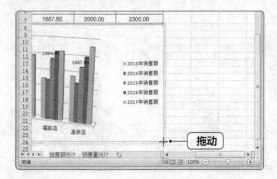

STEP 4 调整大小后的图表效果

将图表调整至合适大小后释放鼠标，完成图表大小的调整并查看其效果。

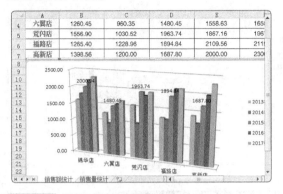

STEP 5 选择"移动图表"命令

❶在图表上单击鼠标右键；❷在弹出的快捷菜单中选择"移动图表"命令。

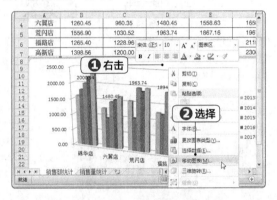

STEP 6 移动图表

❶打开"移动图表"对话框，单击选中"新工作表"单选按钮；❷在右侧的文本框中输入新工作表的标签名称；❸单击"确定"按钮。

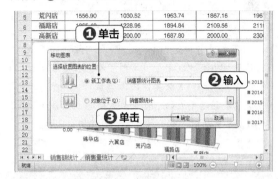

STEP 7 移动到新工作表后的效果

此时图表将移动到新创建的工作表中。

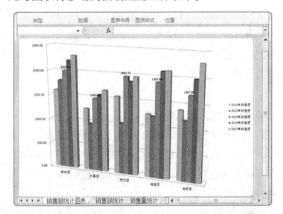

3. 图表快速布局

默认创建的图表是按照一定规则对图表的元素进行分布排列的，如将图表标题放置到图表上方，将图例放置到图表下方。图表的快速布局功能，则是根据图表类型快速对图表元素进行分布排列。下面将对"美乐家空调销售统计表"工作簿的"销售额统计"工作表中的图表进行快速布局，其具体操作步骤如下。

微课：图表快速布局

STEP 1 选择快速布局选项

❶打开"美乐家空调销售统计表"工作簿，在"销售额统计"工作表中重新创建图表，数据区域为 A3：F7，图表类型为"三维簇状柱形图"，在【图表工具 设计】/【图表布局】组中单击"快速布局"按钮；❷在打开的下拉列表中选择"布局 9"选项。

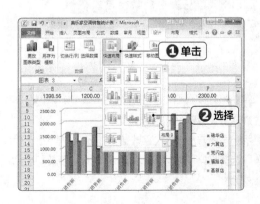

STEP 2　快速布局后的图表效果

此时，将对图表按照"布局9"的布局样式进行快速布局。

操作解谜

图表的"设计"面板

图表进行快速布局时，图表"设计"面板的功能组中有"数据""类型"和"位置"等组别，在其中可完成数据列的编辑操作、更改图表类型以及移动图表的位置等。因此，在对图表进行设置和编辑时，有多种方法可实现相同目的。

4. 设置图表元素

PART 02

创建图表后，图表标题中没有显示具体内容，且每个图表都显示了网格线，此时为了让图表更容易理解，可添加标题的具体内容，同时隐藏网格线。此外，还可对图表中其他元素进行细致的调整，如调整其位置和大小等，以达到快速布局无法实现的效果。下面在"美乐家空调销售统计表"工作簿的"销售额统计"工作表中设置图表元素，其具体操作步骤如下。

微课：设置图表元素

STEP 1　输入图表标题

打开"美乐家空调销售统计表"工作簿，选择"图表标题"文本框，然后双击鼠标，将光标插入文本框中，在其中输入图表标题的具体内容，这里输入"销售额统计"。

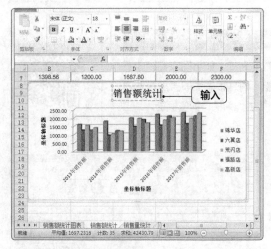

STEP 2　设置坐标轴标题

使用相同的方法，输入竖排坐标轴标题"单位：万元"，然后选择横排"坐标轴标题"文本框，按【Delete】键删除。

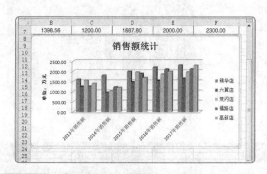

STEP 3　将图例显示在顶部

❶在【图表工具 布局】/【标签】组中单击"图例"按钮；
❷在打开的下拉列表中选择"在顶部显示图例"选项。

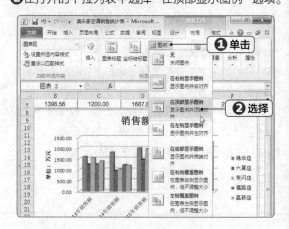

STEP 4 添加模拟运算表

❶选择图表后，在【图表工具 布局】/【标签】组中单击"模拟运算表"按钮；❷在打开的下拉列表中选择"显示模拟运算表"选项。

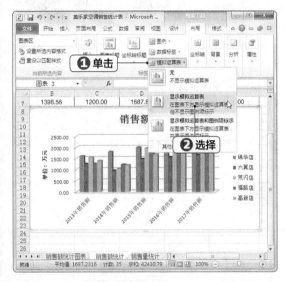

STEP 5 显示数据表的效果

此时，在图表中将显示模拟数据表。

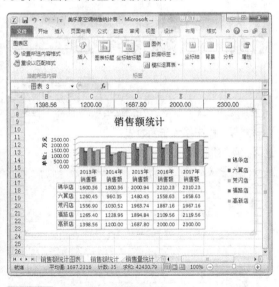

STEP 6 隐藏横坐标轴网格线

❶选择图表后，在【图表工具 布局】/【坐标轴】组中单击"网格线"按钮；❷在打开的下拉列表中选择"主要横网格线"选项；❸在打开的子列表中选择"无"选项。

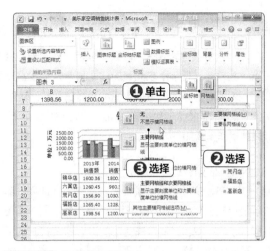

STEP 7 调整绘图区大小

单击绘图区将其选中，然后将光标移到绘图区的下方，当光标变为十字形状时，拖动鼠标调整绘图区大小。

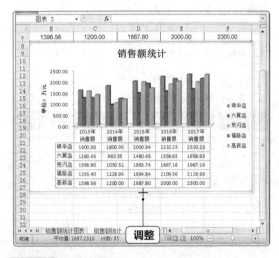

STEP 8 最终效果

完成图表元素的设置后即可查看其效果。

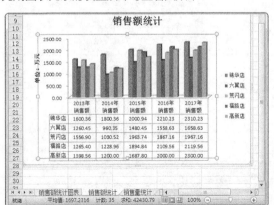

5. 应用图表样式

在表格中创建图表后，可通过预定义样式来设置图表，以便快速完成对图表的样式设置。图表样式是指图表元素的样式集合，与设置图表元素相似，也可通过"设计"功能面板或图表右侧的按钮来实现。下面在"美乐家空调销售统计表"工作簿中为"销售额统计"工作表的图表应用"样式 10"，为"销售量统计"工作表的图表应用"样式 20"，其具体操作步骤如下。

微课：应用图表样式

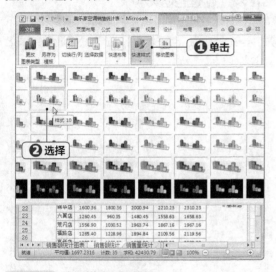

STEP 1　应用样式

❶打开"美乐家空调销售统计表"工作簿，选择"销售额统计"工作表中的图表，在【图表工具 设计】/【图表样式】组中单击"快速样式"按钮；❷在打开的下拉列表中选择"样式 10"选项。

STEP 3　应用样式

❶单击"销售量统计"工作表标签；❷选择图表；❸在【图表工具 设计】/【图表样式】组中单击"快速样式"按钮；❹在打开的下拉列表中选择"样式 20"选项。

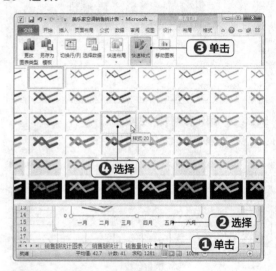

STEP 2　应用样式后的效果

此时，所选图表将应用"样式 10"的样式。

STEP 4　应用样式后的效果

此时，所选图表将应用"样式 20"的样式。

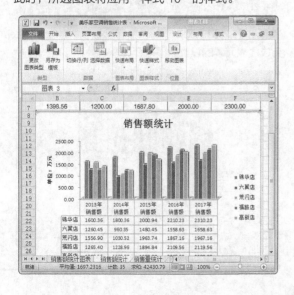

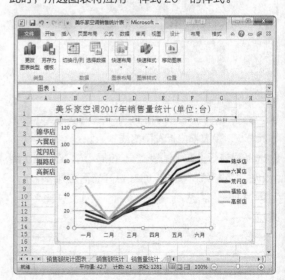

PART 02

6. 在图表中筛选数据

在 Excel 图表中，可以利用筛选功能，筛选数值的系列和名称，实现目的与编辑图表数据系列类似。下面在"美乐家空调销售统计表"工作簿中的"销售量统计"工作表的图表中筛选除"荒闪店""福路店"系列外的数值（也可以说是删除除这两个数值外的其他数值），其具体操作步骤如下。

STEP 1　筛选系列

❶打开"美乐家空调销售统计表"工作簿，单击"销售量统计"工作表标签；❷在【图表工具 布局】/【当前所选内容】组中，在下拉列表框中选择"锦华店"选项；❸按【Delete】键，将该系列数值删除。

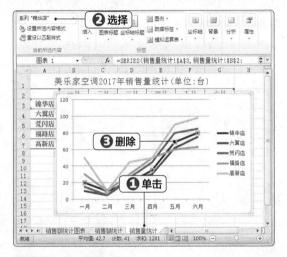

STEP 2　继续筛选系列

使用同样的方法筛选"六翼店"的系列数值。

操作解谜

筛选器选项的含义

筛选器中"系列"对应图表的图例元素；在【图表工具 布局】/【当前所选内容】组中单击"设置所选内容格式"按钮，打开"设置数据系列格式"对话框，可以对图表进行详细设置。

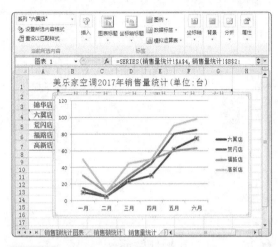

STEP 3　应用样式后的效果

继续筛选"高新店"系列数据，最终效果如下图所示。

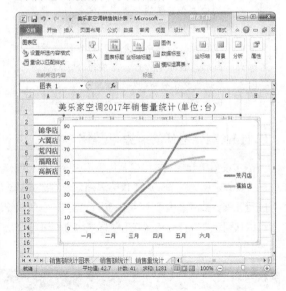

7. 使用趋势线分析数据

趋势线是以图形的方式表示数据系列的变化趋势并对以后的数据进行预测。下面在"美乐家空调销售统计表"工作簿中的"销售量统计"工作表的图表中添加趋势线，对"锦华店"数据销售走向进行分析，其具体操作步骤如下。

STEP 1　执行添加命令

❶打开"美乐家空调销售统计表"工作簿,在"销售量统计"工作表中选择图表,在【图表工具 布局】/【分析】组中单击"趋势线"按钮;❷在打开的下拉列表中选择"指数趋势线"选项。

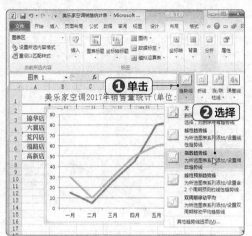

STEP 2　添加趋势线

❶打开"添加趋势线"对话框,在列表框中选择"福路店"选项;❷单击"确定"按钮。

STEP 3　查看趋势线

此时,在图表中可查看添加趋势线的效果,通过该趋势线可分析销售量的大致走向。

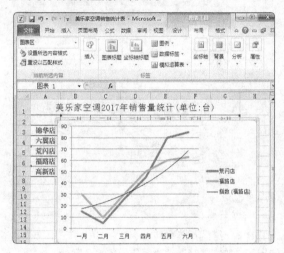

操作解谜
实际中的产品销售趋势分析

　　在本例中添加趋势线分析空调的销售量趋势走向。实际生活中,由于空调的时效性很强,需要考虑季节因素,如冬季和夏季月份空调销售肯定加大。因此,实际分析中,需要结合市场需求等因素,趋势线只是分析的一种手段。

8.1.4　图表格式的设置与美化

　　通过设置单元格格式可以美化表格中的数据,同样,在表格中插入图表后,也可对其进行美化设置,从而制作一张具有吸引力的图表,不仅能清晰地表达出数据的内容,还可以帮助阅读者更好地理解,当然对于已经编辑完成且元素完整的图表则不用刻意进行美化,以免画蛇添足。由于图表主要由文字内容和形状组成,因此美化图表可以从图表文字样式和图表形状样式等方面进行。

1. 设置图表文字样式

　　创建图表,其文字内容是以默认格式显示,用户可对其进行美化,其设置可通过【开始】/【字体】组、【格式】/【艺术字】组或格式窗格中的"文本选项"实现。下面在"美乐家空调销售统计表"工作簿中的"销售量统计图表"工作表的图表中设置图表标题、坐标轴和图例文字内容的格式,其具体操作步骤如下。

微课:设置图表文字样式

STEP 1　设置标题字体

打开"美乐家空调销售统计表"工作簿，单击"销售额统计图表"工作表标签，在其中添加标题，在【开始】/【字体】组中将标题文本设置为"方正粗倩简体、24、红色"，设置后适当调整标题文本框的位置。

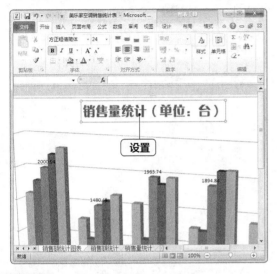

STEP 2　设置坐标轴字体

使用相同的方法，将坐标轴字体设置为"16、红色、加粗"。

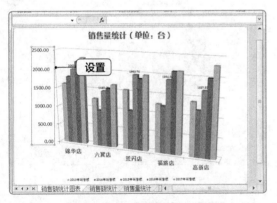

STEP 3　设置数据标签字体样式

❶选择数据标签；❷在【开始】/【字体】组中将字号大小设置为"20"。

操作解谜

字体大小的设置

如果要对文字的字号进行设置，只能通过【开始】/【字体】组来实现。

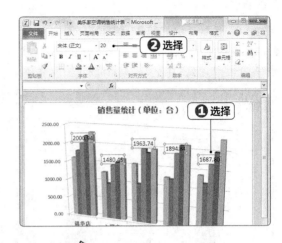

技巧秒杀

【格式】/【艺术字样式】组中的"文本填充"按钮用于设置文本填充颜色；"文本效果"按钮用于设置文本效果，如阴影、发光等。

STEP 4　查看数据标签的字体样式

返回列表区域，查看设置数据标签字体样式后的效果。

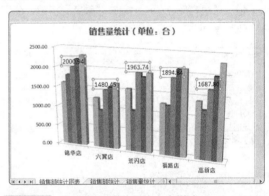

STEP 5　为横坐标轴应用艺术字样式

选择横坐标轴，在【图表工具 格式】/【艺术字样式】组的列表框中选择下图所示的样式。

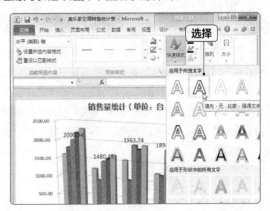

STEP 6 选择"设置图例格式"命令

❶将图例字体大小设置为"18"，单击鼠标右键；❷在弹出的快捷菜单中选择"设置图例格式"命令。

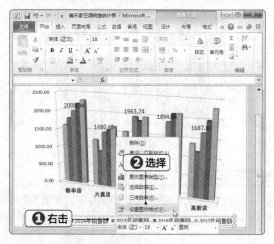

STEP 7 设置图例文本颜色

❶打开"设置图例格式"对话框，单击"填充"选项卡；❷在"填充"栏中单击选中"纯色填充"单选按钮；❸在"填充颜色"栏中单击"颜色"按钮，在打开的列表框中选择"浅绿"选项。

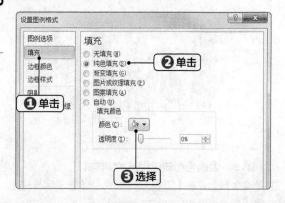

STEP 8 设置坐标轴文本效果

❶单击"边框颜色"选项卡；❷在"边框颜色"栏中单击选中"实线"单选按钮；❸单击"颜色"按钮，在打开的列表框中选择"红色"选项；❹单击"关闭"按钮。

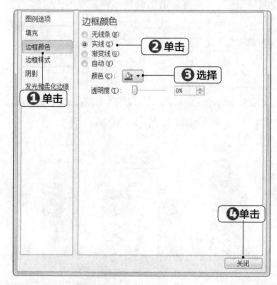

STEP 9 查看效果

完成文字格式设置并查看其效果。

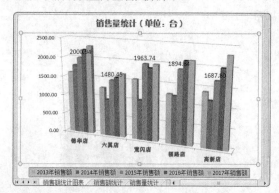

2. 设置图表形状样式

　　在一些公司案例中，我们常常会发现制作好的表格都填充有形状图案，它可以达到吸引客户的目的，同时图案不会喧宾夺主，仍能突出显示表格数据。在实际应用中可分别设置整个图表区、绘图区、图例的形状样式，设置图表的形状样式主要通过【格式】/【形状样式】组或格式窗格的对象选项两种方式来实现。下面在"美乐家空调销售统计表"工作簿中的"销售量统计图表"工作表的图表中设置图表各对象的形状样式，其具体操作步骤如下。

微课：设置图表形状样式

PART 02

STEP 1　为整个图表区填充颜色

❶打开"美乐家空调销售统计表"工作簿，单击"销售额统计图表"工作表标签，选择图表，在【图表工具 格式】/【形状样式】组中单击"形状填充"按钮右侧的下拉按钮；❷在打开的下拉列表中选择"茶色，背景 2"选项。

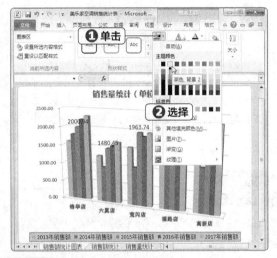

STEP 2　设置图表区棱台效果

❶在【图表工具 格式】/【形状样式】组中单击"形状效果"按钮；❷在打开的下拉列表中选择"棱台"选项；❸在其子列表中选择"角度"选项。

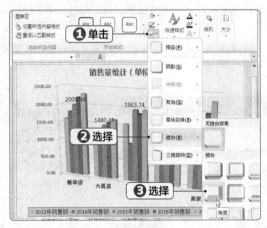

STEP 3　为图例区设置渐变填充

❶选择图例，单击鼠标右键，在弹出的快捷菜单中选择"设置图例格式"命令，打开"设置图例格式"对话框，单击"填充"选项卡；❷在"填充"栏中单击选中"渐变填充"单选按钮；❸单击"预设颜色"按钮；❹在打开的列表框中选择"熊熊火焰"选项；❺单击"关闭"按钮。

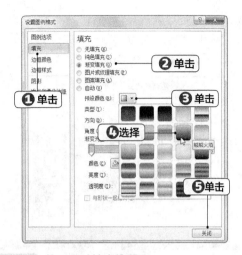

STEP 4　使用图片填充绘图区

❶双击绘图区，打开"设置背景墙格式"对话框，单击选中"图片或纹理填充"单选按钮；❷单击"插入自"栏中的"文件"按钮。

STEP 5　插入图片

❶打开"插入图片"对话框，选择图片的保存位置；❷选择所需图片选项；❸单击"插入"按钮。

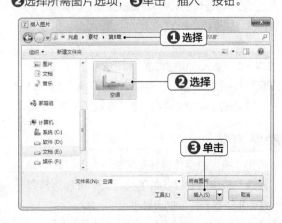

STEP 6 最终效果

返回对话框，单击"关闭"按钮。此时，即可在绘图区中插入图片，完成形状样式的设置。

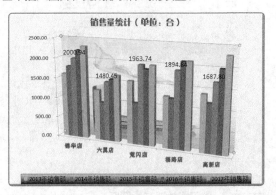

技巧秒杀

在选择填充绘图区或图表的背景图片时，需要注意选择的图片不能影响图表中各元素的查看，应以浅色背景为主。

操作解谜

其他元素的格式设置

在图表元素上单击鼠标右键，在弹出的快捷菜单中选择设置格式命令，或双击图表元素，可打开其对应的格式设置窗格。按照类似的方法，可设置标题、坐标轴、趋势线等元素的形状样式。

8.2 分析"原料采购清单"表格

采购是很多公司或企业必须经历的一个过程。原料采购是指采购生产产品所需要的原材料，为了方便管理，掌握材料的采购情况，通常需要制作专门的原料采购清单，内容包括采购日期、原料名称、采购数量、单价、单位等。

8.2.1 使用数据透视表

数据透视表是一种可以快速汇总数据的交互式报表，是 Excel 中重要的分析性报告工具，在办公中不仅可以汇总、分析、浏览和提供摘要数据，还可以快速合并和比较分析大量的数据。要在 Excel 中创建数据透视表，首先要选择需要创建数据透视表的单元格区域。需要注意的是，创建透视表的表格，数据内容要存在分类，使用数据透视表进行汇总才有意义。

1. 创建数据透视表

要在 Excel 中创建数据透视表，首先要选择需要创建数据透视表的单元格，然后通过"创建数据透视表"对话框完成。下面在"原料采购清单"工作簿中创建数据透视表，其具体操作步骤如下。

微课：创建数据透视表

STEP 1 插入数据透视表

打开"原料采购清单"工作簿，选择任意单元格，在【插入】/【表格】组中，单击"插入数据透视表"按钮。

技巧秒杀

单击"插入数据透视表"按钮下面的"数据透视表"按钮，在打开的下拉列表中可以选择创建数据透视表或数据透视图。

操作解谜

选择数据透视表的数据源

在创建数据透视表时，数据源中的每一列都会成为在数据透视表中使用的字段，字段汇总了数据源中的多行信息。因此，数据源中工作表第一行上的各个列都应有名称，通常每一列的列标题将成为数据透视表中的字段名。

STEP 2　设置表格数据区域

❶打开"创建数据透视表"对话框，单击选中"选择一个表或区域"单选按钮；❷单击"表/区域"文本框右侧的收缩按钮。

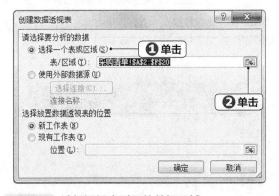

STEP 3　选择透视表引用的数据区域

❶"创建数据透视表"对话框成缩小状态，在表格中选择 A2:F20 单元格区域；❷单击展开按钮。

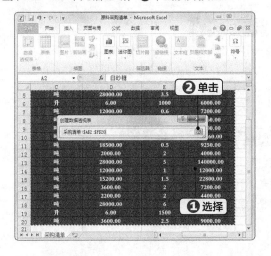

STEP 4　设置透视表的放置位置

❶返回"创建数据透视表"对话框，然后单击选中"现有工作表"单选按钮；❷选择 A21 单元格；❸单击"确定"按钮。

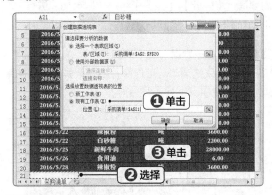

STEP 5　默认创建空白透视表

创建空白的数据透视表，同时在右侧打开"数据透视表字段列表"窗格。

STEP 6　使用透视表分类汇总

在"选择要添加到报表的字段"栏中单击选中"原料名称"和"费用"复选框，添加数据透视表的字段，完成数据透视表的创建，数据透视表按原料名称分类，并进行费用的求和汇总。

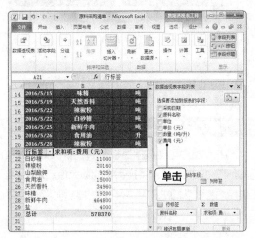

2. 更新数据透视表

更新数据透视表包含更新数据透视表中的数据和更新数据透视表的数据源这两个方面，与更新图表数据不同，在数据表格中更改数据后，数据透视表不会自动调整，此时需要通过【分析】/【数据】组对数据透视表进行更新。下面在"原料采购清单"工作簿中实现数据透视表的更新，其具体操作步骤如下。

微课：更新数据透视表

STEP 1 修改数据

打开"原料采购清单"工作簿，将"新鲜牛肉"的单价由"28000"修改为"30000"。

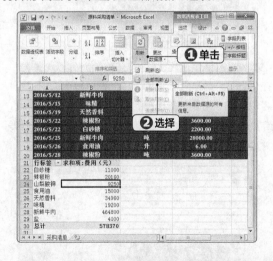

STEP 2 更新数据

❶选择数据透视表中的任意单元格，在【数据透视表工具 选项】/【数据】组中单击"刷新"按钮；❷在打开的下拉列表中选择"全部刷新"选项。

STEP 3 更新引用数据源区域

❶在【数据透视表工具 选项】/【数据】组中单击"更改数据源"按钮，在打开的下拉列表中选择"更改数据源"选项，打开"更改数据透视表数据源"对话框，在"表/区域"文本框中将数据源区域修改为A2:F19；❷单击"确定"按钮。

STEP 4 最终效果

查看更新数据透视表后的效果。

技巧秒杀

关闭"数据透视表字段列表"窗格后要重新打开，可在数据透视表中单击鼠标右键，在弹出的快捷菜单中选择"显示字段列表"命令。

3. 更改汇总方式

当在表格中创建数据透视表后，默认将对数据进行求和汇总，用户也可根据需要进行其他汇总，如计算同类产品中的最大值、最小值或平均值等。下面在"原料采购清单"工作簿中将默认的求和汇总修改为进购同类商品费用的最大值，其具体操作步骤如下。

微课：更改汇总方式

STEP 1　选择"最大值"命令

❶打开"原料采购清单"工作簿，在"求和项"单元格上单击鼠标右键；❷在弹出的快捷菜单中选择"值汇总依据"命令；❸在子菜单中选择"最大值"命令。

STEP 2　最大值汇总

返回工作簿，即可查看到"求和项：费用"文本内容变为"最大值项：费用"文本内容。

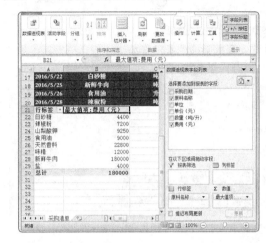

4. 筛选数据

　　生成某个字段数据透视表后，可在该字段分类中筛选需要的数据，除此之外，可自定义条件筛选。下面在"原料采购清单"工作簿中首先按"原料名称"字段筛选查看所需数据，然后自定义条件筛选费用大于 50000 的值，其具体操作步骤如下。

微课：筛选数据

STEP 1　筛选数据

❶打开"原料采购清单"工作簿，单击"行标签"单元格中的下拉按钮，在打开的下拉列表中单击选中"白砂糖""辣椒粉""山梨酸钾"和"食用油"复选框；❷单击"确定"按钮。

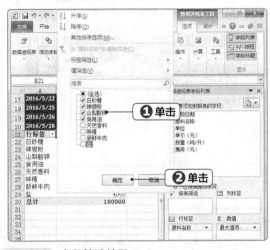

STEP 2　字段筛选结果

此时，在数据透视表中筛选出"白砂糖""辣椒粉""山梨酸钾"和"食用油"的采购费用。

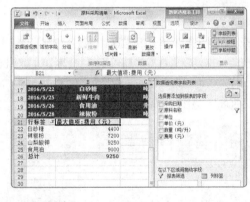

技巧秒杀

将光标移到"数据透视表字段列表"窗格的原料名称选项上，单击右侧显示的下拉按钮，在打开的列表框中同样可执行筛选操作。

STEP 3　自定义条件筛选

❶单击"行标签"的下拉按钮，在打开的下拉列表中选择"值筛选"子列表中的"大于或等于"选项，打开"值筛选（原料名称）"对话框，在文本框中输入"15000"；❷单击"确定"按钮。

操作解谜

数据透视表功能的使用

通过前面几个例子的操作可以发现，数据透视表集合了数据筛选和数据汇总的功能。因此在实际使用数据透视表时，可结合数据筛选和数据汇总的操作实现分析数据的功能，且操作方法基本相同。

STEP 4 筛选值结果

此时，在数据透视表中筛选出采购费用值大于等于"15000"的数据。

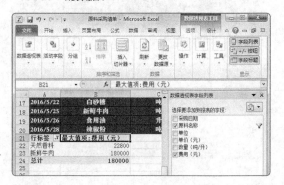

技巧秒杀

在行/列标签或数据透视字段列表区域的字段上单击"筛选"下拉按钮，在打开的下拉列表中选择"标签筛选"子列表中的"清除筛选"选项或"值筛选"子列表中的"清除筛选"选项可清除。

PART 02

5. 套用数据透视表样式

数据透视表与一般的工作表结构类似，也可对其格式进行设置，使数据透视表样式更加美观，一般通过【设计】/【数据透视表样式】组套用数据透视表样式。下面在"原料采购清单"工作簿中应用"数据透视表样式中等深浅 18"样式，其具体操作步骤如下。

微课：套用数据透视表样式

STEP 1 套用样式

打开"原料采购清单"工作簿，在数据透视表中选择任意单元格，在【数据透视表工具 设计】/【数据透视表样式】组的列表框的"中等深浅"栏中选择"数据透视表样式中等深浅 18"选项。

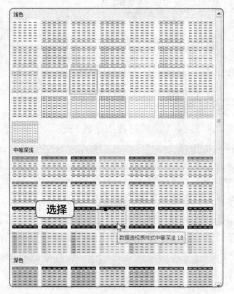

STEP 2 查看套用样式后的效果

此时可查看套用样式后的数据透视表的效果。

技巧秒杀

要取消套用的样式，可在【设计】/【数据透视表样式】组的列表框中选择"清除"选项。

6. 删除数据透视表

当分析完表格数据后，如果不再需要数据透视表，可将其删除。下面将"原料采购清单"工作簿中的数据透视表删除，其具体操作步骤如下。

微课：删除数据透视表

STEP 1　选择整个透视表

❶打开"原料采购清单"工作簿，在数据透视表中选择任意单元格，在【数据透视表工具 选项】/【操作】组中单击"选择"按钮；❷在打开的下拉列表中选择"整个数据透视表"选项。

STEP 2　删除数据透视表

按【Delete】键将数据透视表删除。

技巧秒杀

数据透视表可看成一类特殊的数据表格，其操作大多与普通表格的操作是一样的。

8.2.2　使用数据透视图

数据透视图是以图表的形式表示数据透视表中的数据，提供交互式图形化分析。与数据透视表一样，在数据透视图中也可查看不同级别的明细数据，并且还具有直观地表现数据的优点。数据透视图是一类特殊的图表，具有图表的一切特性，因此其设置和具体操作与设置和编辑图表相似。

1. 创建数据透视图

在使用数据透视图之前，首先需要进行创建，在 Excel 2010 中创建数据透视图主要通过数据透视表来创建。下面在"原料采购清单"工作簿中创建数据透视图，其具体操作步骤如下。

微课：创建数据透视图

STEP 1　插入数据透视图

打开"原料采购清单"工作簿，重新在 A21 单元格中创建数据透视表（行标签为"原料名称"，求和项为"费用"），选择数据透视表中的任意单元格，在【数据透视表工具 选项】/【工具】组中单击"数据透视图"按钮。

操作解谜

通过数据源创建

创建数据透视图也可通过表格数据源创建，但是透视图将以默认的柱形图显示，因此，一般通过透视表创建所需类型图表。

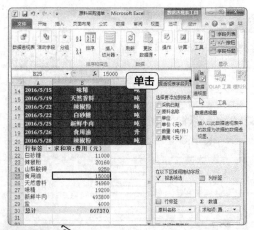

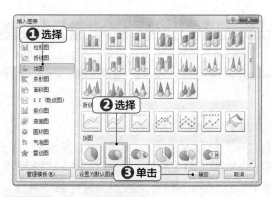

技巧秒杀

通过数据源创建数据透视图，其方法为在【插入】/【图表】组中单击"数据透视图"按钮，然后使用创建数据透视表的方法添加字段完成创建。

STEP 2　插入三维饼图

❶打开"插入图表"对话框，选择"饼图"选项；❷在右侧选择"三维饼图"选项；❸单击"确定"按钮。

STEP 3　三维饼图图表效果

此时将根据数据透视表创建出三维饼图。

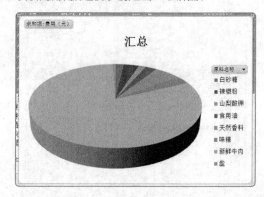

2. 编辑数据透视图

数据透视图是一种特殊形式的图表，因此可对透视图进行与图表相似的编辑操作，如调整图表位置和大小、更改图表类型以及设置图表背景效果等。下面在"原料采购清单"工作簿中编辑数据透视图，其具体操作步骤如下。

微课：编辑数据透视图

STEP 1　显示数据标签

❶打开"原料采购清单"工作簿，选择数据透视图，在【数据透视图工具 布局】/【标签】组中单击"数据标签"按钮；❷在打开的子列表中选择"数据标签外"选项。

STEP 2　设置数据标签格式

❶将数据标签字号设置为"11"，在【数据透视图工具 格式】/【艺术字样式】组中单击"文本轮廓"按钮右侧的下拉按钮；❷在打开的下拉列表中选择"红色，强调文字颜色2"选项。

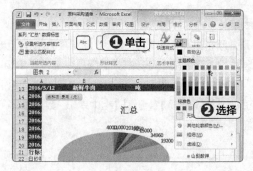

STEP 3 设置图表标题

在标题文本框中输入"原料采购费用图表分析"，并在【开始】/【字体】组中将其字体设置为"方正大标宋简体、16、加粗、红色，着色 2，深色 50%"。

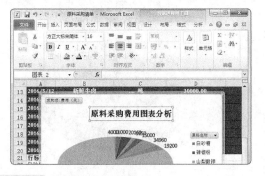

STEP 4 设置图表区格式

❶选择图表，在【数据透视图工具 格式】/【形状样式】组中单击"形状填充"按钮右侧的下拉按钮；❷在打开的下拉列表中选择"水绿色，强调文字颜色 5，淡色 80%"选项。

STEP 5 设置绘图区填充背景

❶选择绘图区，在【数据透视图工具 格式】/【形状样式】组中单击"形状填充"按钮右侧的下拉按钮；❷在打开的下拉列表中选择"白色，背景 1"选项。

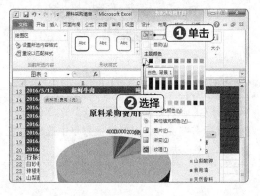

STEP 6 移动数据透视图

❶在数据透视图上单击鼠标右键，在弹出的快捷菜单中选择"移动图表"命令，打开"移动图表"对话框，单击选中"新工作表"单选按钮；❷在其后的文本框中输入工作表标签名称"采购费用图表分析"；❸单击"确定"按钮。

STEP 7 移动后的图表效果

❶将数据透视图移到新建的工作表后，在【数据透视图工具 布局】/【标签】组中单击"图例"按钮；❷在打开的下拉列表中选择"在顶部显示图例"选项。

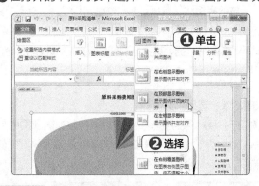

STEP 8 设置图例填充颜色

❶双击图例区，打开"设置图例格式"对话框，单击"填充"选项卡；❷在"填充"栏中单击选中"纯色填充"单选按钮；❸单击"颜色"按钮；❹在打开的列表框中选择"红色，强调文字颜色 2，深色 50%"选项。

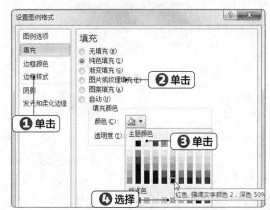

STEP 9　设置图例字体格式

❶选择图例，在【开始】/【字体】组中单击"字体颜色"按钮右侧的下拉按钮；❷在打开的列表框中选择"白色，背景1"选项。

STEP 10　最终效果

完成编辑后，即可查看数据透视图的最终效果。

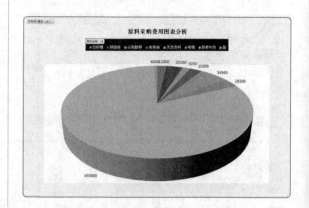

3. 筛选数据

　　与图表相比，数据透视图中多出了几个按钮，这些按钮分别和数据透视表中的字段相对应，被称为字段标题按钮。通过这些按钮可对数据透视图中的数据系列进行筛选，从而观察所需数据，其筛选功能与数据透视表的筛选功能相似。下面在"原料采购清单"工作簿中进行筛选，其具体操作步骤如下。

微课：筛选数据

STEP 1　选择筛选命令

❶打开"原料采购清单"工作簿，在数据透视图中单击"原料名称"按钮；❷在打开的下拉列表中选择"值筛选"选项；❸在打开的子列表中选择"小于"选项。

STEP 2　设置筛选条件

❶打开"值筛选（原料名称）"对话框，在文本框中输入"10000"；❷单击"确定"按钮。

STEP 3　查看筛选结果

返回工作表，可查看筛选后的结果。

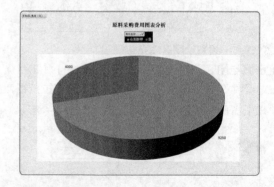

技巧秒杀

　　如果更改了源数据值，则需要在数据透视图上单击鼠标右键，在弹出的快捷菜单中选择"更新数据"命令进行同步更新。

新手加油站 —— 快速分析 Excel 数据的技巧

1. 将图表隐藏

在工作表中，可将创建的图表隐藏，只查看数据源，需要时再将其显示出来。其方法是：打开创建图表的工作簿，选择图表，在【格式】/【排列】组中单击"选择窗格"按钮。打开"选择"窗格，单击"全部隐藏"按钮可将工作簿中的所有图表隐藏；单击"全部显示"按钮可将工作簿中的所有图表显示。

2. 链接图表标题

在图表中除了可手动输入图表标题外，还可将图表标题与工作表单元格中的表格标题内容建立链接，从而提高图表的可读性。实现图表标题链接的操作方法是：在图表中选择需要链接的标题，然后在编辑栏中输入"="，继续输入要引用的单元格或单击选择要引用的单元格，按【Enter】键完成图表标题的链接。当表格中链接单元格的内容发生改变，图表中的链接标题也将随之发生改变。

3. 将图表以图片格式应用到其他文档中

Excel 制作的图表可应用于企业工作的各个方面，如将图表复制到 Word 或 PPT 文件中，但如果直接在 Excel 中复制图表，然后将其粘贴到其他文件中后，图表的外观可能会发生变化，此时可通过将图表复制为图片的方法来实现这一操作，其具体操作步骤如下。

❶ 选择图表，选择【开始】/【粘贴板】组，单击"复制"按钮，在打开的下拉列表中选择"复制为图片"选项。

❷ 打开"复制图片"对话框，在该对话框中提供了图片外观和格式的设置，如单击选中"如屏幕所示"单选按钮可将图表复制为当前屏幕中显示的大小；单击选中"如打印效果"单选按钮可将图表复制为打印的效果；单击选中"位图"单选按钮可将图片复制为位图，当放大或缩小图片时始终保持图片的比例。

❸ 选择图片需要的格式后，单击"确定"按钮确认复制。

❹ 切换到需要的文档中按【Ctrl+V】组合键将图表以图片的形式粘贴到文档中。

4. 更改坐标轴的边界和单位值

在创建的图表中，坐标轴的值边界与单位是根据数据源进行默认设置，根据实际需要，可自定义坐标轴的边界和单位值，如缩小或增大数值，其具体操作步骤如下。

❶ 双击图例区，打开"设置坐标轴格式"对话框，单击"坐标轴选项"选项卡。

❷ 在"坐标轴选项"栏中设置最小与最大值。

❸ 在"坐标轴选项"栏中设置主要刻度单位和次要刻度单位。

5. 将图表保存为模板

在 Excel 中，用户可以将制作好的图表保存为模板，方便以后使用，其具体操作步骤如下。

❶ 选择已设置好的图表，在【图表工具 - 设计】【类型】组中单击"另存为模板"按钮 📊。

❷ 打开"保存图表模板"对话框，保存路径默认为（E:\Users\d\AppData\Roaming\Microsoft\Templates\Charts），保存类型默认为".crtx"。

❸ 在"文件名"文本框中输入文件名，单击"保存"按钮保存图表模板文件。

❹ 要使用图表模板时，打开"插入图表"对话框。

❺ 选择"模板"选项，右侧将显示保存的图片模板选项，选择后单击"确定"按钮插入模板图片。

PowerPoint 应用

第 3 部分

第 9 章

创建并编辑演示文稿

/ 本章导读

随着办公自动化的普及和推广，作为 Office 办公软件常用组件之一的 PowerPoint 在办公领域中发挥的作用日趋重要。用户需要制作解说、展示、培训类文档时，都需要 PowerPoint 的协助。本章将主要介绍创建并编辑演示文稿的一般操作，如创建演示文稿、输入文本、设置主题和母版等。

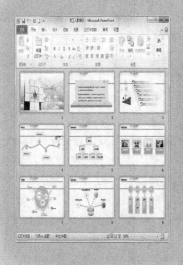
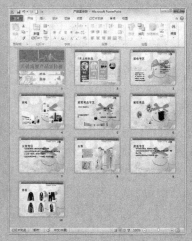

9.1 创建"员工入职培训"演示文稿

　　新员工入职后为了让其快速融入公司，熟悉工作流程，通常需要对其进行培训。一般来说，新员工入职流程主要分为 6 大步骤：①入职准备；②入职报到；③入职手续；④入职培训；⑤转正评估；⑥入职结束。对于用人单位来说，员工在完善入职手续后，主要工作就是对新员工进行岗前培训，让新员工尽快地融入到公司这个大家庭，为公司的发展做出自己的贡献。

9.1.1 演示文稿的基本操作

　　PowerPoint 2010 提供了多种创建演示文稿的方法，用户可以直接创建空白的演示文稿，也可以利用模板和主题等创建演示文稿。

1. 创建空白演示文稿

　　启动 PowerPoint 2010 和在已有演示文稿的基础上通过命令均可创建空白演示文稿，其具体操作方法分别介绍如下。

● **直接创建空白演示文稿：** 启动 PowerPoint 2010，在打开的工作界面中的快速访问工具栏中单击"新建"按钮，系统将快速创建一个新的空白演示文稿。

● **使用命令创建：** 在已经打开的演示文稿中，选择【文件】/【新建】命令，在右侧的列表框中选择"空白演示文稿"选项，系统将快速创建一个新的空白演示文稿。

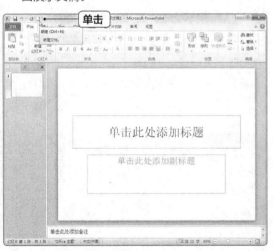

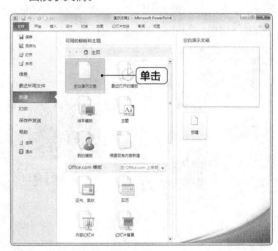

2. 根据模板创建演示文稿

　　PowerPoint 2010 提供了不同版式和风格的演示文稿模板。对于初学者来说，灵活地使用模板制作演示文稿可以极大地提高工作效率。根据模板创建演示文稿后，只需对演示文稿中的内容进行修改，即可快速地制作出效果良好的演示文稿。下面根据"员工培训"模板创建演示文稿，其具体操作步骤如下。

微课：根据模板创建演示文稿

STEP 1　搜索联机模板和主题

启动 PowerPoint 2010，选择【文件】/【新建】菜单命令，在打开的工作界面中的"Office.com 模板"文本框中输入"员工培训"，按【Enter】键进行搜索。

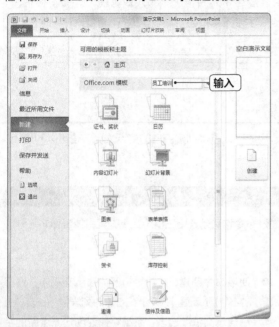

STEP 2　选择"员工培训"模板

❶稍等片刻，即可搜索出结果，选择"新员工培训演示文稿"模板；❷单击"下载"按钮。

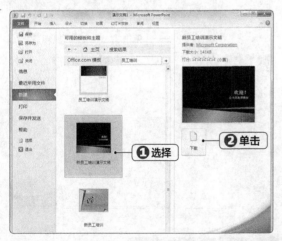

STEP 3　下载模板并创建演示文稿

此时，PowerPoint 2010 将开始下载模板，下载完成后将打开以该模板为基础创建的演示文稿。

操作解谜

快速查看模板信息

启动 PowerPoint 2010，选择【文件】/【新建】命令，在右侧的列表框中有默认的模板对应的文件夹，单击所需的模板文件夹，在打开的面板中可查看该模板的各种样式和主题。

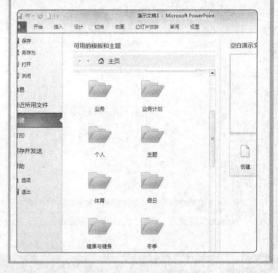

3. 保存演示文稿

演示文稿制作完成后，需要将其及时保存在计算机中，以避免出现幻灯片内容遗失的情况。一般来说，根据演示文稿的状态不同，用户可以选择不同的保存方式。

● **直接保存演示文稿：** 对一个新的演示文稿进行保存操作时，可以使用直接保存的方法，选择【文件】/【保存】命令或单击快速访问工具栏上的"保存"按钮进行保存。当第一次对演示文稿进行保存时，将打开"另存为"对话框，在其中可设置演示文稿的保存位置和文件名。如选择【文件】/【保存】命令，在打开的"另存为"对话框中对保存位置、文件名称等进行设置，然后单击"保存"按钮即可保存演示文稿。

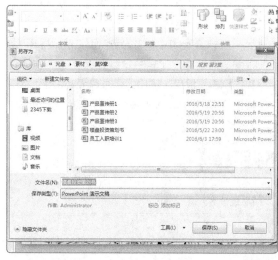

技巧秒杀

若不是第一次保存演示文稿，则单击"保存"按钮不会再次打开"另存为"对话框，只在上次保存的演示文稿的基础上保存所做的修改。

● **另存为演示文稿：** 若是在原有演示文稿的基础上对内容进行了更改，想在保存更改后的内容的同时，又保存原有演示文稿中的内容，可通过"另存为"命令将演示文稿保存在计算机中的其他位置或保存为新名称。其方法是：在打开的PowerPoint 2010 界面中选择【文件】/【另存为】命令，在打开的"另存为"对话框中重新对保存位置、文件名等进行设置，然后单击"保存"按钮即可。

● **自动保存演示文稿：** 在制作演示文稿时，若是出现断电、计算机运行重启、死机等突发事件，则很可能对演示文稿的内容造成损失，此时用户可将演示文稿设置为定时自动保存。其方法是：选择【文件】/【选项】命令，打开"PowerPoint 选项"对话框，单击"保存"选项卡，在"保存演示文稿"栏中单击选中"保存自动恢复信息时间间隔"复选框，在其后的数值框中设置时间间隔的分钟数，单击"确定"按钮应用设置即可。

● **保存到 OneDrive：** 将演示文稿保存到 OneDrive后，用户可以自由地访问和查看所保存的演示文稿。通过 SkyDrive 保存演示文稿，需要使用Microsoft 账户。打开需要保存的演示文稿，选择【文件】/【保存并发送】命令，在右侧的列表框的"保存并发送"栏中，选择"保存到 Web"选项，在右侧的列表框中单击"登录"按钮，在打开的"登录"界面的文本框中输入 Microsoft

邮箱地址，在打开页面中的"密码"文本框中输
入账户密码，然后单击"确定"按钮。登录成功
后，在右侧的列表中单击"另存为"按钮，打开"另
存为"对话框，在其中设置要保存的文件的名
称，单击"保存"按钮，此时 PowerPoint 将开
始上传文档到 OneDrive，并完成演示文稿的保
存操作。

技巧秒杀

可以直接在计算机中安装OneDrive的客户端，直
接通过该客户端来保存Office文件。

4. 打开演示文稿

当需要对现有的演示文稿进行编辑和查看时，就需先将其打开。打开演示文稿的方式有多种，最常用的方法
是直接双击需打开的演示文稿图标。除此之外，还可通过以下 3 种方法来打开演示文稿。

● **打开最近使用的演示文稿：** PowerPoint 2010 提
供了记录最近打开演示文稿保存路径的功能，如果
想打开最近使用过的演示文稿，可选择【文件】/
【最近使用文件】命令，在打开的页面中的"最
近使用的演示文稿"栏中将显示最近使用的演示
文稿名称和保存路径，选择相应的演示文稿即可
将其打开。

● **打开一般演示文稿：** 打开一般演示文稿的方式使用
频率较高，方法是：启动 PowerPoint 2010，选
择【文件】/【打开】命令，打开"打开"对话
框，在其中选择演示文稿，单击"打开"按钮
即可。

操作解谜

快速打开最近使用的演示文稿

选择【文件】/【最近使用文件】命令，在打开的页面中的"最近的位置"栏中可快速选择最近使用的文件夹，在打开的对话框中选择最近使用的演示文稿即可将其打开。

- **打开 OneDrive 中的演示文稿：** 打开 OneDrive 中的演示文稿是指打开保存到 Web 中的演示文稿。若需打开 OneDrive 中的演示文稿，首先需将演示文稿保存在 OneDrive 中。其打开方法为：启动 PowerPoint 2010，双击"OneDrive"选项并登录到 Microsoft 账户。选择【文件】/【最近所用文件】命令，在打开的页面中的"最近使用的演示文稿"栏中选择保存到 OneDrive 的文档，重新登录后，即可打开。

操作解谜

"打开"对话框中的其他打开方式

在"打开"对话框中单击"打开"按钮右侧的下拉按钮，在打开的下拉列表中还提供了更多打开选项供用户进行选择。

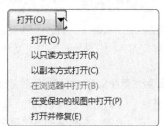

- **以只读方式打开演示文稿：** 以只读方式打开演示文稿只能进行浏览，若是更改了演示文稿中的内容，则无法在源文档的基础上执行保存操作。其打开方法是：选择【文件】/【打开】命令，单击"打开"按钮右侧的下拉按钮，在打开的下拉列表中选择"以只读方式打开"选项。此时，打开的演示文稿标题栏中将显示"只读"字样。

- **以副本方式打开演示文稿：** 以副本方式打开演示文稿是指将演示文稿以副本形式打开，对副本进行编辑时不会影响原演示文稿的内容。其打开方法是：在"打开"对话框中选择需打开的演示文稿，单击"打开"按钮右侧的下拉按钮，在打开的下拉列表中选择"以副本方式打开"选项，在打开的演示文稿"标题"栏中将显示"副本"字样。

- **在受保护的视图中打开：** 在受保护的视图中打开演示文稿，PowerPoint 2010 会默认隐藏功能区，若需启用编辑功能，则需单击"启用编辑"按钮。其打开方法是：选择【文件】/【打开】命令，单击"打开"按钮右侧的下拉按钮，在打开的下拉列表中选择"在受保护的视图中打开"选项。此时，打开的演示文稿标题栏中将显示"受保护的视图"字样。

9.1.2 幻灯片的基本操作

演示文稿中一般包含多张幻灯片，用户在编辑幻灯片的过程中，经常会根据需要添加或删除内容，从而导致幻灯片的数量或顺序不符合需要的情况出现，此时就需要对幻灯片进行新建、选择、删除和移动等操作，以优化演示文稿结构。

1. 新建幻灯片

新建的空白演示文稿中，默认只有一张幻灯片，远远无法满足制作演示文稿的需要，此时就需要新建和添加幻灯片。新建幻灯片的方法比较多，下面具体对其进行介绍。

● **通过选择版式新建幻灯片：**在打开的演示文稿中，选择【开始】/【幻灯片】组，单击"新建幻灯片"按钮下的下拉按钮，在打开的下拉列表中选择新建幻灯片的版式，此时，新建的幻灯片将包含预定义的版式效果。

建一个与上一张幻灯片相同版式的幻灯片。

● **通过快捷菜单新建幻灯片：**在打开的演示文稿中，在"幻灯片"窗格空白处单击鼠标右键，在弹出的快捷菜单中选择"新建幻灯片"命令，可以新

● **通过快捷键新建幻灯片：**启动 PowerPoint 2010，在"幻灯片"窗格中选择一张幻灯片，按【Enter】键，可以新建一个与上一张幻灯片相同版式的幻灯片。

2. 选择幻灯片

选择幻灯片是操作幻灯片的前提，在 PowerPoint 2010 中，可以通过"幻灯片"窗格和"幻灯片浏览"视图来选择幻灯片，其选择方法相同。根据需要，用户可以选择单张幻灯片，也可以选择多张或全部幻灯片，下面进行具体介绍。

● **选择单张幻灯片:** 在"幻灯片"窗格或"幻灯片浏览"视图中,单击某张幻灯片的缩略图,可选择单张幻灯片。

● **选择多张连续的幻灯片:** 在"幻灯片"窗格或"幻灯片浏览"视图中,单击要选择的第 1 张幻灯片,同时按住【Shift】键不放,再单击需选择的最后一张幻灯片,释放【Shift】键,可同时选择两张幻灯片中间连续的所有幻灯片。

● **选择多张不连续的幻灯片:** 在"幻灯片"窗格或"幻灯片浏览"视图中,单击要选择的第 1 张幻灯片,同时按住【Ctrl】键不放,再依次单击需选择的幻灯片,释放【Ctrl】键,可选择单击的所有幻灯片。

> **技巧秒杀**
>
> 选择单张幻灯片后,在"幻灯片"窗格和"幻灯片浏览"视图中按【Shift+↑(或↓)】组合键,可以选择连续的多张幻灯片。

● **选择全部幻灯片:** 选择【开始】/【编辑】组,单击"选择"按钮,在打开的下拉列表中选择"全选"选项可选择全部幻灯片。

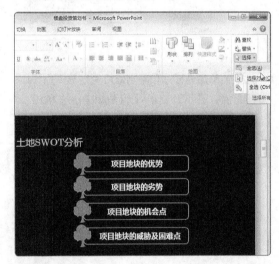

> **技巧秒杀**
>
> 按【Ctrl+A】组合键,可以选择所有幻灯片。

3. 移动和复制幻灯片

在制作演示文稿的过程中,当幻灯片顺序不正确或不符合逻辑时,可通过移动操作将其移动到正确的位置上。若需制作的幻灯片与某张幻灯片版式非常相似,可通过复制功能对其进行复制,以节约制作演示文稿的时间。下面就对移动和复制幻灯片的方法进行介绍。

● **通过鼠标移动和复制幻灯片：** 选择需移动的幻灯片，按住鼠标左键不放将其拖动到目标位置，即可完成幻灯片的移动操作；选择幻灯片，将幻灯片拖动到目标位置，然后按住【Ctrl】键，此时光标旁将出现黑色的加号，释放鼠标和按键即可完成幻灯片的复制操作。

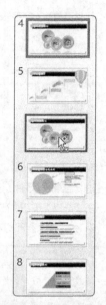

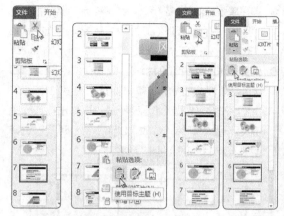

● **通过命令移动和复制幻灯片：** 在幻灯片上单击鼠标右键，在弹出的快捷菜单中选择"剪切"或"复制"命令，将光标定位到目标位置，单击鼠标右键，在弹出的快捷菜单中选择"粘贴选项"命令中的所需命令，也可完成移动或复制幻灯片的操作，如图所示为复制幻灯片的操作方法。

● **通过菜单命令移动和复制幻灯片：** 选择需移动的幻灯片，在【开始】/【剪贴板】组中单击"剪切"按钮，定位到目标位置后再单击"粘贴"按钮，在打开的下拉列表中选择相应的选项即可移动幻灯片。选择需复制的幻灯片，在【开始】/【剪贴板】组中单击"复制"按钮，定位到目标位置后再单击"粘贴"按钮，在打开的下拉列表中选择相应选项即可复制幻灯片。

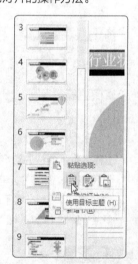

9.1.3 输入与编辑文本

　　输入文本是制作幻灯片最基本的操作，输入文本的方法很多，使用占位符和文本框输入文本是最常用的方法，此外，还可在"大纲"视图和形状中输入文本。虽然输入场所不一样，但其方法基本相同。

1. 输入文本

　　占位符是幻灯片中常见的对象，在占位符中输入文本可以快速添加标题、副标题等。下面将对占位符的含义和在占位符中输入文本的具体方法进行介绍。

● **在占位符中输入文本：** 在占位符中预设了文本的属性和样式，用户在相应的占位符中输入文本后，文本将自动应用预设样式。不管是标题幻灯片还是内容幻灯片，在占位符中输入文本的方法都相同。其方法是：选择占位符后，将光标定位到占位符中，切换到熟悉的输入法，直接输入所需的文本即可。

● **通过文本框输入文本：** 使用文本框可以实现在幻灯片任意位置添加文本信息。选择【插入】/【文本】组，单击"文本框"按钮，在打开的下拉列表中选择"横排文本框"或"垂直文本框"选项，移动鼠标指针到幻灯片的编辑窗口，此时光标变为↓或→形状，在幻灯片页面中按住鼠标左键并进行拖动，当绘制出合适大小的矩形框后，释放鼠标即可完成文本框的插入操作。插入文本框后，将光标定位到文本框中，切换到熟悉的输入法，直接输入所需的文本，在文本框中输入的文本显示为默认格式。

技巧秒杀

当光标变为↓或→形状时，在幻灯片空白处单击鼠标可快速绘制文本框，会根据输入文本的多少自动调整文本框的大小。

● **在"大纲"视图中输入文本：** 除了在占位符和文本框中输入文本外，还可在"大纲"视图中输入文本。在"大纲"视图中输入文本的优势是可以很方便地观察到幻灯片的整体效果，并能快速观察到演示文稿中前后的文本内容是否连贯。将光标定位到"大纲"窗格中，直接输入文本即可。按【Enter】键可以换行，按【Tab】键可为该行文本降级。

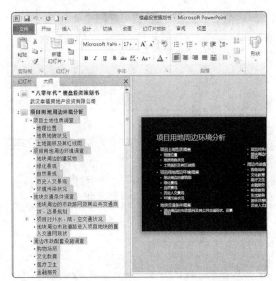

2. 编辑文本

在多媒体演示文稿中输入文本内容后，如发现输入的内容有错误或遗漏，则需要对文本内容进行编辑。编辑文本主要包括选择、修改、删除、移动、复制、查找和替换文本等，下面分别介绍其具体操作方法。

● **选择文本：** 在编辑文本之前首先要选择文本。其方法是：将光标定位到要选择的文本左侧，此时光标变为 I 形状，按住鼠标左键不放拖动鼠标到要选择的文本结束位置释放鼠标即可选择文本，被选择的文本将呈蓝底显示。

● **修改文本：** 对文本进行修改时，可以先删除错误文本，再输入正确文本，也可以选择错误文本，直接输入正确文本将其替换。

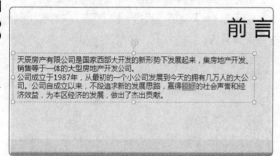

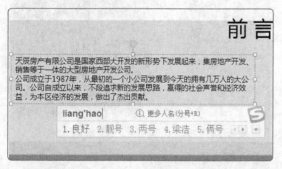

● **复制文本：** 在制作幻灯片时，当需要输入相同的文本内容时，可以采用复制的方法。若要改变部分文本的位置，可以采用移动文本的方法。移动和复制文本的方法与移动和复制幻灯片的方法基本一样。

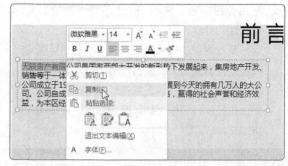

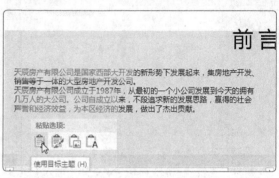

● **删除文本：** 如果发现幻灯片中的文本不正确或不需要，即可在选择文本后将其删除或对其进行修改。删除文本的方法很简单，只需选择文本，按【Backspace】键或【Delete】键即可删除所选择的文本。

● **查找文本：** 选择【开始】/【编辑】组，单击"查找"按钮，打开"查找"对话框，在"查找内容"文本框中输入"公司"文本，单击"查找下一个"按钮即可开始查找幻灯片中的"公司"文本。

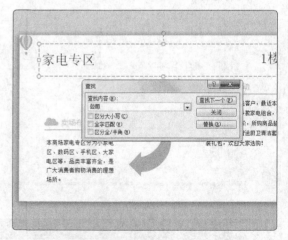

● **替换文本：** 选择【开始】/【编辑】组，单击"替换"按钮，打开"替换"对话框，在"查找内容"文本框中输入"公司"文本，在"替换为"文本

框中输入"企业"文本，单击"查找下一个"按钮将找到幻灯片中的"公司"文本，单击"替换"按钮即可替换文本。

3. 美化文本

在演示文稿中输入文本内容后，其文本格式均为默认格式，不仅不够美观，而且经常无法与幻灯片的风格和谐搭配起来，此时就需要对文本格式进行美化。在 PowerPoint 2010 中美化文本主要包括设置文本格式、设置段落格式和设置项目符号等。下面在"员工入职培训"演示文稿中对文本进行美化，其具体操作步骤如下。

微课：美化文本

STEP 1 设置文本字体字号

❶打开"员工入职培训"演示文稿，在第 1 张幻灯片中选择标题文本框；❷在【开始】/【字体】组的"字体"下拉列表中选择"方正准圆简体"选项；❸在"字号"下拉列表中选择"48"选项。

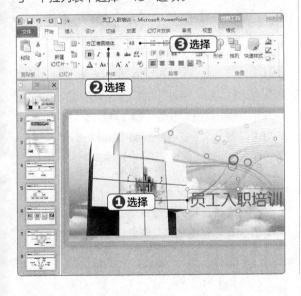

STEP 2 设置文本颜色

❶保持选择状态，单击"字体颜色"按钮右侧的下拉按钮；❷在打开的下拉列表中的"标准色"栏中选择"浅蓝"选项。

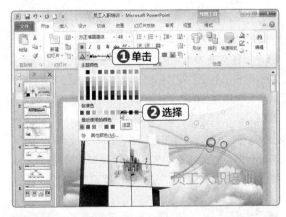

STEP 3 设置下划线和阴影效果

❶选择标题幻灯片中的文本；❷单击"下划线"按钮，为标题文本设置下划线效果；❸单击"阴影"按钮，为标题文本设置阴影效果。

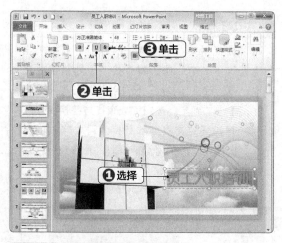

STEP 4　设置加粗和倾斜效果

❶选择第 2 张幻灯片；❷选择"前言"文本；❸单击
"加粗"按钮；❹单击"倾斜"按钮；❺单击"字体
颜色"按钮右侧的下拉按钮；❻在打开的下拉列表的
"标准色"栏中选择"浅蓝"选项。

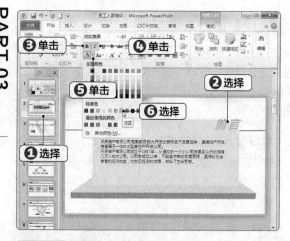

STEP 5　设置行距和间距

❶选择正文文本框中的文本，在【开始】/【段落】
组中单击"行距"按钮，在打开的下拉列表中选择
"行距选项"选项，打开"段落"对话框，单击"缩
进和间距"选项卡，在"间距"栏的"段前"和"段
后"数值框中输入"10 磅"和"4 磅"；❷在"行距"
下拉列表中选择"固定值"选项；❸在"设置值"数
值框中输入"30 磅"；❹单击"确定"按钮。

> **技巧秒杀**
>
> 选择正文文本框，单击鼠标右键，在弹出的快
> 捷菜单中选择"段落"命令也可以打开"段
> 落"对话框。

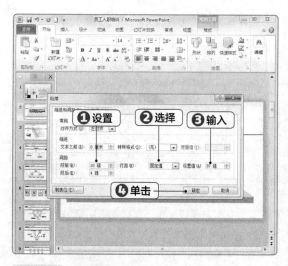

STEP 6　查看效果

返回幻灯片编辑区，即可查看设置缩进和行距后的
效果。

STEP 7　设置文本缩进

❶选择第 2 张幻灯片中的正文文本框，打开"段
落"对话框，在"缩进"栏的"特殊格式"下拉列表
中选择"首行缩进"选项；❷在其后的"度量值"数
值框中单击上、下按钮调整数值为"1 厘米"；❸单
击"确定"按钮，调整文本框的位置。

> **技巧秒杀**
>
> 除了设置特殊格式的缩进效果之外，用户还可
> 以直接在"文本之前"数值框中输入数值，对
> 所选文本的整体进行缩进。

PART 03

闭"按钮关闭"设置形状效果格式"对话框，返回幻灯片编辑区域查看设置文本对齐方式后的效果。

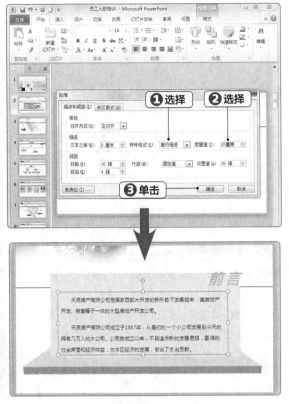

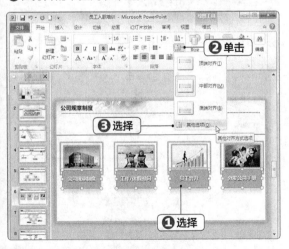

STEP 8　设置文本横向对齐方式

❶在第 6 张幻灯片中选择图片下方的所有文本框；
❷在【开始】/【段落】组中单击"对齐文本"按钮；
❸在打开的下拉列表中选择"其他选项"选项。

STEP 10　选择项目符号

❶选择第 2 张幻灯片中的正文文本框，选择【开始】/
【段落】组，单击"项目符号"按钮右侧的下拉按钮，
在打开的下拉列表中选择"项目符号和编号"选项，
打开"项目符号和编号"对话框，单击"自定义"按
钮；❷在打开的"符号"对话框中的"子集"下拉列
表中选择"几何图形符"选项；❸选择"靶心"图形；
❹单击"确定"按钮。

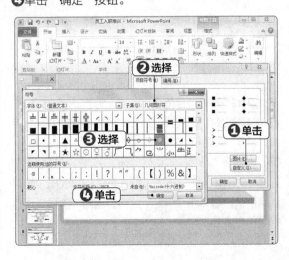

STEP 9　设置文本纵向对齐方式

❶打开"设置文本效果格式"对话框，默认选择"文
本框"选项卡，在"文字板式"栏的"垂直对齐方式"
下拉列表中选择"顶端对齐"选项；❷在"自动调整"
栏中单击选中"不自动调整"单选按钮；❸单击"关

STEP 11　自定义项目符号的大小和颜色

❶返回"项目符号和编号"对话框，在"大小"数值框中输入"200"；❷单击"颜色"按钮；❸在打开的下拉列表中选择"绿色"选项；❹单击"确定"按钮，返回幻灯片编辑区域查看为文本设置项目符号后的效果。

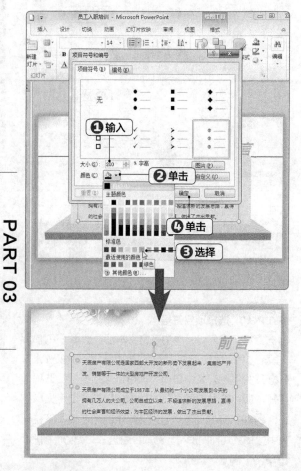

技巧秒杀

为文本设置项目符号后，原本设置的首行缩进将会被取消。

STEP 12　选择项目符号

❶在第 7 张幻灯片中同时选择所有的内容占位符，打开"项目符号和编号"对话框，单击"自定义"按钮，打开"符号"对话框，在"字体"下拉列表中选择"Wingdings"选项；❷在其下的列表框中选择水滴形状；❸单击"确定"按钮，返回"项目符号和编号"对话框。

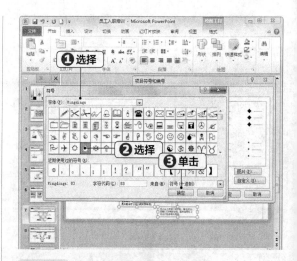

STEP 13　自定义项目符号大小和颜色

❶直接在"大小"数值框中输入"150"；❷单击"颜色"按钮，在打开的下拉列表中选择"蓝色"选项，设置符号颜色为蓝色；❸单击"确定"按钮，返回幻灯片编辑区域查看为文本设置项目符号后的效果。

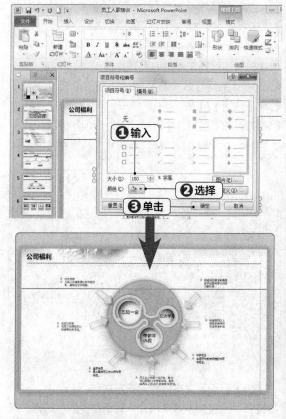

STEP 14　选择文本

在第 9 张幻灯片中选择内容占位符中的标题文本，打开"项目符号和编号"对话框，单击"图片"按钮。

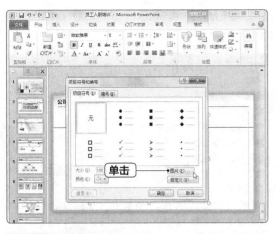

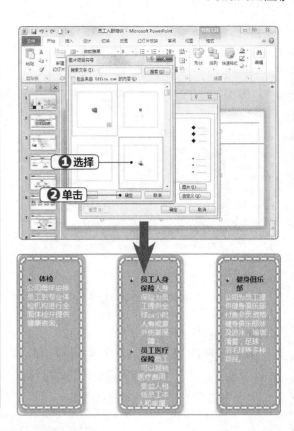

STEP 15　设置图形项目符号

❶打开"图片项目符号"对话框，在下面的列表框中选择第 4 种图片样式；❷单击"确定"按钮，返回幻灯片编辑区域查看为文本设置项目符号后的效果。

技巧秒杀

单击选中"包含来自Office.com的内容"复选框，可以从网上下载更多的图片。

9.2　快速设置"产品宣传册"演示文稿

　　产品宣传册是公司对外宣传自身品牌产品的一种手段，旨在将公司的简介、公司的产品、公司的优势特点等介绍给客户。一个优秀的产品宣传册应当设计合理、美观，不仅要在内容上具有可读性，同时也要能实现美化产品的目的，这样才能有效地将产品展示给客户。

9.2.1　设置并修改演示文稿主题

　　PowerPoint 2010 提供了多种演示文稿主题样式，用户可以直接在演示文稿中选择自己需要的主题样式，还可在演示文稿中对主题样式的各种元素，如主体的颜色、主体的字体等进行修改和设置，创建新的演示文稿主题样式。

1．快速应用主题

　　PowerPoint 2010 中内置了多种主题样式，用户可以根据需要选择主题应用于当前演示文稿中。为演示文稿应用主题后，如果觉得该主题不能更好地突出幻灯片中的内容，可对主题的颜色、字体进行更改，使其更符合当前演示文稿。下面在"产品宣传册"演示文稿中应用主题，其具体操作步骤如下。

微课：快速应用主题

PART 03

STEP 1　选择主题

打开"产品宣传册"演示文稿，在【设计】/【主题】组的列表框中单击"其他"按钮。

STEP 2　选择主题样式

在打开的列表框的"内置"栏中，选择"都市"选项。

STEP 3　设置主题颜色和字体

❶在【主题】组中单击"颜色"按钮；❷在打开的下拉列表的"内置"栏中选择"暗香扑面"选项；❸单击"字体"按钮；❹在打开的下拉列表中选择"沉稳"

选项。返回幻灯片编辑区域，查看为幻灯片设置主题颜色后的效果。

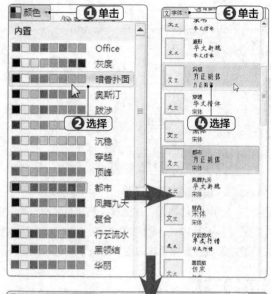

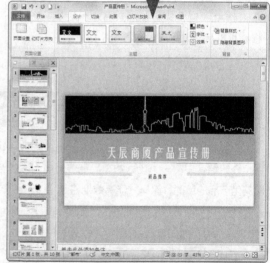

技巧秒杀

如果演示文稿应用了主题，则默认的项目符号样式会根据主题的变化而变化。

2. 设置自定义主题

为当前演示文稿应用主题后，如果觉得应用的主题不符合幻灯片的内容，可自定义主题，使其更符合演示文稿的内容。下面在"产品宣传册"演示文稿中设置自定义主题，其具体操作步骤如下。

微课：设置自定义主题

STEP 1　选择"新建主题颜色"选项

❶打开"产品宣传册"演示文稿，在【设计】/【主题】组中单击"颜色"按钮；❷在打开的下拉列表中选择"新建主题颜色"选项。

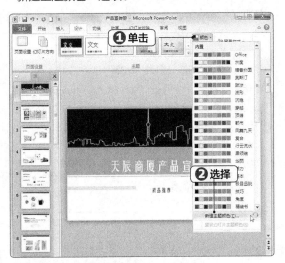

STEP 2　设置自定义颜色

❶打开"新建主题颜色"对话框，在"主题颜色"栏中单击"文字/背景－深色2"按钮，在打开的下拉列表中的"主题颜色"栏中选择"茶色，强调文字颜色2"选项；❷然后使用相同的方法设置"文字/背景－浅色2"的颜色为"白色，文字1－深色5%"；❸"强调文字颜色2"的颜色为"黑色，背景1－淡色35%"；❹完成后在"名称"文本框中输入"自定义离子"；❺单击"保存"按钮。

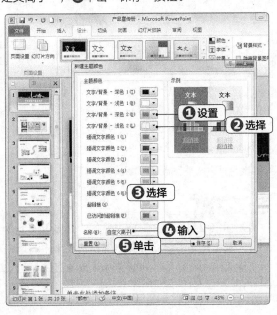

STEP 3　查看效果

返回演示文稿编辑区，查看自定义颜色后的效果。

STEP 4　设置自定义字体

❶在【设计】/【主题】组中单击"字体"按钮，在打开的下拉列表中选择"新建主题字体"选项，打开"新建主题字体"对话框，在"中文"栏中将"标题字体"设置为"方正综艺简体"；❷将"正文字体"设置为"微软雅黑"；❸在"名称"文本框中输入"自定义离子"；❹单击"保存"按钮完成设置。

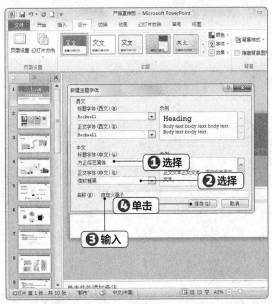

STEP 5　查看效果

返回演示文稿编辑区，查看自定义字体后的效果，单击"保存"按钮，保存对演示文稿所做的修改。

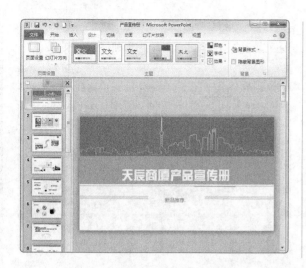

操作解谜

保存自定义主题

　　将新建的主题保存在计算机中，下次需要使用时即可在"主题"下拉列表中选择自定义主题。方法是在【设计】/【主题】组的列表框中单击"其他"按钮，在打开的下拉列表中选择"保存当前主题"选项，打开"保存当前主题"对话框，默认会保存在"C:\Users\Administrator\AppData\Roaming\Microsoft\Templates\Document Themes"文件夹中，在"文件名"文本框中输入保存的名称，单击"保存"按钮即可。

9.2.2 应用和设计幻灯片母版

　　幻灯片母版主要用于存储模板信息，在其中可对母版版式、主题、背景、占位符格式以及页眉页脚等进行设置，通过幻灯片母版可以制作出风格统一的多张幻灯片，使整个演示文稿的风格统一。

PART 03

1. 幻灯片母版的基本操作

　　要想通过幻灯片母版对演示文稿中的幻灯片进行设置，首先需要进入幻灯片母版。幻灯片母版制作完成后，要想查看演示文稿的效果，还需要退出幻灯片母版，其具体操作方法分别介绍如下。

● **进入幻灯片母版：**在当前演示文稿中选择【视图】/【母版视图】组，单击"幻灯片母版"按钮，即可进入幻灯片母版。

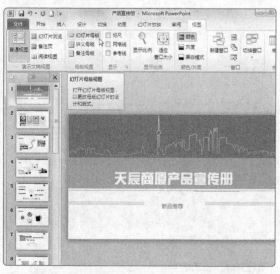

● **添加幻灯片母版：**在【幻灯片母版】/【编辑母版】组中单击"插入幻灯片母版"按钮，可插入一个新的空白母版。

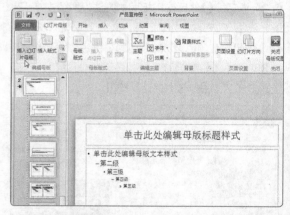

● **插入和删除版式：**在【幻灯片母版】/【编辑母版】组中单击"插入版式"按钮，即可在该组母版的最后插入一张附带默认版式的幻灯片。

技巧秒杀

将光标定位到幻灯片窗格中最后一张母版的下方，单击鼠标右键，在弹出的快捷菜单中选择"插入版式"命令，可快速插入默认版式的幻灯片。

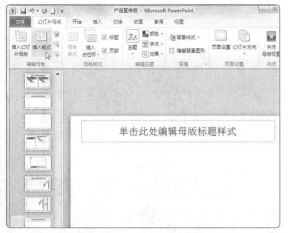

组中单击"重命名"按钮,在打开的"重命名版式"对话框中设置名称,然后单击"重命名"按钮即可。

● **重命名版式:** 在幻灯片母版中选择需重命名的幻灯片,单击鼠标右键,在弹出的快捷菜单中选择"重命名版式"命令,或在【幻灯片母版】/【编辑母版】

2. 设计幻灯片母版

在幻灯片母版中可以对幻灯片的整体风格和大小进行设计。通过背景的修饰及幻灯片中占位符和页眉页脚的设置,可快速制作出风格统一的演示文稿。下面在"产品宣传册"演示文稿中设计幻灯片母版,其具体操作步骤如下。

微课:设计幻灯片母版

STEP 1 单击"页面设置"按钮
打开"产品宣传册"演示文稿,进入幻灯片母版,在【幻灯片母版】/【页面设置】组中,单击"页面设置"按钮。

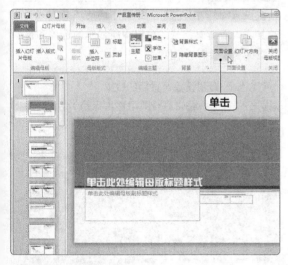

STEP 2 设置页面大小
❶打开"页面设置"对话框,在"宽度"数值框中输入"20";❷在"高度"数值框中输入"15";❸单击"确定"按钮。

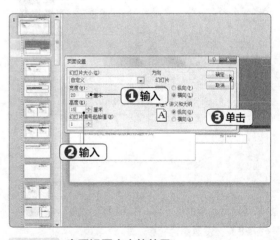

STEP3 查看设置大小的效果
返回幻灯片母版,查看设置幻灯片大小后的效果。

技巧秒杀

在幻灯片普通视图中也可以设置幻灯片的大小,其方法与在母版视图中设置幻灯片大小的方法一样,但选择的组不一样。在普通视图中需要在【设计】/【自定义】组中才能实现幻灯片大小的设置。

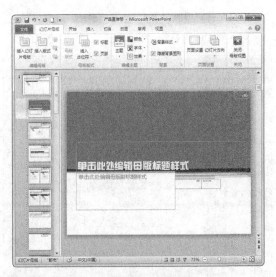

STEP 4　选择"设置背景格式"选项

❶在【幻灯片母版】/【背景】组中单击"背景样式"按钮；❷在打开的下拉列表中选择"设置背景格式"选项。

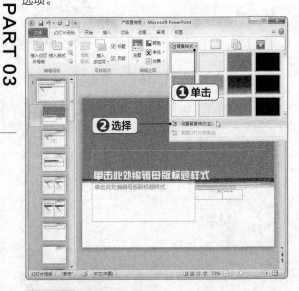

STEP 5　设置图片背景

❶打开"设置背景格式"对话框，在右侧的"填充"栏中单击选中"图片或纹理填充"单选按钮；❷单击"插入自"栏中的"文件"按钮；❸打开"插入图片"对话框，在地址栏中选择图片保存的位置；❹在下方的列表框中选择需要插入的背景图片，这里选择"背景"选项；❺单击"插入"按钮；❻返回"设置背景格式"对话框，单击"关闭"按钮，完成图片背景的设置。

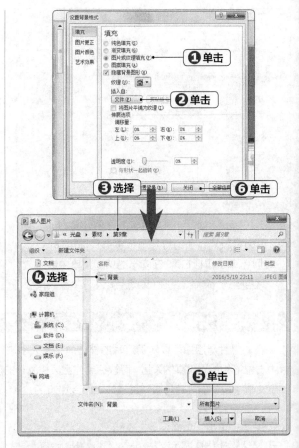

技巧秒杀

在设置幻灯片背景时，选择不同的填充方式，其"设置背景格式"窗格中所显示的选项和设置的参数会有所不同。

STEP6　查看设置背景后的效果

返回幻灯片母版编辑区域即可查看标题幻灯片运用背景图片后的母版效果。

PART 03

STEP 7　设置内容幻灯片背景

❶选择第 1 张幻灯片,使用相同的方法将图片"背景 2"设置为内容幻灯片背景,在"设置背景格式"对话框中的"透明度"数值框中输入"51%";❷单击"关闭"按钮。

STEP 8　设置内容幻灯片文本格式

❶选择第 1 张幻灯片;❷在【开始】/【字体】组中设置标题占位符中的字体为"方正大标宋简体",字号为"36",字体颜色为"茶色,文字 2,深色 50%";❸设置一级正文文本字体为"华文中宋",字号为"24";❹然后单击【开始】/【段落】组中的"项目符号"按钮右侧的下拉按钮;❺在打开的下拉列表中选择"箭头项目符号"选项。

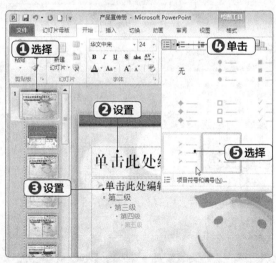

STEP 9　设置内容幻灯片文本段落格式

❶选择第 1 张幻灯片中的正文文本框,在【开始】/【段落】组中单击"行距"按钮,在打开的下拉列表中选择"行距选项"选项,打开"段落"对话框,在"间距"栏的"行距"下拉列表中选择"1.5 倍行距"选项;❷单击"确定"按钮。

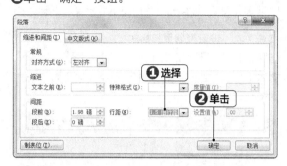

STEP 10　应用页眉页脚

❶在【插入】/【文本】组中单击"页眉和页脚"按钮,打开"页眉和页脚"对话框,单击"幻灯片"选项卡,单击选中"日期和时间""幻灯片编号""页脚"和"标题幻灯片中不显示"复选框,单击选中"固定"单选按钮;❷在"页脚"下方的文本框中输入"6 月新品宣传册"文本;❸单击"应用"按钮为幻灯片应用统一的页眉页脚。

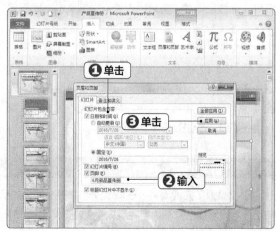

PART 03

STEP 11　设置页眉页脚格式

选择页脚的"日期和时间""幻灯片编号""页脚"文本框，设置文本字号为"10"，字体颜色为"茶色，文字 2，深色 50%"。

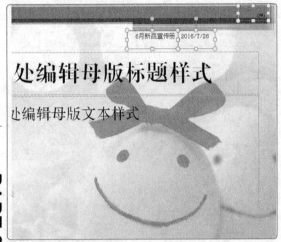

STEP 12　设置标题幻灯片文本格式

选择第 2 张幻灯片，将标题占位符中的文本格式设置为"方正大标宋简体、60、蓝色"，将副标题占位符中的文本格式设置为"华文中宋、36"，然后单击"加粗"按钮加粗文本。在【幻灯片母版】【关闭】组中单击"关闭母版视图"按钮，退出母版视图。返回 PowerPoint 演示文稿中，对版式大小、文本大小再进行调整，最终效果如下图所示。

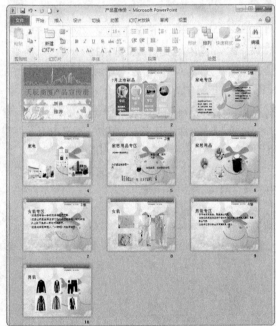

3. 设计讲义母版

　　讲义是为了方便演讲者在演示演示文稿时使用的纸稿，纸稿中显示了每张幻灯片的大致内容、要点等。讲义母版就是设置演示文稿内容在纸稿中的显示方式，设计讲义母版主要包括设置页面、占位符和背景等内容。

- **讲义方向**：默认讲义母版的方向为纵向，进入当前演示文稿的讲义母版，选择【讲义母版】/【页面设置】组，单击"讲义方向"按钮，在打开的下拉列表中选择"横向"或"纵向"选项可对讲义母版的方向进行设置。

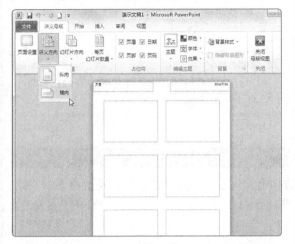

- **幻灯片大小**：选择【讲义母版】/【页面设置】组，单击"页面设置"按钮，在打开的"页面设置"对话框的"幻灯片大小"下拉列表框中选择幻灯片的大小，或者选择"自定义"选项，在打开的对话框中自定义设置幻灯片的大小，其设置方法与在幻灯片母版中设置幻灯片大小的方法相同。

- **每页幻灯片数量**：讲义母版中默认的幻灯片数量为 6 张，进入讲义母版，选择【讲义母版】/【页面设置】组，单击"每页幻灯片数量"按钮，在打开的下拉列表中选择相应的选项可对幻灯片数量进行设置。

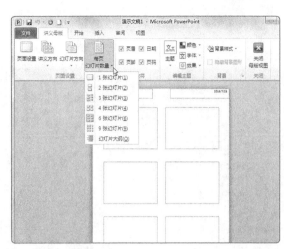

- **设置讲义母版占位符**：在讲义母版中设置占位符与在幻灯片母版中有所区别。在讲义母版中除了可对占位符的格式进行设置外，还可设置占位符对象。讲义母版中占位符对象包括页眉、页脚、日期和页码。默认情况下，讲义母版中这些对象全部显示，如果用户不想在讲义母版中显示这些对象或某个对象，在【讲义母版】/【占位符】组中撤销选中这些对象对应的复选框即可，若要再次显示，再单击选中这些复选框即可。

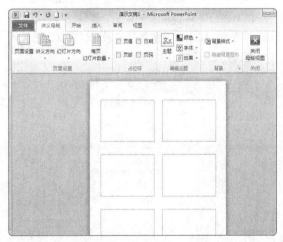

- **设置讲义母版背景**：在讲义母版中也可对其背景进行设置，其设置方法与在幻灯片母版中设置幻灯片背景的方法基本类似，在讲义母版中的"背景"组中单击"背景样式"按钮，在打开的下拉列表中选择相应的背景样式，或选择"设置背景格式"选项，在打开的"设置背景格式"对话框中可对讲义母版的背景进行设置。

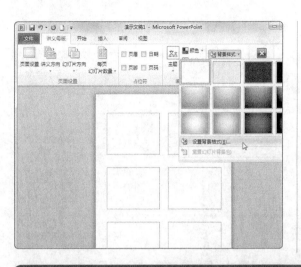

4. 设计备注母版

备注是指演讲者在幻灯片下方输入的内容，根据需要可将这些内容打印出来。要想使这些备注信息显示在打印的纸张上，就需要对备注母版进行设置。备注母版的设置主要包括页面设置、占位符对象设置、背景设置和备注文本格式设置，下面将对其方法进行介绍。

● **备注母版设置：** 选择【视图】/【母版视图】组，单击"备注母版"按钮，进入备注母版编辑状态。在"页面设置"组中可设置纸张的大小，幻灯片的排列方向；在"占位符"组中可通过单击选中或撤销选中复选框来显示或隐藏相应的内容，在"背景"组中可设置备注母版背景，其方法和设置讲义母版的方法一致。

组可设置占位符中文本的字体格式和段落格式。

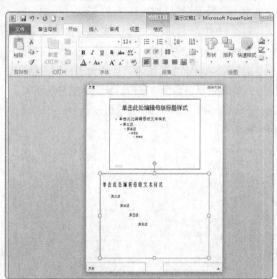

● **设置备注文本格式：** 在备注母版中选择幻灯片下方的占位符，通过【开始】/【字体】或【段落】

新手加油站 —— 创建并编辑演示文稿的技巧

1. 将演示文稿保存为模板

在制作演示文稿的过程中，使用模板不仅可提高制作演示文稿的速度，还能为演示文稿设置统一的背景、外观，使整个演示文稿的风格统一。模板既可以是网上下载的，也可以是 PowerPoint 自带的，还可将制作的演示文稿保存为模板，以供使用。其方法是：打开制作好的演示文稿，打开"另存为"对话框，在"文件名"文本框中输入保存的名称，在"保存类型"下拉列表框中选择"PowerPoint 模板（*.potx）"选项，将自动保存在"C（系统盘）:\Users\Administrator\Documents\ 自定义 Office 模板"文件夹中，然后单击"保存"按钮即可保存。

2. 对演示文稿进行加密

完成演示文稿的制作后，为了防止他人对演示文稿进行查看和更改，还可以对演示文稿进行加密，其具体操作步骤如下。

❶ 选择【文件】/【另存为】命令，打开"另存为"对话框，在其中单击"工具"按钮，在打开的下拉列表中选择"常规选项"选项。

❷ 打开"常规选项"对话框，在"打开权限密码"文本框中设置打开演示文稿的密码，在"修改权限密码"文本框中设置修改文档的密码，然后单击"确定"按钮。

❸ 在打开的"确认密码"对话框中依次输入打开权限密码和修改权限密码，返回"另存为"对话框，单击"保存"按钮保存操作。

❹ 再次打开该演示文稿时，将打开"密码"对话框，提示输入密码，输入正确密码，单击"确定"按钮即可打开和编辑演示文稿。

3. 将演示文稿标记为最终状态

将演示文稿标记为最终状态，是指将演示文稿保存为只读文件，并禁止进行输入、编辑和校对等操作，且状态栏会显示该演示文稿的当前状态。将演示文稿标记为最终状态可以帮助用户分辨当前文档是否为最终版本。其方法为：选择【文件】/【信息】命令，单击"保护演示文稿"按钮，在打开的下拉列表中选择"标记为最终状态"选项，然后在打开的提示对话框中单击"确定"按钮即可。将演示文稿标记为最终状态后，若还需要对其进行编辑，可以在编辑区上方出现的提示栏中单击"仍然编辑"按钮，则可激活功能区。

4. 在幻灯片母版中删除和添加占位符

如果幻灯片母版中的占位符不是当前需要的，则可删除幻灯片母版中的占位符。选择【幻灯片母版】/【母版版式】组，单击"母版版式"按钮，在打开的"母版版式"对话框中单击选中相应的复选框，然后单击"确定"按钮即可添加相应的占位符。

PowerPoint 应用

第 10 章

设计与美化演示文稿

/ 本章导读

　　演示文稿编辑完成后，用户可以通过插入图片、SmartArt 图形等对象对幻灯片中的文字内容进行说明和完善，对幻灯片进行美化。本章将主要介绍设计与美化演示文稿的一般操作，如插入与编辑图片、插入与编辑 SmartArt 图形等。

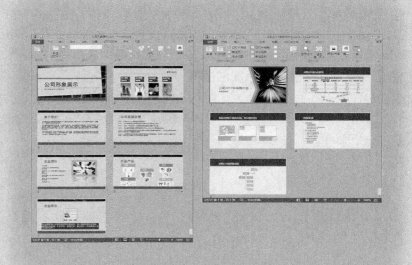

10.1 设计"公司形象展示"演示文稿

公司形象是决定公司在竞争中生存发展的关键性因素之一，通过演示文稿展示公司形象可以在宣传场合提升企业和产品在市场中的知名度；增加竞争能力，为企业增加经济效益；促进企业的基础工作，提高企业素质；有利于企业广招人才，增强企业发展实力；有利于团结合作企业，建立相互信任合作的关系；有效地强化广告宣传效果。

10.1.1 插入与编辑图片

图片是幻灯片中非常重要的一种元素，在幻灯片中插入图片不仅可以让幻灯片更具有观赏性，还能起到辅助文字说明、丰富演示文稿内容的作用。

1. 插入图片

在 PowerPoint 2010 中，可插入计算机中的图片，也可以选择网络图片和屏幕截图，通过这些图片丰富演示文稿的内容。下面在"公司形象展示"演示文稿中插入图片，其具体操作步骤如下。

微课：插入图片

STEP 1　插入电脑中自带的图片
❶打开"公司形象展示"演示文稿，选择第 2 张幻灯片，在【插入】/【图像】组中，单击"图片"按钮；❷打开"插入图片"对话框，在对话框左侧导航窗格中选择图片的位置；❸在右侧列表框中选择图片，这里选择"公司"选项；❹单击"插入"按钮。

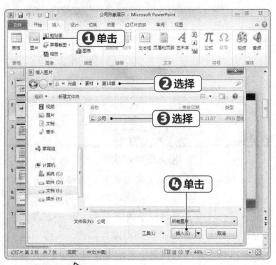

技巧秒杀

通过复制图片，也可以将其粘贴到幻灯片中。

STEP 2　查看效果
返回幻灯片编辑区即可查看插入图片后的效果。

STEP 3　搜索联机图片
❶在【插入】/【图像】组中单击"剪贴画"按钮；❷打开"剪贴画"任务窗格，在"搜索文字"文本框中输入"团队"；❸单击选中"包括 Office.com 内容"复选框；❹单击"搜索"按钮。

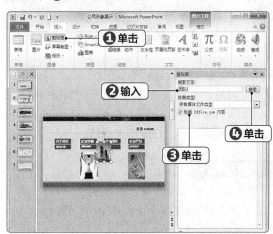

STEP 4　选择网络图片

此时，在打开的列表框中将显示搜索到的网络图片，选择需要的图片，即可将其插入幻灯片中。

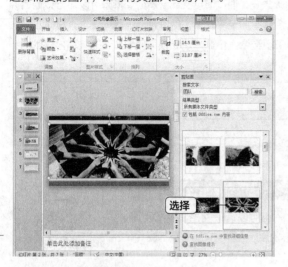

STEP 5　选择屏幕剪辑

❶先打开一张图片，选择第7张幻灯片；❷在【插入】/【图像】组中单击"屏幕截图"按钮；❸在打开的下拉列表中选择"屏幕剪辑"选项。

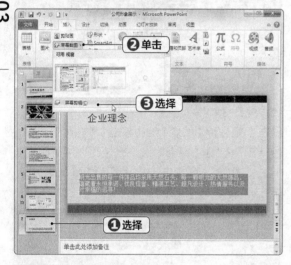

STEP 6　选择截图区域

此时，将打开除 PowerPoint 2010 的当前页面，且该页面呈白底模糊状显示，按住鼠标左键不放进行拖动，选择需要插入幻灯片的图片区域。

技巧秒杀

在PowerPoint 2010中还可通过单击占位符中的"图片"或"剪贴画"按钮插入图片或剪贴画。

STEP 7　插入屏幕截图

选择完成后，释放鼠标即可完成屏幕截图的插入操作。保存对演示文稿所做的修改。

操作解谜

插入图片的类型

PowerPoint 2010支持的图片文件格式较多，如wmf、jpg、tif、png、bmp和gif等，不同格式的图片，其特点和应用场合会有所不同。如jpg图片，它是幻灯片中最常用的位图图片格式，该格式的图片在保存时经过压缩，可使图像文件变小。png是目前最为流行的图像文件格式，常说的png图标便是指该格式的图片，其文件容量较小、清晰度较高，还可以使背景变得透明，在幻灯片中一般作为美化装饰或项目列表符号使用。

2. 选择图片

选择图片是编辑和美化图片的前提，用户可以根据需要选择单张图片，也可以选择多张或全部图片，下面对选择图片的多种方法进行介绍。

● **单击鼠标选择图片：**将光标移动到图片上，单击鼠标可选择单张图片；单击鼠标选择图片后，按住【Shift】键单击其他需要选择的图片可选择多张图片。

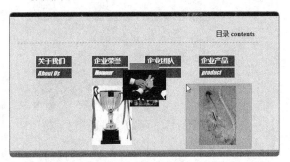

● **拖动鼠标选择图片：**拖动鼠标框选单张图片即可选择单张图片；拖动鼠标出现一个虚线框框选需要选择的图片可选择多张图片。

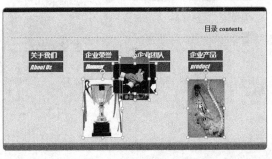

● **通过"选择"窗格选择图片：**选择【图片工具格式】/【排列】组，单击"选择窗格"按钮，在打开的"选择和可见性"窗格中可以看到当前幻灯片上所有元素的列表，单击列表中的图片即可选择图片。选择一张图片后，按住【Ctrl】键的同时单击其他图片可选择多张图片。

操作解谜

选择和可见性

打开"选择和可见性"任务窗格后，单击列表框中的任意选项，即可在幻灯片中自动选择对应的图片、文本框或形状。单击选项右侧的隐藏按钮，即可在幻灯片中隐藏该选项对应的项目；单击"全部隐藏"按钮，将隐藏幻灯片中的所有项目；单击"全部显示"按钮，将显示幻灯片中隐藏的所有项目。

3. 移动和复制图片

当幻灯片中图片的位置不正确时，可通过移动操作将其移动到正确的位置上；还可通过复制功能对需要重复使用的图片进行复制粘贴，以提高制作效率，下面对移动和复制图片的方法进行介绍。

● **移动图片:** 将光标移动到图片上,单击鼠标选择图片,当光标变为❖形状时,按住鼠标左键不放进行拖动,即可调整图片的位置。

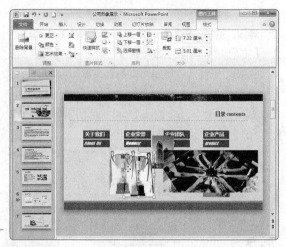

操作解谜

图片位置参考线

在移动图片时,选择一张图片并拖动到一定位置,在工作界面中将自动出现虚线和双向箭头的虚线,该虚线为当前幻灯片中其他元素的参考线,可帮助我们在移动图片的过程中使图片与周围的幻灯片元素对齐或调整间距,使图片移动的位置更为精确。

● **复制图片:** 选择需要复制的图片,将图片移动到目标位置,按住【Ctrl】键,此时光标旁将出现黑色的加号,释放鼠标和【Ctrl】键即可完成图片的复制操作。

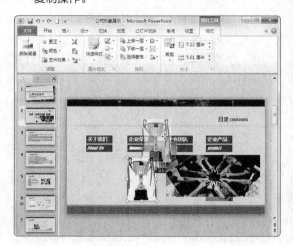

技巧秒杀

选择需移动或复制的图片,按【Ctrl+X】组合键剪切或【Ctrl+C】组合键复制图片,然后在目标位置按【Ctrl+V】组合键粘贴图片,也可完成图片的移动或复制操作。

4. 调整图片大小

插入到幻灯片中的图片,通常都无法"一步到位",往往都需要根据实际情况对其大小进行调整和修改。下面在"公司形象展示"演示文稿中调整图片大小,其具体操作步骤如下。

微课:调整图片大小

STEP 1 调整图片大小

打开"公司形象展示"演示文稿,选择第2张幻灯片中的"企业团队"图片,将光标移动到右下角的控制点上,当光标变为双向箭头形状时,按住鼠标左键向下拖动调整图片的整体大小。

技巧秒杀

将光标移动到图片四边的方形控制点上,当光标变为上下或左右方向的双向箭头形状时,拖动鼠标可调整图片的长度或宽度。

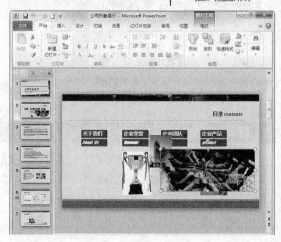

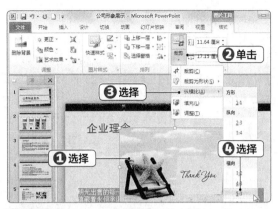

技巧秒杀

选择幻灯片中需要调整大小尺寸的图片，选择
【格式】/【大小】组，在宽度和高度数值框中
分别输入图片的宽度和高度值，即可精确地调
整图片大小。

STEP 2 裁剪图片

❶在【图片工具 格式】/【大小】组中单击"裁剪"
按钮；❷将光标移动到图片左边的黑色控制点上向
右拖动到合适位置后释放鼠标，将光标移动到图片右
边的黑色控制点上，按住左键不放向左拖动到合适位
置后释放鼠标完成图片的裁剪。然后调整其他图片的
位置。

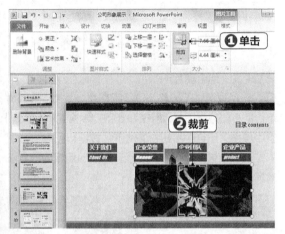

STEP 3 按比例裁剪图片

❶选择第7张幻灯片中的图片；❷在【图片工具 格
式】/【大小】组中单击"裁剪"按钮下方的下拉按
钮；❸在打开的下拉列表中选择"纵横比"选项；
❹在其子列表中选择"横向"栏中的"5:3"选项。

技巧秒杀

**按比例裁剪图片能够保证在裁剪图片的过程中
保持图片的原始比例而不变形。**

STEP 4 裁剪为其他形状

❶继续单击"裁剪"按钮下方的下拉按钮；❷在打
开的下拉列表中选择"裁剪为形状"选项；❸在子列
表中选择"基本形状"栏中的"心形"选项，返回幻
灯片中即可查看图片调整后的效果。

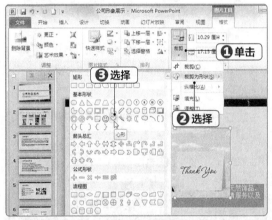

5. 编辑图片

   幻灯片中插入的图片的角度和顺序都是默认的,通过对幻灯片中的图片的对齐方式、
旋转角度和排列方式等进行设置,可以使幻灯片中的内容排版效果更具个性化和多样化。
下面在"公司形象展示"演示文稿中对图片进行编辑,其具体操作步骤如下。

微课: 编辑图片

STEP 1　对齐图片

❶打开"公司形象展示"演示文稿，在第 2 张幻灯片中选择 4 张图片；❷在【图片工具 格式】/【排列】组中单击"对齐"按钮；❸在打开的下拉列表中选择"上下居中"选项。

STEP 2　旋转图片

❶选择第 6 张幻灯片，选择需旋转的图片；❷将光标移动到图片上方的绿色控制点上，当光标呈⟲形状时，拖动鼠标可旋转图片。

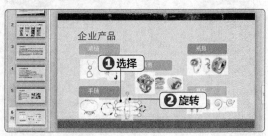

STEP 3　翻转图片

❶选择耳环下第 3 张图片；❷在【图片工具 格式】/【排列】组中单击"旋转"按钮；❸在打开的下拉列表中选择"向左旋转 90°"选项。

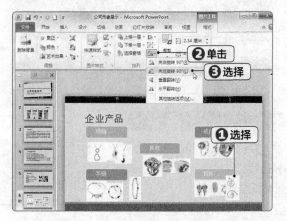

STEP 4　排列图片

❶选择需要调整排列顺序的戒指下第 2 张图片；❷在【图片工具 格式】/【排列】组中单击"上移一层"按钮右侧的下拉按钮；❸在打开的下拉列表中选择"置于顶层"选项，将图片置于顶层。

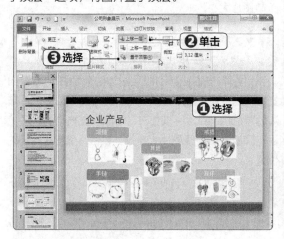

STEP 5　组合图片

❶对图片位置进行调整，显露所有戒指图片，选择需组合的多张戒指图片；❷在【图片工具 格式】/【排列】组中单击"组合"按钮右侧的下拉按钮；❸在打开的下拉列表中选择"组合"选项。然后使用相同的方法对其他图片进行设置。

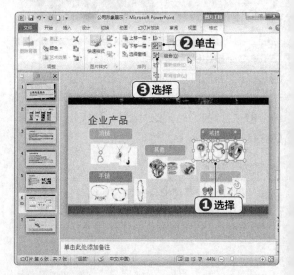

技巧秒杀

完成图片的组合后，单击"组合"按钮右侧的下拉按钮，在打开的下拉列表中选择"取消组合"选项，可取消图片组合。

10.1.2 | 美化图片

因为插入幻灯片中的图片的来源多样，因此插入的图片风格、颜色等并不统一，必须对图片进行相应的美化。PowerPoint 2010 有强大的图片编辑美化功能，通过它可快速调整图片颜色、亮度和对比度等效果，使图片更加美观，更符合演示文稿的要求。

1. 更改图片的清晰度、亮度 / 对比度

当插入幻灯片中的图片清晰度、亮度太低，或对比不够明显时，可对图片进行调整。下面在"公司形象展示"演示文稿中更改第 5 张幻灯片中的图片的清晰度、亮度 / 对比度，其具体操作步骤如下。

微课：更改图片清晰度、亮度 / 对比度

STEP 1　改变图片的清晰度

❶打开"公司形象展示"演示文稿，选择第 5 张幻灯片中的图片；❷在【图片工具 格式】/【调整】组中单击"更正"按钮；❸在打开的下拉列表中选择"锐化 / 柔化"栏中的"柔化：50%"选项。

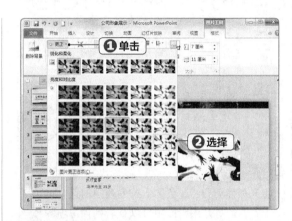

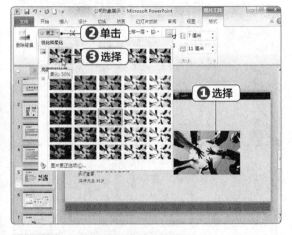

技巧秒杀

在"更正"下拉列表中选择"图片更正选项"选项，可打开"设置图片格式"对话框，在其中可设置亮度和对比度的具体数值。

STEP 2　改变图片的亮度 / 对比度

❶在【图片工具 格式】/【调整】组中单击"更正"按钮；❷在打开的下拉列表中选择"亮度 / 对比度"栏中的"亮度：+40% 对比度：+20%"选项，返回幻灯片即可看到对图片所做的美化效果。

2. 更改图片颜色

PowerPoint 2010 有强大的图片编辑美化功能，通过快速调整和自定义调整图片的颜色，可以使图片更加美观。下面在"公司形象展示"演示文稿中对第 5 张幻灯片和第 2 张幻灯片中的图片的颜色进行设置，其具体操作步骤如下。

微课：更改图片颜色

STEP 1　设置图片的饱和度和色调

❶打开"公司形象展示"演示文稿，选择第 5 张幻灯片中的图片；❷在【图片工具 格式】/【调整】组中单击"颜色"按钮；❸在打开的下拉列表中选择"颜色饱和度"栏下的"饱和度：300%"选项；❹然后选择"色调"栏下的"色温：4700k"选项。

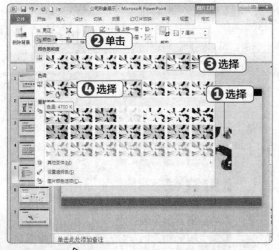

技巧秒杀

将光标移动到"颜色"下拉列表中的某个选项上，在幻灯片编辑区中可以查看到该选项的预览效果。

STEP 2　选择"设置透明色"选项

❶在第 2 张幻灯片中选择"奖杯"图片，在【图片工具 格式】/【调整】组中单击"颜色"按钮；❷在打开的下拉列表中选择"设置透明色"选项。

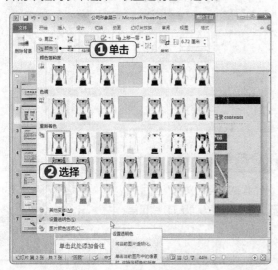

STEP 3　设置图片透明色

此时光标将变为 形状，在图片背景上或某一个颜色区域中单击鼠标左键，将图片背景颜色区域设置为透明色，保存对演示文稿所做的修改。

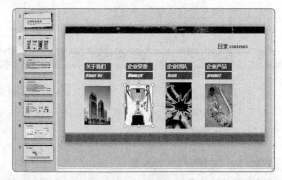

操作解谜

设置图片颜色

"颜色"下拉列表中提供的颜色类型有限，在"其他变体"子列表中，用户可以根据需要自定义图片的颜色。"其他变体"子列表中的颜色选项与字体颜色选项基本类似，只需选择相应的颜色即可将其设置为图片颜色，也可以输入颜色的RGB数值。

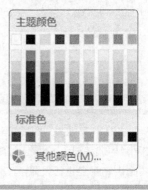

3. 设置图片艺术效果

在 PowerPoint 2010 中，提供了多种图片艺术效果，通过这些艺术效果可以使图片更具个性化。下面在"公司形象展示"演示文稿中设置第 7 张幻灯片中的图片，其具体操作步骤如下。

微课：设置图片艺术效果

STEP 1　选择艺术效果

❶打开"公司形象展示"演示文稿，选择第 7 张幻灯片中的"海滩"图片；❷在【图片工具 格式】/【调整】组中单击"艺术效果"按钮右侧的下拉按钮；❸在打开的下拉列表中选择"线条图"选项。

STEP 2　应用艺术效果

返回幻灯片中，即可看到应用艺术效果的图片。

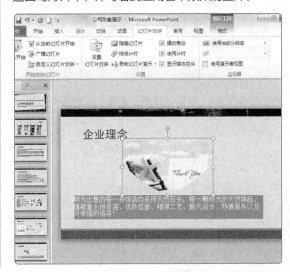

10.1.3　设置图片样式

为了让图片更好看，用户可以通过快速应用图片样式、应用艺术效果、应用边框和删除背景等操作对图片进行美化。

1. 快速应用图片样式

为了方便用户快速对图片进行美化，PowerPoint 2010 预设了多种效果精美的图片样式，如映像圆角矩形、柔滑边缘矩形和矩形投影等。下面在"公司形象展示"演示文稿中应用图片样式，其具体操作步骤如下。

微课：快速应用图片样式

STEP 1　选择图片样式

打开"公司形象展示"演示文稿，选择第 5 张幻灯片中的图片，在【图片工具 格式】/【图片样式】组中单击"快速样式"按钮，在打开的下拉列表中选择"映像棱台，白色"选项。

STEP 2　应用图片样式

返回幻灯片中，即可看到应用图片样式后的效果。

第 **10** 章　设计与美化演示文稿

2. 自定义设置图片样式

除了在"图片样式"下拉列表中能快速为图片应用样式外，用户还可以通过设置边框、图片效果自定义图片样式。下面在"公司形象展示"演示文稿中自定义设置图片样式，其具体操作步骤如下。

微课：自定义设置图片样式

STEP 1　设置图片边框颜色

❶打开"公司形象展示"演示文稿，选择第 5 张幻灯片中的图片；❷在【图片工具 格式】/【图片样式】组中单击"图片边框"按钮右侧的下拉按钮；❸在打开的下拉列表中选择"绿色"选项；❹继续单击"图片边框"按钮右侧的下拉按钮，在打开的下拉列表中选择"粗细"选项，在其子列表中选择"其他线条"选项。

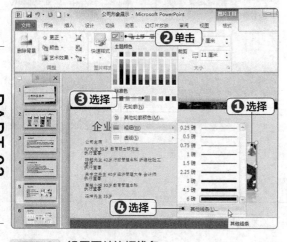

STEP 2　设置图片边框线条

❶在打开的"设置图片格式"对话框的"线型"栏中设置宽度为"20 磅"；❷在"复合类型"下拉列表中选择"三线"选项，其他选项设置保持不变；❸单击"关闭"按钮。

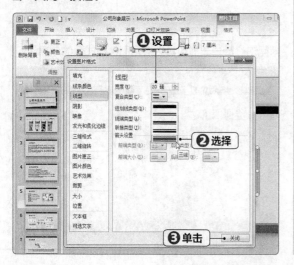

STEP 3　设置图片映像效果

❶在【图片工具 格式】/【图片样式】组中单击"图片效果"按钮；❷在打开的下拉列表中选择"映像"选项；❸在打开的子列表的"映像变体"栏中选择"半映像，接触"选项。

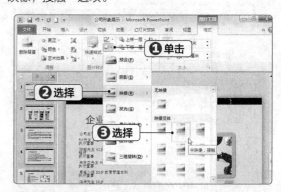

STEP 4　设置图片发光效果

❶再次单击"图片效果"按钮；❷在打开的下拉列表中选择"发光"选项；❸在打开的子列表的"发光变体"栏中选择"绿色，18pt 发光，着色 1"选项，完成自定义图片样式。

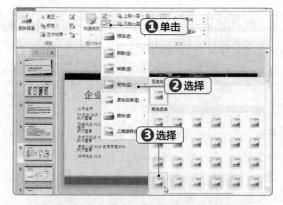

PART 03

3. 设置图片版式

当需要将图片和文本结合使用时，手动排列和编辑会比较繁琐。通过图片版式功能可快速将图片和文本融合为一个整体。下面在"公司形象展示"演示文稿中为第 7 张幻灯片中的图片设置版式，其具体操作步骤如下。

微课：设置图片版式

STEP 1　选择图片版式

❶在"公司形象展示"演示文稿中，选择第 7 张幻灯片中的图片，在【图片工具 格式】/【图片样式】组中单击"转换为 SmartArt 图形"按钮；❷在打开的下拉列表中选择"标题图片块"选项。

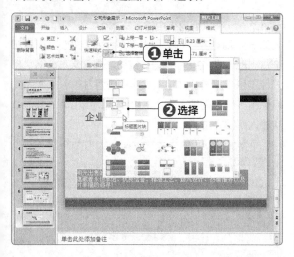

STEP 2　应用图片版式

返回幻灯片中，即可看到图片应用版式后的效果。在图片下方的形状中输入文本内容完成图片版式的应用。

技巧秒杀

为图片应用版式后，图片与文本内容组合为一个 SmartArt 图形，在【SmartArt 工具 格式】/【SmartArt 样式】组中对形状样式进行设置。

10.2　编辑"公司 2017 年采购计划"演示文稿

年度采购计划是指企业管理人员在了解市场供求情况、认识企业生产经营活动过程中物资消耗规律的基础上，对计划期内物资采购管理活动所做的预见性安排和部署。企业年度采购计划需根据企业各部门的采购计划来制定，主要包括采购项目、采购数量和采购金额等。

10.2.1　插入与编辑 SmartArt 图形

制作演示文稿时，有时需要制作各种各样的示意图或流程图，通过 PowerPoint 中的 SmartArt 图形能够清楚明白地表明各种事物之间的关系。插入形状和 SmartArt 图形后，还可进行编辑，使其满足用户的不同需求。

1. 插入 SmartArt 图形

PowerPoint 2010 中提供了种类丰富的 SmartArt 图形并对 SmartArt 图形进行了详细的分类，用户可根据需要进行选择。下面在"公司 2017 年采购计划"演示文稿中插入 SmartArt 图形，其具体操作步骤如下。

微课：插入 SmartArt 图形

STEP 1　选择 SmartArt 图形

❶打开"公司 2017 年采购计划"演示文稿,选择第
2 张幻灯片,选择【 插入 】/【 插图 】组,单击"SmartArt"
按钮; ❷打开"选择 SmartArt 图形"对话框,选择"关
系"选项; ❸在右侧列表框中选择"平衡箭头"选项;
❹单击"确定"按钮。

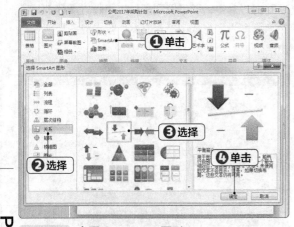

STEP 2　查看 SmartArt 图形

返回幻灯片编辑区,即可查看插入后的平衡箭头关系
图效果。按照同样的方法在第 3~5 张幻灯片中分别
插入"蛇形图片重点列表""目标图列表""组织结
构图"图形。

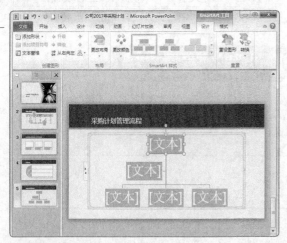

> **技巧秒杀**
>
> SmartArt图形实际上可看成是由一组形状组成的
> 图形,用于说明事物的关系。

STEP 3　在文本框中输入文本

❶选择第 2 张幻灯片中的 SmartArt 图形,选择需
添加文本的形状,将光标定位于上方的文本框中,然

后输入文本; ❷使用相用的方法在下方的文本框中输
入文本。

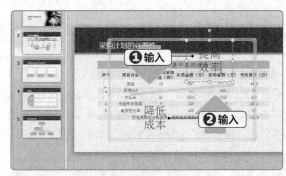

STEP 4　在大纲窗格中输入文本

在第 3 张幻灯片中选择整个 SmartArt 图形,在其左
侧将出现一个 按钮,单击 按钮,展开文本窗格;将
光标定位于第一行需输入文本的位置并输入文本,然
后单击下一行需输入文本的位置,使用相同的方法依
次输入所需文本。

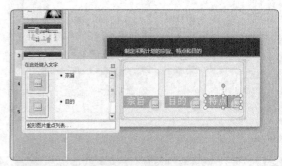

STEP 5　在形状中输入文本

选择整个 SmartArt 图形,选择"宗旨"上方的形状,
直接输入文本。使用相用的方法在"目的"和"特点"
上方的形状中输入文本,完成插入 SmartArt 图形的
操作。

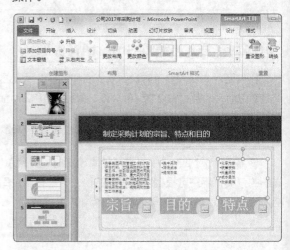

PART 03

2. 调整布局

在幻灯片中添加 SmartArt 图形后，若发现图形类别选择错误，还可对图形的布局进行更改，此外，为了 SmartArt 图形的整体美观，还可对其中单个形状进行更改。下面在"公司 2017 年采购计划"演示文稿中调整 SmartArt 图形的布局，其具体操作步骤如下。

微课：调整布局

STEP 1　更改布局

❶打开"公司 2017 年采购计划"演示文稿，选择第 4 张幻灯片中的 SmartArt 图形，在【SmartArt 工具设计】/【布局】组中单击"更改布局"按钮；❷在打开的下拉列表中选择"层次结构列表"选项。

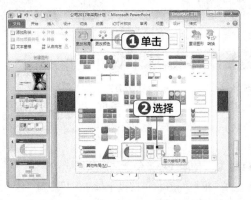

STEP 2　查看效果

返回幻灯片编辑区，即可查看 SmartArt 图形已发生更改，在其中输入数据，如下图所示。

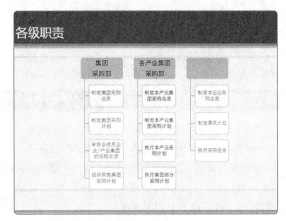

3. 调整大小和位置

在幻灯片中添加 SmartArt 图形后，可根据演示文稿的制作需求对 SmartArt 图形的大小和位置进行调整。下面在"公司 2017 年采购计划"演示文稿中对添加的 SmartArt 图形的大小和位置进行调整，其具体操作步骤如下。

微课：调整大小和位置

STEP 1　调整单个形状大小

打开"公司 2017 年采购计划"演示文稿，在第 2 张幻灯片中选择 SmartArt 图形中的单个形状后，在其周围将出现一个边框，将光标移到右下角的控制点上，按住鼠标左键向左上角拖动调整其大小。

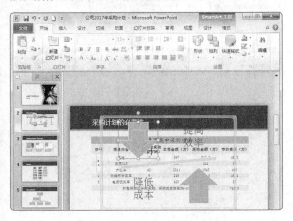

STEP 2　改变单个形状位置

选择 SmartArt 图形中的单个形状，将光标移动到形状上，按住鼠标左键不放向左下方拖动，将形状位置调整到靠近斜线形状的起始位置。

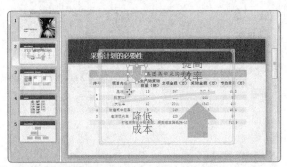

STEP 3　调整 SmartArt 图形大小

选择整个 SmartArt 图形，在周围将出现一个边框，将光标移到右下角的控制点上，按住鼠标左键向左上角进行拖动，调整大小。

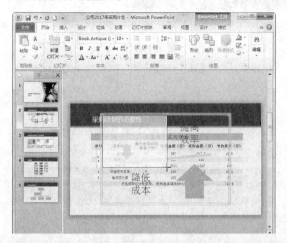

STEP 4　调整 SmartArt 图形位置

选择整个 SmartArt 图形，将光标移动到 SmartArt 图形上，按住鼠标左键进行拖动，即可改变形状的位置。

4. 添加和更改形状

　　默认插入的 SmartArt 图形的形状数量和形状样式通常都是固定的，可能无法满足用户的需要，此时可根据需要为 SmartArt 图形添加、删除和更改形状。下面对"公司2017 年采购计划"演示文稿中的 SmartArt 图形添加和更改形状，其具体操作步骤如下。

微课：添加和更改形状

PART 03

STEP 1　使用命令添加形状

❶打开"公司 2017 年采购计划"演示文稿，在第 5 张幻灯片的形状中输入文本，并选择 SmartArt 图形的"报批"形状；❷在【SmartArt 工具 设计】/【创建形状】组中单击"添加形状"按钮右侧的下拉按钮；❸在打开的下拉菜单中选择"添加助理"选项，在其下方添加 1 个形状。

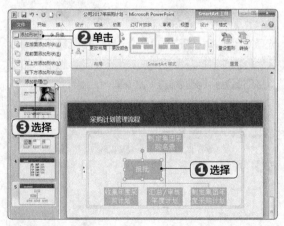

STEP 2　使用快捷菜单添加形状

❶选择"报批"形状，在其上单击鼠标右键；❷在弹出的快捷菜单中选择"添加形状"命令；❸在弹出的子菜单中选择"添加助理"命令。在添加的形状中分别输入"是"和"否"。

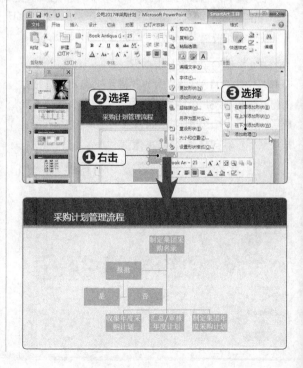

技巧秒杀

不同的SmartArt图形，可以添加的形状选项也不一样。

STEP 3 使用命令更改形状

❶在第 4 张幻灯片的 SmartArt 图形中，选择中间的 4 个形状；❷在【SmartArt 工具 格式】/【形状】组中单击"更改形状"按钮；❸在打开的下拉列表的"基本形状"栏中选择"椭圆"选项。

在弹出的快捷菜单中选择"更改形状"命令；❷在打开的下拉列表的"基本形状"栏中选择"心形"选项将形状更改为心形。

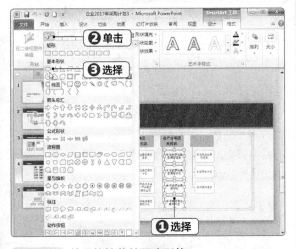

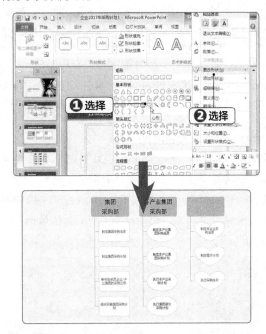

STEP 4 使用快捷菜单更改形状

❶选择第 3 列中的 3 个形状，在其上单击鼠标右键，

5. 调整形状级别

在编辑 SmartArt 图形时，如果发现形状之间的级别不正确，可以根据需要对各形状的级别进行调整，还可对形状的前后位置进行调整。下面在"公司 2017 年采购计划"演示文稿中调整 SmartArt 图形中形状的级别，其具体操作步骤如下。

微课：调整形状级别

STEP 1 为形状降级

❶打开"公司 2017 年采购计划"演示文稿，在第 5 张幻灯片中的 SmartArt 图形中，选择最后一行的 3 个形状；❷在【SmartArt 工具 设计】/【创建图形】组中，单击"降级"按钮，对其进行降级操作。

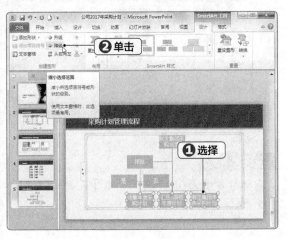

STEP 2 将形状下移

❶选择"是"形状；❷在【SmartArt 工具 设计】/【创建图形】组中单击"下移"按钮，将其移到左边，保存对演示文稿所做的修改。

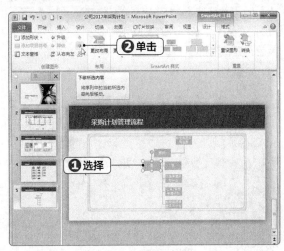

259

10.2.2 | 美化 SmartArt 图形

为了让 SmartArt 图形更符合幻灯片的风格，通常在编辑完 SmartArt 图形后，还要对其进行美化。美化 SmartArt 图形包括更改 SmartArt 图形的样式、更改 SmartArt 图形的颜色等。

1. 应用 SmartArt 图形样式

默认插入的 SmartArt 图形是没有应用任何样式的，通过应用 PowerPoint 2010 预设的快速样式和单独为某个形状应用样式，可以美化 SmartArt 图形。下面在"公司 2017 年采购计划"演示文稿中应用 SmartArt 图形样式，其具体操作步骤如下。

微课：应用 SmartArt 图形样式

STEP 1 选择 SmartArt 样式

❶在打开的"公司 2017 年采购计划"演示文稿中，选择第 2 张幻灯片中的 SmartArt 图形；❷在【SmartArt 工具 设计】/【SmartArt 样式】组中单击"SmartArt 样式"列表框右下方的下拉按钮，在打开的下拉列表的"三维"栏中选择"优雅"选项。

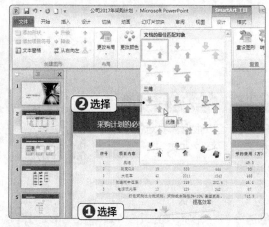

STEP 2 设置单个形状的样式

❶选择"降低成本"形状；❷在【SmartArt 工具 格式】/【形状样式】组中单击"形状样式"列表框右下方的下拉按钮，在打开的下拉列表中选择"强烈效果 – 金色，强调颜色 3"选项。

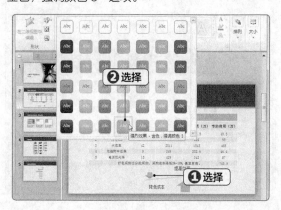

STEP 3 设置其他形状

使用相同的方法，将"提高效率"形状的效果设置为"强烈效果 – 橙色，强调颜色 2"。设置完成后，返回幻灯片编辑区，即可查看到设置后的效果，保存对演示文稿所做的修改。

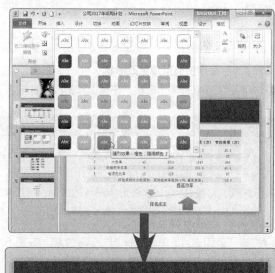

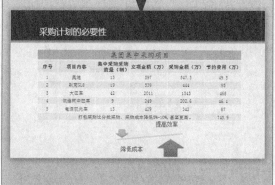

技巧秒杀

对SmartArt图形中的文本框，也可以按照设置单个形状样式的方法为其设置样式。

2. 设置 SmartArt 图形颜色

在幻灯片中插入 SmartArt 图形时，PowerPoint 会根据幻灯片自身的主题颜色自动为 SmartArt 图形设置与之相符合的颜色，若不满意可将其更改为 PowerPoint 2010 的预设颜色。下面在"公司 2017 年采购计划"演示文稿中设置 SmartArt 图形的颜色，其具体操作步骤如下。

微课：设置 SmartArt 图形颜色

STEP 1　设置 SmartArt 图形颜色

❶ 在打开的"公司 2017 年采购计划"演示文稿中，选择第 4 张幻灯片中插入的 SmartArt 图形，在【SmartArt 工具 设计】/【SmartArt 样式】组中，单击"更改颜色"按钮；❷ 在打开的下拉列表中选择"彩色范围—强调文字颜色 5 至 6"选项。

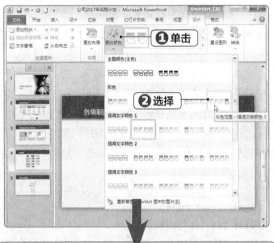

STEP 2　设置形状的颜色

❶ 选择"集团采购部"形状下方的 4 个形状；❷ 在【SmartArt 工具 格式】/【形状样式】组中，单击"形

状填充"按钮；❸ 在打开的下拉列表中选择"青绿，强调文字颜色 1，淡色 80%"选项。

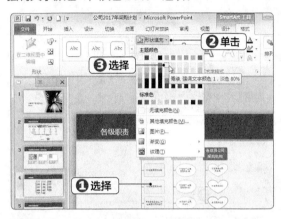

STEP 3　设置形状的轮廓

❶ 单击"形状轮廓"按钮；❷ 在打开的下拉列表中选择"蓝色，强调文字颜色 5，淡色 40%"选项，返回幻灯片中即可看到设置后的效果。

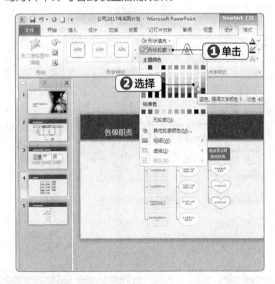

3. 设置文本样式

在插入的 SmartArt 图形中输入文本后，可根据自己的需求对预设的文本样式进行设置。下面在"公司 2017 年采购计划"演示文稿中设置文本样式，其具体操作步骤如下。

微课：设置文本样式

STEP 1　设置艺术字样式

❶打开"公司 2017 年采购计划"演示文稿,选择第 2 张幻灯片中 SmartArt 图形的"降低成本"文本;❷在【SmartArt 工具 格式】/【艺术字样式】组中单击"艺术字样式"列表框的下拉按钮,在打开的下拉列表的"应用于所选文字"栏中选择"填充 – 白色,轮廓 – 强调文字颜色 1"选项。

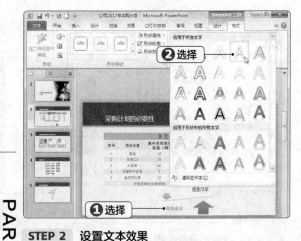

STEP 2　设置文本效果

❶在【SmartArt 工具 格式】/【艺术字样式】组中单击"文本效果"按钮右侧的下拉按钮;❷在打开的下拉列表中选择"转换"选项;❸在打开的子列表的"弯曲"栏中选择"正 V 形"选项。

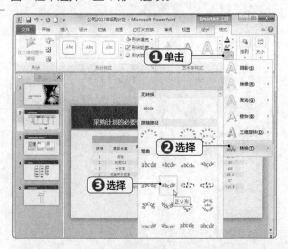

STEP 3　查看效果

使用相同的方法为"提高效率"文本应用"填充 – 青绿,强调文字颜色 1"艺术字样式和"转换 / 倒 V 形"文本效果。

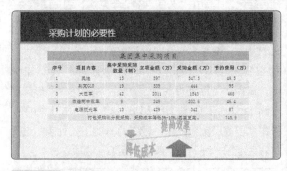

STEP 4　自定义设置文本样式

❶选择第 3 张幻灯片中的 SmartArt 图形,选择"宗旨""目的""特点"文本,在【SmartArt 工具 格式】/【艺术字样式】组中单击"文本填充"按钮,在打开的下拉列表中选择"黄色"选项;❷单击"文本轮廓"按钮,在打开的下拉列表中选择"橙色"选项;❸单击"文本效果"按钮,在打开的下拉列表中选择"三维旋转 / 右向对比透视"选项,返回幻灯片中即可看到设置后的效果。

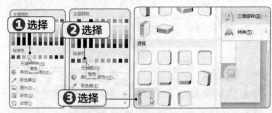

4. 重置 SmartArt 图形

　　在设置 SmartArt 图形的样式、颜色和文本样式后,若用户不满意,可通过"重置"功能对其进行归位重设操作;还可以根据需要将 SmartArt 图形中的文本转化为纯文本或将 SmartArt 图形转换为单独的形状。下面在"公司 2017 年采购计划"演示文稿中对 SmartArt 图形进行重置和转化操作,其具体操作步骤如下。

微课:重置 SmartArt 图形

STEP 1　重设图形

❶打开"公司 2017 年采购计划"演示文稿，选择第 4 张幻灯片中的 SmartArt 图形；❷在【SmartArt 工具 设计】/【重置】组中单击"重设图形"按钮。

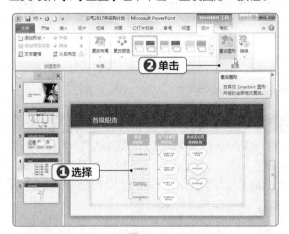

STEP 2　将 SmartArt 图形转换为文本

❶在【SmartArt 工具 设计】/【重置】组中单击"转换"按钮；❷在打开的下拉列表中选择"转换为文本"选项。

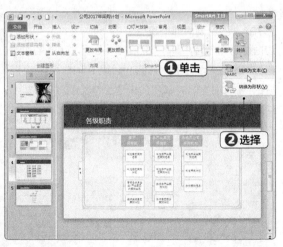

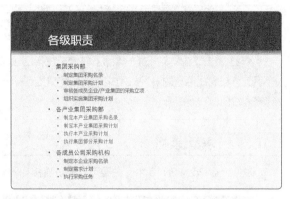

STEP 3　将 SmartArt 图形转换为形状

❶选择第 2 张幻灯片中的 SmartArt 图形；❷在【SmartArt 工具 设计】/【重置】组中单击"转换"按钮；❸在打开的下拉列表中选择"转换为形状"选项，返回幻灯片中即可看到设置后的效果。

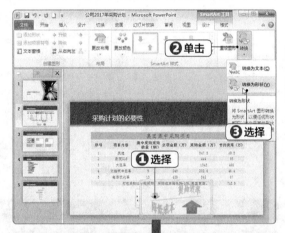

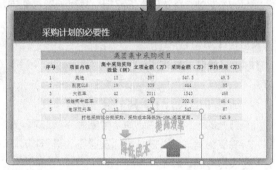

技巧秒杀

将SmartArt图形转换为形状后，可单独编辑每一个形状的样式和效果，编辑完成后可将所有形状组合起来，防止其相对位置发生改变。

10.3 处理"公司年终销售总结"演示文稿

年终总结是工作人员对一年的工作情况进行回顾和分析，从中找出经验和教训，引出规律性认识，以指导今后工作和实践活动的一种应用文体。年终总结包括一年的情况概述、成绩和经验、存在的问题和教训、今后的努力方向。

10.3.1 插入表格

在 PowerPoint 2010 中，主要可以通过直接插入表格和绘制表格这两种方式来完成表格的插入。

1. 直接插入表格

在 PowerPoint 2010 中插入表格的方法与插入其他对象的方法相似，最常用的方法是通过占位符和功能面板进行插入。其方法为：选择【插入】/【表格】组，单击"表格"按钮，在打开的下拉列表中选择"插入表格"选项，或在对象占位符中单击"插入表格"按钮，打开"插入表格"对话框，在"行数"和"列数"数值框中输入表格所需的行列数，然后单击"确定"按钮，即可在当前幻灯片中插入所需的表格。

2. 手动绘制表格

PowerPoint 默认插入的表格，其行列数都是固定的，当用户需要在幻灯片中插入一些特别的表格时，可选择手动绘制表格。下面在"公司年终销售总结"演示文稿中绘制表格，其具体操作如下。

微课：手动绘制表格

STEP 1 绘制表格边框

打开"公司年终销售总结"演示文稿，选择第 3 张幻灯片，选择【插入】/【表格】组，单击"表格"按钮，在打开的下拉列表中选择"绘制表格"选项，此时光标将变为笔形状，按住鼠标左键不放进行拖动，绘制出表格边框。

STEP 2 绘制内部框线

边框绘制完成后，即可激活"表格工具"功能选项卡，在【表格工具 设计】/【绘图边框】组中单击"绘制表格"按钮，并按住鼠标左键不放拖动绘制表格的内部框线。使用相同的方法完成其他框线的绘制。

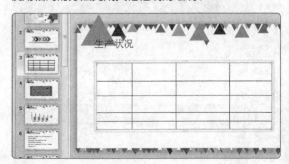

10.3.2 │ 编辑表格

新建表格后，表格中没有任何内容，且行高、列宽等值都是默认的，用户还需要在其中进行输入数据和文本、调整表格的大小位置、改变单元格的行高和列宽、合并与拆分单元格、添加与删除单元格等操作。

1. 选择单元格

在对表格进行编辑操作前，必须先选择单元格，在 PowerPoint 2010 中选择单元格的方法与选择文本大致类似，常用的选择单元格的方法如下。

- **选择单个单元格：** 将光标移动到需选择的单元格上，当光标变为一个指向右上的黑色箭头时，单击鼠标即可。

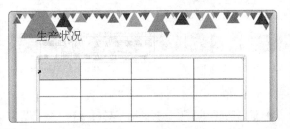

- **选择连续单元格：** 将光标移到需选择的单元格区域左上角，拖动鼠标到该区域右下角，释放鼠标可选择该单元格区域。

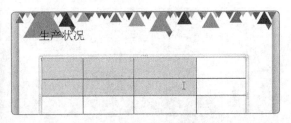

- **选择整行或整列：** 将光标移到表格边框的上方，当光标变为 ↓ 形状时，单击鼠标即可选择该列；将光标移到表格边框的左侧，当光标变为 → 形状时，单击鼠标即可选择该行。

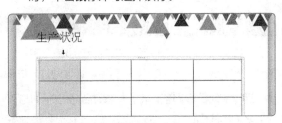

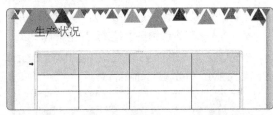

- **选择整个表格：** 将光标移动到任意单元格中单击，然后按【Ctrl+A】组合键即可选择整个表格。

2. 在表格中输入文本

表格是一种用于表现数据信息的常用工具，通过表格，不仅可以简洁地将所需数据展示出来，还可对所展示的数据进行分析和计算。

在表格中输入文本和数据的方法非常简单，完成表格的创建后，单击需输入文本或数据的单元格，将光标定位到其中，即可输入所需的文本或数据。在一个单元格中输入完成后，再重新将光标定位到另一个单元格中或按【Tab】键即可继续输入。

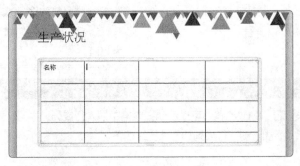

3. 调整表格的大小和位置

直接在幻灯片中插入的表格的大小和位置均是默认的，并不能满足实际的需要，此时就需要对表格的大小和位置进行调整，其方法与调整图片的方法基本类似，只需选择整个表格，将光标移动到表格边框上，拖动鼠标可调整其大小。选择整个表格，将光标移动到表格边框上进行拖动，可调整其位置。

4. 调整单元格的行高和列宽

在幻灯片中插入表格后，其行高和列宽一般都是固定的，在输入数据的过程中需要对表格的行高和列宽进行调整。在 PowerPoint 2010 中，可以通过两种方法来调整行高和列宽，下面分别进行介绍。

PART 03

- **通过拖动鼠标调整：** 将光标移动到表格中列与列之间的间隔线上，当光标变为 ╫ 形状时，按住鼠标左键不放向左或向右拖动，即可调整表格的列宽。将光标移动到表格中行与行之间的间隔线上，当光标变为 ÷ 形状时，按住鼠标左键不放向上或向下拖动，即可调整表格的行高。

- **通过功能组调整：** 选择表格，选择【表格工具 布局】/【单元格大小】组，在"高度"数值框中输入数值可调整单元格的高度，在"宽度"数值框中输入数值可调整单元格的宽度。

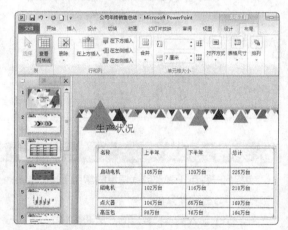

技巧秒杀

选择需要调整的多行或多列单元格，单击"分布行"或"分布列"按钮可将行高或列宽设置为相同。

5. 添加与删除行或列

在编辑表格时，若是发现行、列数不够，可以手动在表格中插入行或列。同时，如果行、列数超过了需求，还可以将多余的行或列删除，添加与删除行或列的方法介绍如下。

● **添加行或列：** 将光标定位到需要添加单元格的位置，在【表格工具 布局】/【行和列】组中单击"在上方插入"按钮或"在下方插入"按钮可插入行。单击"在左侧插入"按钮或"在右侧插入"按钮可插入列。

● **删除行或列：** 将光标定位到需删除的行或列单元格中，在【表格工具 布局】/【行和列】组中单击"删除"按钮，在打开的下拉列表中选择"删除列"选项，可删除当前列。

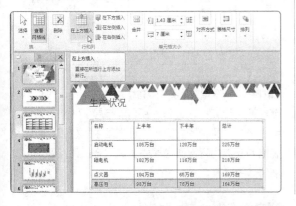

6. 合并与拆分单元格

为了满足表格或数据的需要，经常需要增加或删除某个单元格，通过合并或拆分单元格的方法来对单元格进行管理。在 PowerPoint 2010 中，主要可通过功能区和右键快捷菜单两种方式来合并和拆分单元格，下面分别介绍其方法。

● **合并单元格：** 选择需要合并的单元格区域，在【表格工具 布局】/【合并】组中单击"合并单元格"按钮，可以合并所选择的单元格。

● **拆分单元格：** 选择需拆分的单元格，在其上单击鼠标右键，在弹出的快捷菜单中选择"拆分单元格"命令，打开"拆分单元格"对话框，在行数和列数数值框中分别输入需拆分成的行列数，然后单击"确定"按钮，即可完成单元格的拆分。

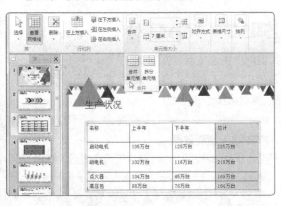

10.3.3 美化表格

完成表格的基本编辑后，为了让表格更符合幻灯片的风格或用户的需要，还需要进一步对表格的外观效果进行完善，如设置表格文本格式、添加边框和底纹、应用表格样式、设置表格阴影和映像效果等。

1. 设置单元格中文本的格式

设置表格中文本内容的格式是指为表格中的文本内容设置字体、字号、颜色和对齐方式等，其设置方法与设置幻灯片文本格式的方法基本一样。下面在"公司年终销售总结"演示文稿中对表格中的数据和文本的格式进行设置，其具体操作步骤如下。

微课：设置单元格中文本的格式

STEP 1 设置文本字体字号

❶打开"公司年终销售总结"演示文稿，在第 3 张幻灯片中输入表格内容，选择第 1 行文本；❷在【开始】/【字体】组的"字体"下拉列表中选择"方正准圆简体"选项；❸在"字号"下拉列表中选择"28"选项。

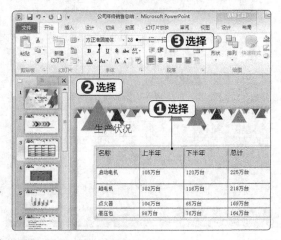

STEP 2 设置文本颜色

❶单击"字体颜色"按钮右侧的下拉按钮；❷在打开的下拉列表中选择"浅蓝"选项。使用相同的方法，将内容单元格中的文本字体格式设置为"华文隶书、24"，颜色设置为"蓝色，强调文字颜色 5，深色50%"。

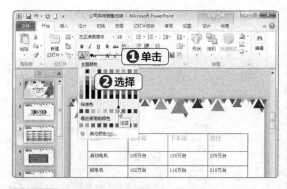

STEP 3 设置文本对齐方式

选择第 1 行文本，在【表格工具 布局】/【对齐方式】组中单击"居中"按钮和"垂直居中"按钮，将整个表格的文本内容设置为居中垂直对齐，保存对演示文稿所做的修改。

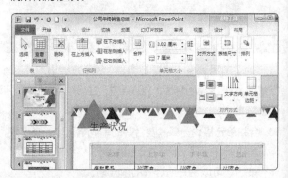

2. 应用表格样式

在 PowerPoint 2010 中，提供了多种精美的表格样式供用户快速应用。应用表格样式后，相应的单元格即会应用该样式的填充颜色、边框等效果。下面在"公司年终销售总结"演示文稿中对表格中的数据和文本的格式进行设置，其具体操作步骤如下。

微课：应用表格样式

STEP 1 选择表格样式

打开"公司年终销售总结"演示文稿，在第 3 张幻灯片中选择整个表格，在【表格工具 设计】/【表格样式】组中单击列表框右下角的下拉按钮，在打开的下拉列表框中选择"主题样式 2- 强调 6"选项。

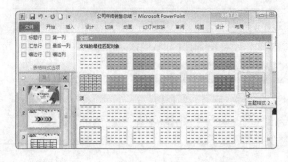

STEP 2 查看效果

返回幻灯片编辑区，即可查看应用样式后的表格效果。

3. 自定义表格样式

通过应用 PowerPoint 2010 表格样式可快速美化表格，若软件自带的快速样式无法满足需要，也可以通过手动设置表格的底纹和边框，使表格的样式更加个性化。下面在"公司年终销售总结"演示文稿中自定义表格中的数据和文本的格式，其具体操作步骤如下。

微课：自定义表格样式

STEP 1　设置单元格底纹

❶打开"公司年终销售总结"演示文稿，选择第 3 张幻灯片中的第 1 行单元格；❷在【表格工具 设计】/【表格样式】组中单击"底纹"按钮右侧的下拉按钮；❸在打开的下拉列表中选择"蓝-灰，文字 2，深色50%"选项；❹使用相同的方法，将第 2~5 行单元格的底纹设置为"橙色"。

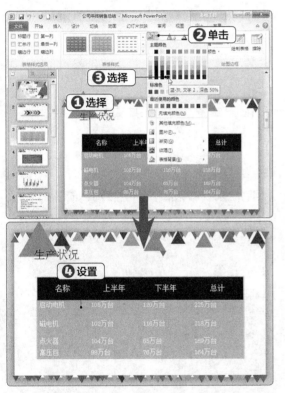

STEP 2　设置表格边框

❶选择整个表格，在【表格工具 设计】/【绘图边框】组中单击"笔颜色"按钮；❷在打开的下拉列表中选择"白色，背景 1"选项；❸将边框粗细设置为"1.0磅"；❹在【表格样式】组中单击"边框"按钮，在打开的下拉列表中选择"所有框线"选项。

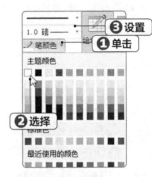

STEP 3　查看效果

返回幻灯片编辑区，即可查看设置后的效果。

10.4　使用图表分析"新品上市推广计划"演示文稿

新品上市推广计划的目的是让消费者认可该新品，给销售人员提供指引和说明，帮助销售人员在市场上取得骄人的销售业绩，这是一个最终目的。一个完整的新品上市推广计划应该包括产品概述、市场活动、媒体推广和售后跟踪 4 个大的方面。媒体推广中需要涉及广告预算费用，通过合理有效地安排费用才能推动新品上市推广计划顺利实施并最终达到有效传播的效果。

10.4.1 插入和编辑图表

在演示文稿中，使用表格表现数据有时会显得比较抽象，为了更直观、形象地表现数据，可使用图表对数据进行分析比较。

1. 插入图表

在演示文稿中插入表格，可更直观地展示数据之间的对比。下面在"新品上市推广计划"演示文稿中插入图表，其具体操作步骤如下。

微课：插入图表

STEP 1 选择图表类型

❶打开"新品上市推广计划"演示文稿，选择第 13 张幻灯片；❷在【插入】/【插图】组中单击"图表"按钮，打开"插入图表"对话框；❸选择"柱形图"选项；❹在右侧列表框中选择"簇状柱形图"选项；❺单击"确定"按钮。

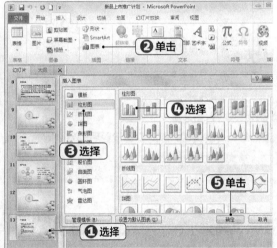

技巧秒杀

单击幻灯片占位符中的"插入图表"按钮也可以打开"插入图表"对话框。

STEP 2 输入数据

此时，系统将自动启动 Excel 2010，在蓝色边框内的相应单元格中输入需在图表中表现的数据。输入完

成后单击"关闭"按钮关闭 Excel。

STEP 3 查看效果

返回到幻灯片编辑窗口，即可看到插入的图表。

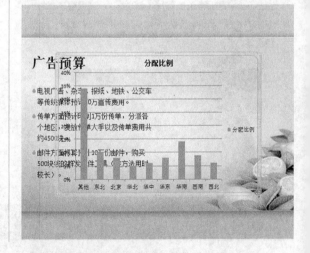

2. 编辑图表

插入图表后，如果发现图表中的数据、图表布局、图表类型、图表显示方式等不符合要求，可对图表进行编辑。下面在"新品上市推广计划"演示文稿中对图表的大小和位置等进行设置，其具体操作步骤如下。

微课：编辑图表

PART 03

STEP 1 选择图表类型

❶打开"新品上市推广计划"演示文稿，选择第 13
张幻灯片中的图表，在【图表工具 设计】/【类型】
组中单击"更改图表类型"按钮，打开"更改图表类型"
对话框；❷选择"饼图"选项；❸单击"确定"按钮
更改图表类型。

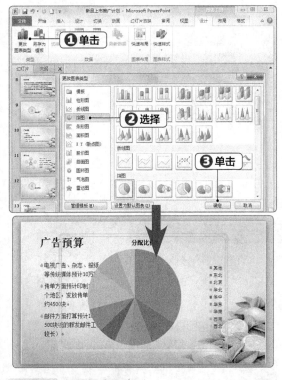

STEP 2 设置图表元素

❶在【图表工具 布局】/【标签】组中单击"数据标
签"按钮；❷在打开的下拉列表中选择"数据标签外"
选项；❸在【图表工具 布局】/【标签】组中单击"图
例"按钮；❹在打开的下拉列表中选择"在底部显示
图例"选项。

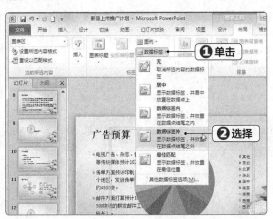

STEP 3 调整图表大小和位置

将光标移到图表右下角的控制点上，按住鼠标左键向
左上角拖动，调整到合适大小后释放鼠标。将光标移
动到图表上，按住鼠标左键向右边拖动到合适的位置
后释放鼠标，完成图表大小和位置的调整。

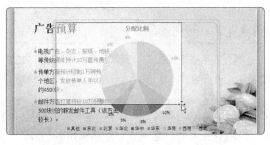

STEP 4 编辑数据

❶在【图表工具 设计】/【数据】组中单击"编辑数据"
按钮，打开"Microsoft PowerPoint 中的图表"窗口；
❷在表格中将 B6 单元格数据设置为 12%，将 B8 单
元格数据设置为 8%。

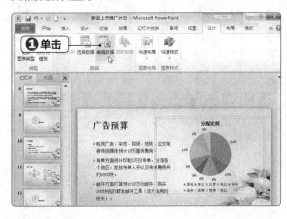

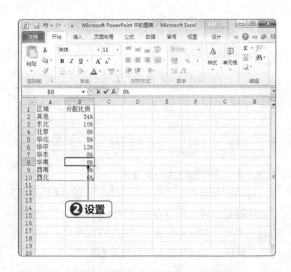

PART 03

STEP 5　查看效果

关闭数据编辑窗口，返回幻灯片编辑区，即可查看图表编辑后的效果。

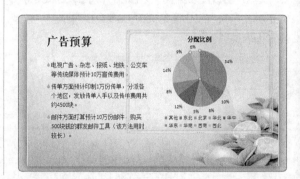

10.4.2 | 美化图表

幻灯片中插入的图表，其颜色效果和图表样式是 PowerPoint 根据演示文稿主题色自动设置的，用户可根据需要对其进行更改。

1. 快速美化图表

与美化图片和表格一样，在 PowerPoint 2010 中，用户也可通过应用图表颜色和图表样式快速美化图表，下面在"新品上市推广计划"演示文稿中快速美化图表，其具体操作步骤如下。

微课：快速美化图表

STEP 1　更改图表样式

❶打开"新品上市推广计划"演示文稿，选择第 13 张幻灯片中的图表，在【图表工具 设计】/【图表样式】组中单击"快速样式"按钮；❷在打开的下拉列表中选择"样式 26"选项。

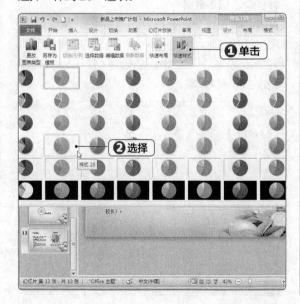

STEP 2　应用图表样式的效果

返回幻灯片编辑区即可查看图表美化后的效果。

微课: 自定义美化图表

2. 自定义美化图表

除了通过应用图表颜色和图表样式快速美化图表外，还可以根据需要对数据系列和图表各区域进行个性化设置。下面在"新品上市推广计划"演示文稿中对图表进行个性化设置，其具体操作步骤如下。

STEP 1　打开"数据系列格式"窗格

❶打开"新品上市推广计划"演示文稿，在第 13 张幻灯片的图表中，选择数据系列，在其上单击鼠标右键；❷在弹出的快捷菜单中选择"设置数据系列格式"命令，打开"设置数据系列格式"对话框。

STEP2　设置数据系列格式

在"系列选项"选项卡的"饼图分离程度"栏的数值框中输入"25%"，单击"关闭"按钮，关闭"设置数据系列格式"对话框返回幻灯片中。

STEP 3　设置绘图区格式

❶选择图表绘图区域，在其上单击鼠标右键，在弹出的快捷菜单中选择"设置绘图区格式"命令，打开"设置绘图区格式"对话框，在"填充"栏中单击选中"纯色填充"单选按钮；❷在下方的"填充颜色"栏中设置填充颜色为"黄色"，单击"关闭"按钮。

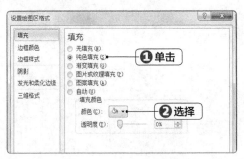

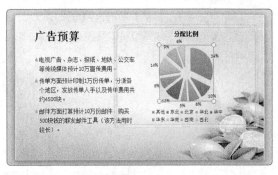

STEP 4　设置图表区格式

❶选择整个图表区域，在其上单击鼠标右键，在弹出的快捷菜单中选择"设置图表区格式"命令，打开"设置图表区格式"对话框，单击选中"图片或纹理填充"单选按钮；❷在"纹理"下拉列表中选择"画布"选项。

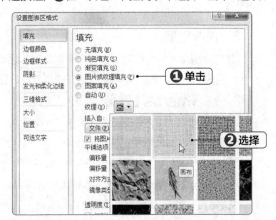

STEP 5　查看效果

关闭"设置图表区格式"对话框，返回幻灯片编辑区即可查看图表美化后的效果。

第 **10** 章　设计与美化演示文稿

273

新手加油站 —— 设计与美化演示文稿的技巧

1. 精确调整图片宽度和高度

除了可使用鼠标拖动的方法来调整图片的大小外，在【图片工具 格式】/【大小】组的"高度"和"宽度"数值框中输入相应的数值可精确调整图片大小，也可在打开的"设置图片格式"对话框的"大小"选项卡中调整图片的大小。

2. 快速裁剪图片

进行裁剪图片的操作时，选择"裁剪"选项后，将光标移动到图片区域中，按住鼠标左键不放进行拖动，也可以完成图片的裁剪。完成裁剪后在图片外双击鼠标即可。

3. 在 SmartArt 图形中插入形状

在 PowerPoint 2010 中提供的部分 SmartArt 图形中，可以插入图片和文本进行配合使用，以便更好地表达图形的含义，其具体操作步骤如下。

❶ 单击 SmartArt 图形中的图片按钮，打开"插入图片"对话框。

❷ 在对话框左侧导航窗格中选择图片的位置，在右侧列表框中选择图片。

❸ 单击"打开"按钮即可将图片插入。

PowerPoint 应用

第 11 章

设置和放映演示文稿

/ 本章导读

　　演示文稿如果只是由文字、图形、形状等对象组成，演讲过程中只是简单地一张一张地放映，那么演讲过程将略显枯燥。为了让演示文稿更加丰富和生动，可以在幻灯片中添加音频、视频文件，可以为幻灯片中的对象添加动画，让其动态显示，以及添加链接实现交互。本章将使用不同的方式讲解怎样设置出生动富有变化的演示文稿，以及放映演示文稿的相关知识。

11.1 为"教学课件"设计动画效果

课件是演示文稿中非常常见的一种类型，多用于教师教学。随着多媒体教学的普及和推广，演示文稿类课件的应用率越来越高。在制作课件时，不仅需要根据学科的性质来确定演示文稿的主题，还需要灵活运用演示文稿中的各种对象对课件内容进行更好的展示，与学生进行更多的互动，实现互动目的的最好方式便是设置动画效果。本节将通过为"数学课件"演示文稿设置动画效果来详细讲解动画设计的操作知识。

11.1.1 设计幻灯片对象动画

为了使演示文稿中某些需要强调或关键的对象在放映过程中能生动地展示在观众面前，如文字或图片，可以为这些对象添加合适的动画效果，使幻灯片的内容更加生动、活泼。本节将对添加内置动画效果、自动义路径动画、更改动画效果选项与播放顺序、设置动画计时，以及使用触发器设计动画的操作方法进行介绍。

1. 添加内置动画效果

为了使制作的演示文稿更加生动，用户可为幻灯片中不同的对象设置不同的动画，使幻灯片中的对象以不同的方式出现在幻灯片中。在 PowerPoint 2010 中提供了丰富的内置动画样式，用户可以根据需要进行添加。下面在"数学课件"演示文稿中通过"动画"组和动画对话框为幻灯片中的文字和图形添加动画效果，其具体操作步骤如下。

微课：添加内置动画效果

STEP 1　在"动画"组中添加动画
❶打开"数学课件"演示文稿，首先选择需要添加动画效果的对象，这里选择第 2 张幻灯片中的标题文字，在【动画】/【动画】组中单击"动画样式"按钮；
❷在打开的下拉列表的"进入"栏中选择"轮子"选项。

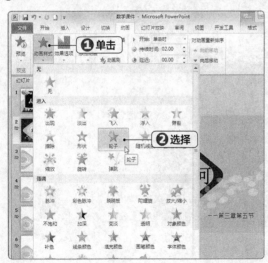

STEP 2　查看动画效果
使用相同的方法，将副标题文本的动画效果设置为"波浪形"动画效果。放映幻灯片即可查看动画效果。

STEP 3　在动画对话框中添加动画
❶选择第 3 张幻灯片中的图形对象，在【动画】/【动画】组中单击"动画样式"按钮，在打开的下拉列表中选择"更多进入效果"选项，打开"更改进入效果"对话框，其中提供了更多的动画样式，这里选择"华

丽型"栏中的"玩具风车"选项；❷单击"确定"按钮。

风车效果出现。

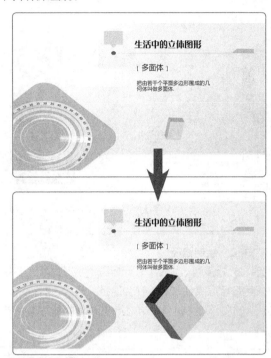

 操作解谜

各种动画类型的释义

　　PowerPoint 2010提供了"进入""强调""退出"和"动作路径"4种类型的动画。进入动画和退出动画对象最初并不在幻灯片编辑区中，而是从其他位置，通过其他方式进入幻灯片；强调动画是在放映过程中不是从无到有的，而是一开始就存在于幻灯片中，放映时，对象的颜色和形状会发生变化；动作路径动画放映时，对象将沿着指定的路径进入幻灯片编辑区相应的位置，这类动画比较灵活，能够实现画面的千变万化。

技巧秒杀

在"动画"组中选择动画效果时，将光标停留在选项上，可在幻灯片中同步预览对象的效果变化；如果是在"更改进入效果"对话框中设置动画，要预览对象的效果变化，则需要在对话框中单击选中"预览效果"复选框。

STEP 4　查看保存的图片文件

此时放映幻灯片，图形将以由小到大进行旋转的玩具

2. 自定义路径动画

　　默认的路径动画选项有时或许满足不了用户的需求，这时用户可以按照自己的思路绘制路径，让对象根据绘制的路径进行有规律的运动。下面为"数学课件"演示文稿设置开场动画，通过幽默的内容和动态效果，使教学产生吸引力，避免教学的枯燥，其具体操作步骤如下。

微课：自定义路径动画

STEP 1　执行自定义命令

❶打开"数学课件"演示文稿，选择第1张幻灯片上方的"气球"图片，在【动画】/【动画】组中单击"动画样式"按钮；❷在打开的下拉列表中选择"动作路径"栏中的"自定义路径"选项。

技巧秒杀

为某个对象设置默认的路径动画后，用户可通过调整两端的控制点更改动作路径的变化幅度等，调整出更符合构想的思路。

第 **11** 章　设置和放映演示文稿

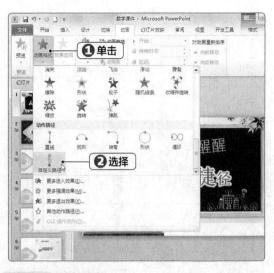

STEP 2　绘制路径

此时将光标移到幻灯片上，光标呈十字形状，首先将光标移动到图片上单击，作为路径的起点，然后拖动鼠标绘制动作路径，鼠标单击可在需要的地方形成转折点。

STEP 3　完成绘制

绘制完成后双击鼠标，确定路径的终点，此时路径的起点显示为绿色箭头样式，终点显示为红色箭头样式。

技巧秒杀

在【动画】/【预览】组中单击"预览"按钮，可随时预览查看动画的播放效果。

STEP 4　观看动画

放映动画，图片将沿着绘制的路径移动形成动画效果。

操作解谜

调整路径节点

　　为幻灯片中的对象绘制动作路径后，默认情况下，会自动对设置的动作路径进行播放，如果效果不对，可及时对其进行修改。其方法是，在路径上单击鼠标右键，在弹出的快捷菜单中选择"编辑定点"命令，然后将光标移到节点上，拖动鼠标移动定点位置即可。

3. 更改动画效果选项与播放顺序

　　为对象添加动画效果，其动画效果选项是默认的，用户可自行更改，如更改进入方向等；而播放顺序是按照设置动画的先后顺序进行播放，用户同样可对设置的动画播放顺序进行更改。下面将在"数学课件"演示文稿的第5张幻灯片中更改对象的效果选项和播放顺序，其具体操作步骤如下。

微课：更改动画效果选项与播放顺序

STEP 1 修改浮入方向

❶打开"数学课件"演示文稿，选择第 5 张幻灯片的标题文本框；❷在【动画】/【动画】组中单击"效果选项"按钮；❸在打开的下拉列表中选择"下浮"选项，将其进入动画更改为从上方浮入。

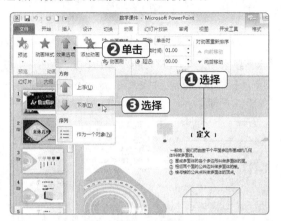

STEP 2 修改"轮子"动画的轮辐图案

❶选择下方的图形；❷在【动画】/【动画】组中单击"效果选项"按钮；❸在打开的下拉列表中选择"3 轮辐图案"选项，将其"轮子"动画更改为"3 轮辐图案"滚动样式。

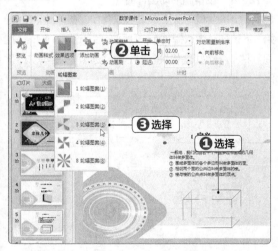

操作解谜

为对象应用多个动画效果

在【动画】/【高级动画】组中单击"添加动画"按钮，在打开的下拉列表中也可进行动画样式的选择，可为同一对象同时应用多个动画，其选项与"动画样式"下拉列表中的选项相同。

STEP 3 移动顺序位置

❶在【动画】/【高级动画】组中单击"动画窗格"按钮；❷打开"动画窗格"窗格，将"组合 2"动画选项通过按住鼠标不放进行拖动，拖动至第 1 个动画位置后释放鼠标即可。

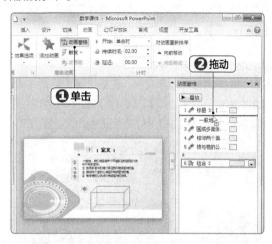

STEP 4 查看调整位置后的效果

返回幻灯片中，可看到图形的动画顺序编号由"6"变为"2"，单击动画窗格中的"播放"按钮可播放动画效果。

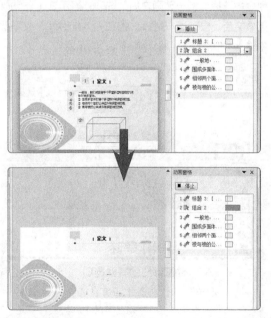

技巧秒杀

单击"播放"按钮右侧的▲或▼按钮，可将选择的动画选项上移或下移一个位置。

微课：设置动画计时

4. 设置动画计时

默认设置的动画效果播放时间和速度都是固定的，而且只有在单击鼠标后才会开始播放下一个动画，如果要想将各个动画衔接起来，就必须设置动画的计时。动画计时最直接、最常用的方法是在"计时"组中设置，在实际操作中也可通过动画对话框中的"计时"选项卡完成。下面在"数学课件"演示文稿中对第2张和第5张幻灯片的对象进行动画计时设置，其具体操作步骤如下。

STEP 1　设置标题计时

打开"数学课件"演示文稿，在第2张幻灯片中选择标题文本框，在【动画】/【计时】组的"持续时间"文本框中输入"03.00"，将动画播放时间设置为3秒。

STEP 2　设置副标题计时

❶选择副标题文本框，在【计时】组的"开始"下拉列表中选择"上一动画之后"选项，表示在上一动画播放完后，自动进行播放；❷在"持续时间"文本框中输入"01.00"，将动画持续时间设置为1秒。

操作解谜

动画计时的其他选项

"开始"下拉列表中还有"与上一动画同时"选项，表示与上一个动画同时进行播放；"延迟"文本框用于设置动画的延迟播放时间；"对动画重新排序"则可调整动画的播放顺序。

STEP 3　打开动画窗格

❶选择第5张幻灯片，在"高级动画"组中单击"动画窗格"按钮；❷在打开的窗格中单击"组合2"动画选项右侧的下拉按钮；❸在打开的下拉列表中选择"计时"选项。

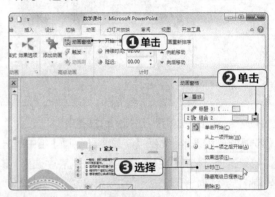

STEP 4　设置图形动画计时

❶打开该动画选项对话框，单击"计时"选项卡，在"开始"下拉列表中选择"上一动画之后"选项；❷在"期间"下拉列表中选择"慢速（3秒）选项"；❸单击"确定"按钮。

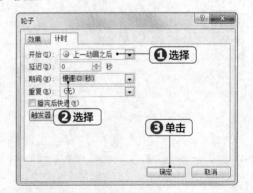

技巧秒杀

单击选中"播完后快退"复选框，动画播放完成后将快速退出；在"重复"下拉列表中可设置动画重复播放的次数。在对话框的"效果"选项卡中可设置动画选项。

STEP 5　设置文本内容的动画计时

❶在"标题 3"动画选项上单击鼠标右键，在弹出的快捷菜单中选择"计时"命令，在打开的对话框中单击"计时"选项卡，在"开始"下拉列表中选择"上一动画之后"选项；❷在"延迟"文本框中输入"60"；❸单击"确定"按钮。

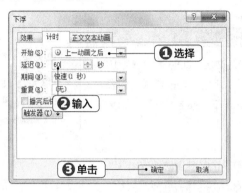

STEP 6　完成设置

将其他文本内容的动画计时设置为"上一动画之后"、延迟时间为 0。

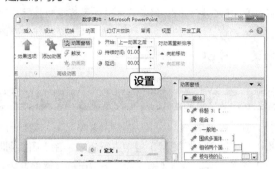

技巧秒杀

为图形的下一个文本内容动画设置延迟，可用于在延迟时间内老师向学生提问。

5. 使用触发器设计动画

触发器是指通过单击某个对象来触发某指定对象的动画效果，其应用通常是在"计时"选项卡中完成。在实际设计中，这种方式经常使用。下面在"数学课件"演示文稿的 8 张幻灯片中设置左侧图片触发右侧图片的动画效果，其具体操作步骤如下。

微课：使用触发器设计动画

STEP 1　选择"计时"命令

❶打开"数学课件"演示文稿，选择第 8 张幻灯片，在【动画】/【高级动画】组中单击"动画窗格"按钮；❷在打开的窗格的"图片 1"选项上单击鼠标右键；❸在弹出的快捷菜单中选择"计时"命令。

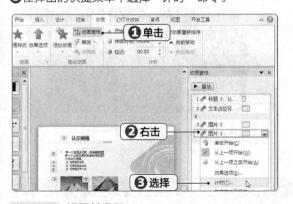

STEP 2　设置触发器

❶在打开的对话框中的"计时"选项卡中单击"触发器"按钮；❷单击选中"单击下列对象时启动效果"单选按钮；❸在右侧的下拉列表中选择触发的对象，这里选择"图片 2"选项；❹单击"确定"按钮。

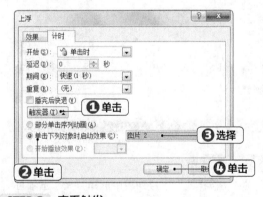

STEP 3　查看触发

放映时，将光标放到左侧图片上，光标变为手型样式，单击该图片可触发右侧图形的动画播放。

单击图片触发

第 **11** 章　设置和放映演示文稿

11.1.2 设计幻灯片切换动画

为幻灯片中的各个对象添加动画效果后，可进一步对幻灯片的切换效果进行动画设计。为幻灯片添加切换动画，在放映幻灯片时，各幻灯片进入屏幕或离开屏幕时以动画效果显示，使幻灯片与幻灯片之间产生动态效果，使各张幻灯片连贯起来。设置幻灯片的切换动画与设置幻灯片中的动画操作类似，只要掌握了对象动画的设置，设置幻灯片的切换动画就很简单。

1. 添加切换动画

在 PowerPoint 2010 中，默认情况下，幻灯片没有切换效果，此时需要在【切换】/【切换到此幻灯片】组中进行添加，在【切换到此幻灯片】组的"切换样式"列表框中提供了多种切换效果样式，用户可任意选择其中一项。下面在"数学课件"演示文稿中添加幻灯片的切换效果，其具体操作步骤如下。

微课：添加切换动画

STEP 1　在"动画"组中添加动画

打开"数学课件"演示文稿，选择第 1 张幻灯片，在【切换】/【切换到此幻灯片】组的"切换样式"下拉列表中选择需要的动画选项即可，这里在"华丽型"栏中选择"涡流"选项。

技巧秒杀

在"切换样式"下拉列表中选择"无"选项可删除切换动画效果。添加切换动画后，默认会自动播放切换效果进行预览。

STEP 2　查看动画效果

放映演示文稿时即可查看幻灯片的切换效果，然后使用相同的方法为其他幻灯片添加切换效果。

2. 设置切换动画

为幻灯片添加切换效果后，可对切换效果进行设置，主要通过"切换"功能面板设置切换动画的"效果选项"与"计时"，使切换效果达到最佳，让幻灯片与幻灯片之间的切换更连续。其操作方法与设置对象动画效果相似，下面分别介绍"切换"功能面板中各个设置选项的操作和作用。

- **"预览"按钮:** 单击该按钮,可在演示文稿中预览幻灯片的切换效果。

- **"效果选项"按钮:** 单击该按钮,在其下拉列表中可更改效果选项,如方向等。不同的切换效果所包含的切换效果选项不同,用户可根据需要进行选择。

- **"声音"下拉列表:** 在该下拉列表中提供了多种内置的声音,用户可根据需要选择相应的选项,作为幻灯片切换时的声音。

- **"切换时间"文本框:** 该文本框用于设置切换效果的播放持续时间。

- **"全部应用"按钮:** 单击该按钮,可将当前的"声音"和"切换播放持续时间"设置应用到全部幻灯片中。

- **"换片方式"栏:** 单击选中"单击鼠标时"复选框,表示单击鼠标将切换进入下一张幻灯片;单击选中"设置自动换片时间"复选框,在旁边的文本框中设置时间,表示该张幻灯片在设置的时间后直接切换到下一张幻灯片。

11.2 为"产品营销推广"演示文稿添加交互功能

　　"产品营销推广"是公司常用的一种演示文稿类型,通常一个新成立的公司研发出一款适用的新产品,都会在市场中大力推广,演示文稿的展示和流通将发挥巨大的作用,从而让产品消息迅速传播,最终达到营销宣传的目的。通常,"产品营销推广"演示文稿包含产品介绍信息、产品实现的功能、产品的特色等,这类演示文稿分为多个部分,在演示文稿的前部分将会制作一个小目录,用于排列内容大纲,为其添加链接交互功能能够实现内容的快速跳转,从一张幻灯片到另一张幻灯片的跳转,让观众更快地接受新产品的各类信息。本节将详细介绍在演示文稿中添加各类链接,实现交互功能的操作知识。

11.2.1 使用链接交互功能

　　用户除了可通过单纯地在演示文稿中插入不同的对象来丰富演示文稿的内容外,还可通过应用超链接,制作出具有交互式效果的演示文稿。在 PowerPoint 2010 中,可为幻灯片中的文本、图像、形状等对象添加超链接,其添加的方法都基本相同。实际制作中,通常会选择文字内容添加超链接,主要可通过创建超链接或动作来实现。

1. 通过创建超链接实现

　　一些大型的演示文稿，其内容较多，信息量很大，通常会包含一个目录页，用户可将目录页的内容添加超链接，可快速跳转到具体介绍的幻灯片页面，当然可任意选择对象跳转到需要的位置，一般是通过超链接创建完成。下面在"支付腕带营销推广"演示文稿中的第 4 张目录幻灯片中创建超链接，其具体操作步骤如下。

STEP 1　选择设置文本内容链接

❶打开"支付腕带营销推广"演示文稿，在第 4 张幻灯片中选择目标文本内容；❷在【插入】/【链接】组中单击"超链接"按钮。

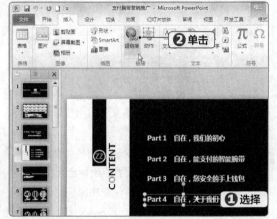

技巧秒杀

在需添加超链接的对象上单击鼠标右键，在弹出的快捷菜单中选择"超链接"命令，也可打开"插入超链接"对话框。

STEP 2　设置链接目标

❶打开"插入超链接"对话框，在"链接到"列表框中单击"本文档中的位置"按钮；❷在"请选择文档中的位置"列表框中选择链接到的幻灯片，这里选择第 24 张幻灯片；❸单击"确定"按钮。

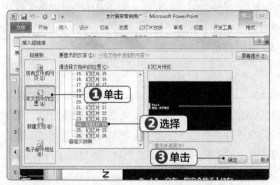

STEP 3　查看文字超链接的效果

返回幻灯片，进行幻灯片放映时，查看到选择的"自在，关于我们"文字内容，将光标移动到其上，会变成超链接默认的手形。

> **Part 2　自在，能支付的智能腕带**
>
> **Part 3　自在，您安全的手上钱包**
>
> **Part 4　自在，关于我们**

STEP 4　添加其他超链接

使用相同的方法，分别将"Part 3""Part 2""Part 1"中的文字内容链接到第 19 张、第 9 张、第 5 张幻灯片。

> **Part 2　自在，能支付的智能腕带**
>
> **Part 3　自在，您安全的手上钱包**
>
> **Part 4　自在，关于我们**

操作解谜

"插入超链接"对话框

　　"链接到"列表框中的"现有文件或网页"按钮，用于设置链接到现有的某个文件或网页；"新建文档"按钮用于新建文档，并将链接到该文档；"电子邮件地址"按钮用于链接到邮箱地址，它们的操作方法相似。"要显示的文字"文本框则用于显示设置超链接的文本内容。

STEP 5　查看链接效果

放映幻灯片时，将光标移到"Part 1"中的文字内容上，光标变为手型样式，单击鼠标可跳转到第 5 张幻灯片，单击"Part 2"中的文字内容将跳转到第 9 张幻灯片。

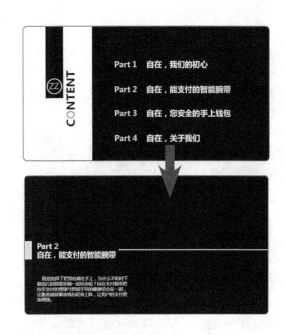

2. 通过创建动作实现

在幻灯片中通过创建动作同样可实现添加超链接的目的，同时创建动作比超链接能实现的跳转和控制功能更多。下面在"支付腕带营销推广"演示文稿中的第 10 张幻灯片中创建动作，实现超链接功能，其具体操作步骤如下。

微课：通过创建动作实现

STEP 1 执行动作命令

❶打开"支付腕带营销推广"演示文稿，在第 10 张幻灯片中选择目标文本内容"娱乐支付"；❷在【插入】/【链接】组中单击"动作"按钮。

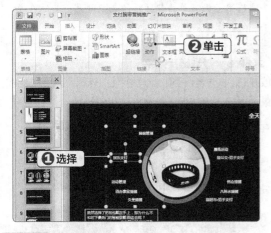

STEP 2 启用链接

❶打开"动作设置"对话框，在"单击鼠标"选项卡中单击选中"超链接到"单选按钮；❷在下方的下拉列表中选择"幻灯片"选项。

技巧秒杀

"单击鼠标"选项卡是指设置超链接后单击鼠标进行链接跳转到目标；"鼠标移过"选项卡是指设置超链接后，当光标停放到超链接内容上进行链接跳转到目标。这两个选项卡中的内容完全相同。

285

STEP 3　选择链接目标

❶打开"超链接到幻灯片"对话框，在"幻灯片标题"列表框中选择链接到的幻灯片，这里选择第 23 张幻灯片选项；❷单击"确定"按钮，在返回的"动作设置"对话框中单击"确定"按钮。

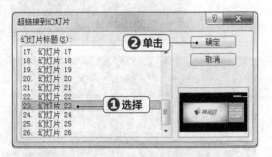

STEP 4　添加其他链接并查看链接效果

使用相同的方法，分别将"刷公交·抬手支付""刷超市·抬手支付"中的文字内容链接到第 12 张、第 14 张幻灯片，然后在放映时单击其中任意一个超链接，查看链接跳转效果。

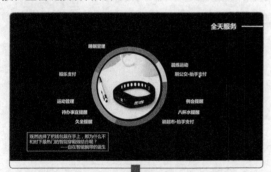

操作解谜

超链接单击前后的颜色

　　放映时，单击超链接后，返回到幻灯片中，超链接的文本内容颜色将发生改变，为默认显示的紫色。

STEP 5　添加图片超链接

❶选择最后一张幻灯片中的 logo 图片，在【插入 】/【 链接】组中单击"动作"按钮，打开"动作设置"对话框，单击"单击鼠标"选项卡；❷单击选中"超链接到"单选按钮；❸在下方的下拉列表框中选择"第一张幻灯片"选项；❹单击"确定"按钮。

操作解谜

"动作设置"对话框

　　"无动作"单选按钮，表示不创建任何动作，选择创建动作的对象，打开对话框，单击选中该单选按钮可取消创建的动作链接；"超链接到"下拉列表框中提供了多种选择，用户可根据需要选择相应的选项进行设置；"播放声音"复选框用于设置单击超链接的音效效果；其他选项一般很少使用，这里不再赘述。

STEP 6　查看链接效果

放映时，将光标移到 logo 图片上，光标变为手型样式，单击鼠标，将链接跳转到第 1 张幻灯片。

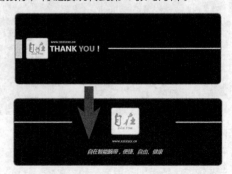

PART 03

3. 更改文本链接默认显示颜色

将文本内容设置为超链接后，单击前后超链接的颜色都呈默认显示，该颜色可能无法与幻灯片的整体效果融合，无法突出内容，此时可更改文本超链接的颜色，使其更清晰地显示在幻灯片中，其具体操作步骤如下。

微课：更改文本链接默认显示颜色

STEP 1 自定义链接颜色

❶打开"支付腕带营销推广"演示文稿，选择第 4 张幻灯片，选择【设计】/【主题】组，单击"颜色"按钮；❷在打开的下拉列表中选择任意一种颜色，这里选择"新建主题颜色"选项。

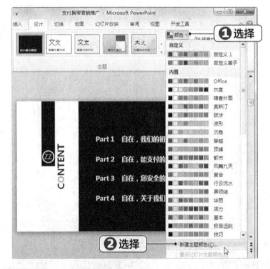

STEP 2 设置链接颜色

❶打开"新建主题颜色"对话框，单击"超链接"栏中的颜色按钮，在打开的下拉列表中选择"橙色"选项；❷单击"已访问的超链接"栏中的颜色按钮，在打开的下拉列表中选择"绿色"选项；❸单击"保存"按钮。

操作解谜

"新建主题颜色"对话框

在对话框中设置链接的颜色后，"重置"按钮被激活，单击该按钮可恢复默认颜色；保存设置后，输入的主题名称将显示在"颜色"下拉列表框中，方便下次直接选择；右侧的"示例"栏则可预览更改链接颜色后的效果。

STEP 3 查看更改效果

此时，演示文稿中所有的文本超链接的默认颜色都将发生更改，单击前为"橙色"，单击后为"绿色"。

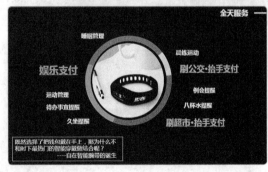

技巧秒杀

用户如果需要取消添加的文本超链接，可以选择设置了超链接的文本，在打开的"编辑超链接"对话框中单击"删除链接"按钮即可。

11.2.2 使用动作按钮

除了为幻灯片中的对象创建超链接和动作实现交互功能外，用户还可自行绘制动作按钮，来实现幻灯片的交互功能，同时还能扩充幻灯片的内容。本节将介绍创建动作按钮、设置动作按钮的格式以及设计自定义动作按钮这3方面的知识。

1. 创建动作按钮

通过动作按钮实现交互的设置与动作的设置相似，只是动作按钮实现交互的对象是绘制的按钮，其原理是单击绘制的动作按钮实现链接跳转。下面在"支付腕带营销推广"演示文稿中的第2张幻灯片中创建动作按钮，介绍动作按钮的创建方法，其具体操作步骤如下。

微课：创建动作按钮

STEP 1 选择动作按钮的类型

❶打开"支付腕带营销推广"演示文稿，选择第2张幻灯片，在【插入】/【插图】组中单击"形状"按钮；❷在打开的下拉列表中选择"动作按钮：后退或前一项"选项。

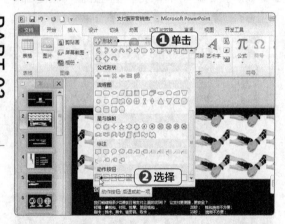

STEP 2 绘制动作按钮

此时，光标将呈十字形状，拖动鼠标在幻灯片右下角绘制一个动作按钮。

STEP 3 设置链接目标

绘制完成并释放鼠标后，将打开"动作设置"对话框，保持默认链接到上一张幻灯片设置，单击"确定"按钮。

STEP 4 绘制其他动作按钮

使用相同的方法，绘制"前进或下一项""开始""结束"动作按钮，分别链接跳转到下一张幻灯片、第一张幻灯片、最后一张幻灯片。

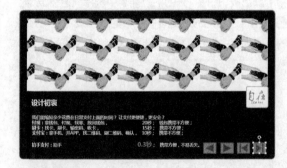

技巧秒杀

如果要为演示文稿中的每张幻灯片都添加相同的动作按钮，可通过进入幻灯片母版绘制，其操作方法完全相同。

2. 设置动作按钮的格式

绘制完成的动作按钮其格式是默认的，与幻灯片整体可能不协调，用户可通过格式设置使其更美观。下面在"支付腕带营销推广"演示文稿中为创建的动作按钮设置格式，使其颜色和样式更协调和美观，其具体操作步骤如下。

微课：设置动作按钮格式

STEP 1 设置按钮形状样式

❶打开"支付腕带营销推广"演示文稿，选择第 2 张幻灯片中所有的动作按钮；❷在【绘图工具 格式】/【形状样式】组的样式列表中选择"强烈效果，橙色，强调颜色 6"选项。

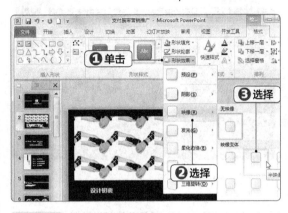

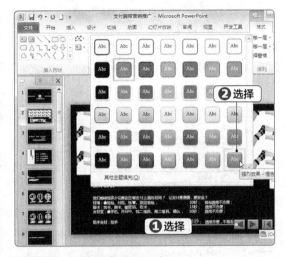

STEP 3 绘制其他动作按钮

完成设置后，可查看其格式效果，放映时，光标移到按钮上时将变为手型样式，单击鼠标即可链接跳转到目标幻灯片。

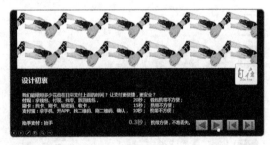

STEP 2 设置按钮形状效果

❶在【绘图工具 格式】/【形状样式】组中单击"形状效果"按钮；❷在打开的下拉列表中选择"映像"选项；❸在其子列表中选择"半映像，接触"选项。

技巧秒杀

为保证绘制的每个动作按钮大小相等，可在【格式】/【大小】组中将"高度"和"宽度"值设置为一致；要让绘制的动作按钮在同一水平线，则可在【格式】/【排列】组中设置对齐方式；另外可通过鼠标调整大小和所在位置。

操作解谜

动作按钮的删除

选择动作按钮，按【Delete】键可删除动作按钮，并取消动作设置，如果在"动作设置"对话框中单击选中"无动作"单选按钮，将取消动作设置，但会保留绘制的按钮。

3. 设计自定义动作按钮

默认的动作按钮形状和链接目标比较单一，此时，可结合形状和动作设计自定义的动作按钮。首先绘制形状，然后通过创建动作来实现，使幻灯片的内容更丰富、更生动。下面在"支付腕带营销推广"演示文稿的第 10 张幻灯片中通过"笑脸"形状设计自定义动作按钮，其具体操作步骤如下。

微课：设计自定义动作按钮

STEP 1 绘制"笑脸"形状

打开"支付腕带营销推广"演示文稿，选择第 10 张幻灯片，选择【格式】/【形状】组，单击"形状"按钮，在打开的下拉列表中选择"基本形状"栏中的"笑脸"选项，然后在"睡眠管理"文本左侧绘制笑脸形状。

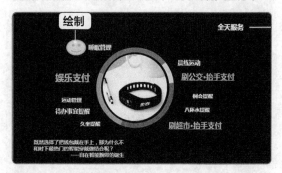

STEP 2 设置形状格式

❶在【绘图工具 格式】/【形状样式】组的样式列表框中选择"浅色 1 轮廓，彩色填充 - 橄榄色，强调颜色 3"选项；❷单击"形状效果"按钮，在打开的下拉列表中选择"映像"选项，在其子列表中选择"紧密映像，接触"选项。

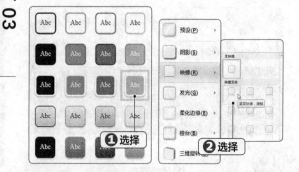

STEP 3 完成绘制

返回幻灯片，可查看绘制并设置效果后的笑脸形状。

STEP 4 设置链接

❶打开"动作设置"对话框，单击"单击鼠标"选项卡，单击选中"超链接到"单选按钮；❷在其下方的下拉列表中选择"幻灯片"选项。

STEP 5 选择链接目标

❶打开"超链接到幻灯片"对话框，在"幻灯片标题"列表框中选择第 17 张幻灯片；❷依次单击"确定"按钮。

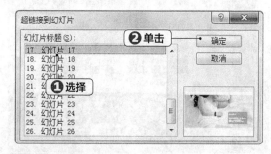

STEP 6 复制动作按钮

将笑脸形状分别复制到"待办事宜提醒"和"晨练运动"文本旁，然后在"晨练运动"旁的笑脸形状上单击鼠标右键，在弹出的快捷菜单中选择"编辑超链接"命令。

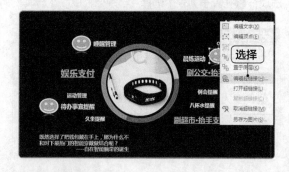

技巧秒杀

通过任何方式创建的链接交互，都可在对象上单击鼠标右键，在弹出的快捷菜单中选择"取消超链接"命令删除链接功能；而选择"打开超链接"命令可切换至目标。

STEP 7　更改链接目标

❶打开"编辑超链接"对话框，将链接目标更改为第 15 张幻灯片；❷单击"确定"按钮。

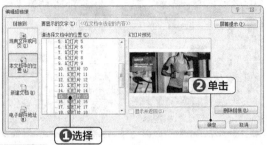

❶选择　❷单击

STEP 8　完成设计

使用相同的方法，将"待办事宜提醒"旁的笑脸形状的链接目标更改为第 16 张幻灯片，放映时，将光标移到笑脸上并单击，可快速切换幻灯片。

11.3　放映"2017 年亿联手机发布"演示文稿

　　新品上市发布是指公司或企业新产品即将面世，从而在发布会上向到会者进行展示。"新品上市发布"演示文稿是公开展示，因此在制作时，介绍产品部分需要提炼出其精华内容，通常需要包括产品质量、产品组成、产品新功能、产品特点等。要对演示文稿的内容进行展示，就需要掌握演示文稿的放映知识，学会控制放映，以便与到会者形成互动。

11.3.1　放映幻灯片

　　制作"新品上市发布"演示文稿的最终目的是放映给观众看，但制作好演示文稿后，并不是立即放映给观众，还需做一些放映准备。因为不同的放映场合，对演示文稿的放映要求会有所不同，因此，在放映之前，还需要对演示文稿进行一些放映设置，使其更符合放映的场合，如设置排练计时、录制旁白、设置放映方式等。

1. 设置排练计时

　　排练计时是指将放映每张幻灯片的时间进行记录，然后放映演示文稿时，就可按排练的时间和顺序进行放映，从而实现演示文稿的自动放映，演讲者则可专心进行演讲而不用再去控制幻灯片的切换等操作。下面在"2017 年亿联手机发布"演示文稿中设置排练时间，其具体操作步骤如下。

微课：设置排练计时

STEP 1　进入放映排练状态

打开"2017 年亿联手机发布"演示文稿，在【幻灯片放映】/【设置】组中单击"排练计时"按钮，进入放映排练状态。

技巧秒杀

在放映演示文稿时，需要在【幻灯片放映】/【设置】组中单击选中"使用计时"复选框。

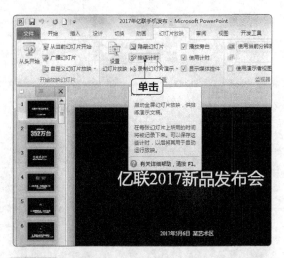

STEP 2　开始计时

进入放映排练状态后，将打开"录制"工具栏并自动
为该幻灯片计时。

技巧秒杀

在"录制"工具栏中单击"暂停"按钮将暂停
计时；单击"重复"按钮可重新进行计时。在
计时过程中按【Esc】键可退出计时。

STEP 4　保存排练计时

使用相同的方法录制其他幻灯片的放映时间，所有幻
灯片放映结束后，屏幕上将打开提示对话框，询问是
否保留幻灯片的排练时间，单击"是"按钮进行保存。

STEP 3　完成第一张幻灯片的计时

该张幻灯片播放完成后，在"录制"工具栏中单击"下
一项"按钮或直接单击鼠标左键切换到下一张幻灯片，
"录制"工具栏中的时间又将从头开始为该张幻灯片
的放映进行计时。

2. 录制旁白

在放映演示文稿时，可以通过录制旁白的方法事先录制好演讲者的演说词，这样播
放时会自动播放录制好的演说词。需注意的是：在录制旁白前，需要保证计算机中已安
装了声卡和麦克风，且两者均处于工作状态，否则将不能进行录制或录制的旁白无声音。
下面在"2017年亿联手机发布"演示文稿中录制旁白，介绍手机产品的尺寸与重量，其
具体操作步骤如下。

微课：录制旁白

PART 03

STEP 1　启动旁白录制

❶打开"2017 年亿联手机发布"演示文稿，在【幻灯片放映】/【设置】组中单击"录制幻灯片演示"按钮右侧的下拉按钮；❷如果选择从第一张幻灯片开始录制，则在打开的下拉列表中选择"从头开始录制"选项；如果选择从当前幻灯片或为该张幻灯片录制旁白，则选择"从当前幻灯片开始录制"选项。

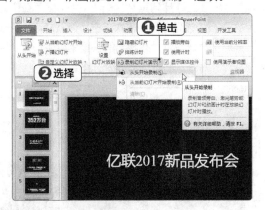

STEP 2　设置录制范围

❶在打开的"录制幻灯片演示"对话框中撤销选中"幻灯片和动画计时"复选框；❷单击"开始录制"按钮。

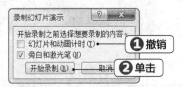

技巧秒杀

如果单击选中"幻灯片和动画计时"复选框，在录制旁白的同时，也会录制幻灯片放映的时间。

STEP 3　录入旁白

此时进入幻灯片录制状态，打开"录制"工具栏并开始对录制旁白进行计时，此时录入准备好的演说词。

STEP 4　完成旁白的录制

录制完成后按【Esc】键退出幻灯片的录制状态，返回幻灯片普通视图，此时幻灯片中将会出现声音图标。

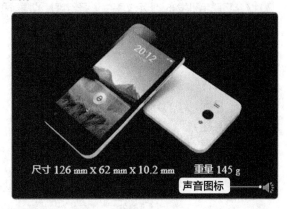

STEP 5　试听旁白的语音效果

将光标移到声音图标上，将打开音频控制条，单击"播放"按钮，可试听旁白的语音效果。

操作解谜

放映时不播放录制与清除录制内容

如果放映幻灯片时，不需要使用录制的排练计时和旁白，可在【幻灯片放映】/【设置】组中撤销选中"使用计时"和"播放旁白"复选框，这样不会将录制的旁白和计时删除。若想将录制的计时和旁白从幻灯片中彻底删除，可以单击"录制幻灯片演示"按钮右侧的下拉按钮，在打开的下拉列表中选择"清除"选项，在打开的子列表中选择相应的清除选项即可。

3. 隐藏 / 显示幻灯片

放映幻灯片时，系统将自动按设置的放映方式依次放映每张幻灯片，但在实际放映过程中，可以将暂时不需要放映的幻灯片隐藏起来，等到需要时再将它显示出来。下面在"2017年亿联手机发布"演示文稿中进行幻灯片的隐藏和显示设置，其具体操作步骤如下。

微课：隐藏 / 显示幻灯片

STEP 1　隐藏多张幻灯片

❶打开"2017年亿联手机发布"演示文稿，选择需要隐藏的幻灯片，这里选择第10张幻灯片到第24张幻灯片；❷在【幻灯片放映】/【设置】组中单击"隐藏幻灯片"按钮。

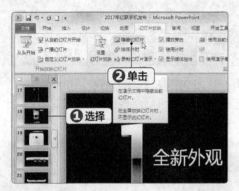

技巧秒杀

选择幻灯片，单击鼠标右键，在弹出的快捷菜单中选择"隐藏幻灯片"命令，也可隐藏幻灯片。

STEP 2　查看隐藏效果

此时，在被隐藏的幻灯片的张数上将有一条斜线。

STEP 3　重新显示幻灯片

选择第18张幻灯片到第22张幻灯片，然后在【幻灯片放映】/【设置】组中再次单击"隐藏幻灯片"按钮，或单击鼠标右键，在弹出的快捷菜单中选择"隐藏幻灯片"命令，即可显示所选幻灯片。

操作解谜

隐藏的幻灯片不被放映

在放映被隐藏的幻灯片的演示文稿时会发现，将不再放映隐藏的幻灯片，而是直接跳转到下一页幻灯片进行放映。

4. 设置放映方式

根据放映的目的和场合不同，对演示文稿的放映方式会有所不同。设置放映方式包括设置幻灯片的放映类型、放映选项、放映幻灯片的范围以及换片方式和性能等，这些设置都是通过"设置放映方式"对话框完成的。下面在"2017年亿联手机发布"演示文稿中设置放映方式，其具体操作步骤如下。

微课：设置放映方式

PART 03

STEP 1　设置放映方式

❶打开"2017 年亿联手机发布"演示文稿，在【幻灯片放映】/【设置】组中单击"设置幻灯片放映"按钮，打开"设置放映方式"对话框，在"放映类型"栏中可根据需要选择不同的放映类型，这里单击选中"演讲者放映（全屏幕）"单选按钮；❷在"放映选项"栏中设置放映时的一些操作，如放映时不播放动画等，这里单击选中"循环放映，按 ESC 键终止"复选框；❸在"放映幻灯片"栏中可设置幻灯片放映的范围，这里单击选中"从"单选按钮，在"从"文本框中输入"9"，在"到"文本框中输入"69"；❹在"换片方式"栏中可设置幻灯片放映时的切换方式，这里单击选中"如果存在排练时间，则使用它"单选按钮；❺单击"确定"按钮。

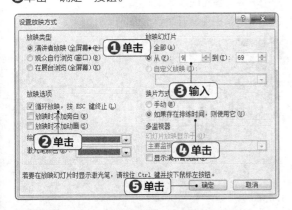

STEP 2　以"演讲者放映（全屏幕）"放映

此时，放映演示文稿将以"演讲者放映（全屏幕）"进行，这是最常用的方式，通常用于演讲者指导演示时。该方式下演讲者对放映可完全控制，并可用自动或人工方式运行幻灯片的放映；演讲者可以暂停幻灯片的放映，以添加会议细节或即席反应；还可以在放映过程中录下旁白。也可以使用此方式，将幻灯片放映投射到大屏幕上、主持联机会议或广播演示文稿。

最先进的28纳米技术

操作解谜

其他两种放映类型适合的场合

　　观众自行浏览（窗口）：选择此选项可运行小屏幕的演示文稿。如个人通过公司网络或全球广域网浏览的演示文稿。演示文稿会出现在小型窗口内，并提供在放映时移动、编辑、复制和打印幻灯片的选项。在此模式中，可使用滚动条或【Page Up】和【Page Down】键从一张幻灯片移到另一张幻灯片。

　　在展台浏览（全屏幕）：选择此选项可自动运行演示文稿。如在展览会场或会议中播放演示文稿。如果摊位、展台或其他地点需要运行无人值守的幻灯片放映，可以将幻灯片放映设置为该类型，运行时大多数的菜单和命令都不可用，并且在每次放映完毕后自动重新开始。观众可以浏览演示文稿的内容，但不能更改演示文稿。

5.　一般放映

　　按照设置的效果进行顺序放映，被称为一般放映。它是放映演示文稿最常用的放映方式，PowerPoint 2010 中提供了从头开始放映和从当前幻灯片开始放映两种。下面在"2017 年亿联手机发布"演示文稿中分别用这两种方法进行放映，其具体操作步骤如下。

微课：一般放映

STEP 1　从当前页面开始放映

❶打开"2017年亿联手机发布"演示文稿，选择第52张幻灯片；❷在【幻灯片放映】/【开始放映幻灯片】组中单击"从当前幻灯片开始"按钮，或直接按【Shift+F5】组合键，从演示文稿的当前幻灯片开始放映。

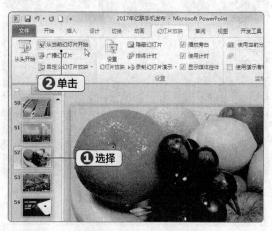

STEP 2　放映至下一张幻灯片效果

此时进入幻灯片的放映状态，按照设置好的放映方式进行放映，放映至下一张幻灯片效果如下。

STEP 3　从开始位置放映

放映后，按【Esc】键退出幻灯片的放映状态，返回

幻灯片普通视图，选择【幻灯片放映】/【开始放映幻灯片】组，单击"从头开始"按钮，或直接按【F5】键，从演示文稿的开始位置开始放映。

STEP 4　查看放映效果

此时演示文稿将从开始位置进行放映。

操作解谜

对开始位置的解释

本例中的开始位置是第9张幻灯片，因为在设置放映方式时，将放映范围设置为"9~69"幻灯片。

6. 自定义放映

如果只需要放映演示文稿中的部分幻灯片，可采用自定义放映方式来选择放映的幻灯片。用户可随意选择演示文稿中需放映的幻灯片，既可以是连续的，也可以是不连续的，该种放映方式一般多应用于大型的演示文稿中。下面在"2017年亿联手机发布"演示文稿中设置只放映"9~39"和"48~68"张幻灯片来介绍产品的功能和特点部分，并将第48张幻灯片拍摄样片显示在前面，其具体操作步骤如下。

微课：自定义放映

STEP 1　新建自定义放映方式

打开"2017 年亿联手机发布"演示文稿，在【幻灯片放映】/【开始放映幻灯片】组中单击"自定义幻灯片放映"按钮，在打开的下拉列表中选择"自定义放映"选项，在打开的"自定义放映"对话框中单击"新建"按钮。

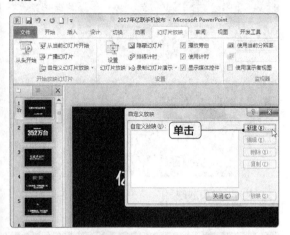

STEP 2　选择放映幻灯片

❶打开"定义自定义放映"对话框，在"幻灯片放映名称"文本框中输入自定义放映方式的名称；❷在"在演示文稿中的幻灯片"列表中选择"9~39"和"48~68"幻灯片；❸单击"添加"按钮。

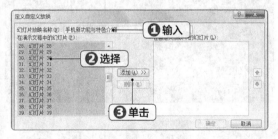

STEP 3　调整放映顺序

❶选择的幻灯片被添加到"在自定义放映中的幻灯片"列表框中，在其中分别选择要调整放映顺序的幻灯片选项第 48 张幻灯片，依次单击右侧的"上移"按钮

将其调整到最上方；❷单击"确定"按钮。

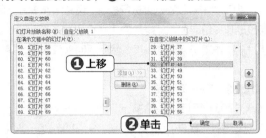

技巧秒杀

在"定义自定义放映"对话框右侧单击"删除"按钮，可删除添加的幻灯片选项；单击"下移"按钮可将幻灯片向下移动。

STEP 4　自定义放映效果

返回"自定义放映"对话框，单击"放映"按钮放映演示文稿，查看自定义放映效果。

操作解谜

演示文稿中放映自定义样式

保存设置自定义放映的演示文稿后，再次打开该演示文稿，选择【幻灯片放映】/【开始放映幻灯片】组，单击"自定义幻灯片放映"按钮，在打开的下拉列表中选择保存的自定义放映设置名称选项，本例中，选择"手机新功能与特色"选项，可开始以自定义的方式放映。

11.3.2　控制放映的幻灯片

在演示文稿的实际放映过程中，有时需要对某些幻灯片进行重点讲解，停留时间长一些，就需要暂停播放，或需要跳转幻灯片，如跳转到下一页或其他页幻灯片，此时就需要对幻灯片的放映进行控制。另外，在放映中还可使用辅助手段实现演讲目的，如根据需要对幻灯片中的重点内容进行标记，以突出显示。

第 **11** 章　设置和放映演示文稿

1. 通过动作按钮控制放映过程

　　为了便于对放映进度进行控制，通常制作者会在幻灯片中设置动作按钮，在放映时，通过动作按钮能够在幻灯片之间进行切换。下面在"2017年亿联手机发布"演示文稿中通过动作按钮切换到下一页，然后返回首页放映，其具体操作步骤如下。

微课：通过动作按钮控制放映过程

STEP 1　下一页放映

打开"2017年亿联手机发布"演示文稿，按照上一章中介绍的方法，在第2、3、9、10、25、36、40、41张幻灯片中插入动作按钮。在【幻灯片放映】/【开始放映幻灯片】组中单击"从头开始"按钮或按【F5】键开始放映演示文稿。进入放映状态后，当放映到第40张幻灯片时，单击"前进或下一项"按钮，快速切换到下一页幻灯片。

STEP 3　首页放映

此时返回第一页幻灯片放映。

STEP 2　切换到开始位置

此时将放映到第41张幻灯片，然后单击"开始"动作按钮。

2. 快速定位幻灯片

　　默认状态下，演示文稿是以幻灯片的顺序进行放映的，通过动作按钮执行切换幻灯片的放映须在添加动作按钮的前提下进行。当没有添加动作按钮时，演讲者通常会使用快速定位功能实现幻灯片的定位，这种方式也比动作按钮更强大，它可以实现任意幻灯片的切换，如从第1张幻灯片定位到第5张幻灯片等。下面在放映"2017年亿联手机发布"演示文稿时，快速定位到第43张幻灯片中，其具体操作步骤如下。

微课：快速定位幻灯片

STEP 1　查看所有幻灯片

❶打开"2017年亿联手机发布"演示文稿（最初的素材文件），放映演示文稿，在幻灯片中单击鼠标右键；❷在弹出的快捷菜单中选择"定位至幻灯片"命令。

技巧秒杀

在放映幻灯片的过程中，按键盘上的数字键输入需定位的幻灯片编号，再按【Enter】键，可快速切换到该张幻灯片。

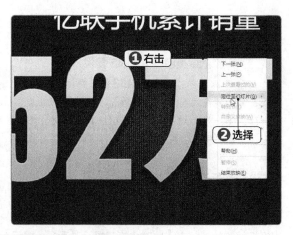

STEP 2　定位到第 43 张幻灯片

❶在打开的子菜单中，将鼠标移动到下面的下拉按钮上；❷在打开的菜单中选择第 43 张幻灯片。

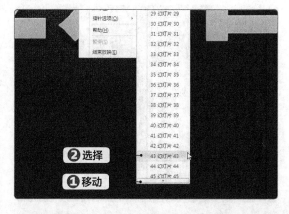

STEP 3　首页放映

此时快速定位到第 43 张幻灯片进行放映。

操作解谜

观众自行浏览放映定位幻灯片

如果使用观众自行浏览（窗口）模式在网络中放映演示文稿，右键菜单中的"查看所有幻灯片"命令将显示为"定位至幻灯片"命令，其子菜单中显示幻灯片的名称，如选择"1 幻灯片1"将定位到第1张幻灯片放映，如选择"9 幻灯片9"将定位到第9张幻灯片放映。

3. 为幻灯片添加注释

在演示文稿的放映过程中，演讲者若想突出幻灯片中的某些重要内容着重进行讲解，可以通过在屏幕上添加下划线和圆圈等注释方式来勾勒出重点。下面在放映"2017 年亿联手机发布"演示文稿时，为第 37 张和第 62 张幻灯片添加注释内容，其具体操作步骤如下。

微课：为幻灯片添加注释

STEP 1　启动笔功能

❶打开"2017 年亿联手机发布"演示文稿，放映演示文稿，在第 37 张幻灯片中单击鼠标右键；❷在弹出的快捷菜单中选择"指针选项"命令；❸在弹出的子菜单中选择"笔"命令。

技巧秒杀

在"指针选项"子菜单中还提供了"激光指针"命令，该命令主要用于在放映过程中指出重点内容，但不能勾画出重点内容。

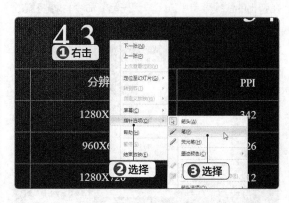

STEP 2　设置笔颜色

❶继续在该幻灯片上单击鼠标右键；❷在弹出的快捷菜单中选择"指针选项"命令；❸在弹出的子菜单中选择"墨迹颜色"命令；❹在弹出的子菜单中选择笔触的颜色，这里选择"蓝色"命令。

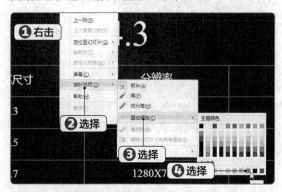

STEP 3　标记下划线

此时，光标的形状变为一个小圆点，在需要突出重点的内容下方拖动鼠标绘制下划线。

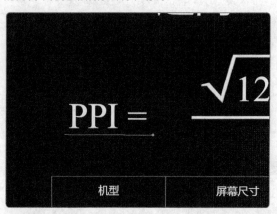

STEP 4　使用荧光笔

❶标注完成后，切换到第62张幻灯片，单击鼠标右键，在弹出的快捷菜单中选择"荧光笔"命令；❷将其颜色设置为"红色"。

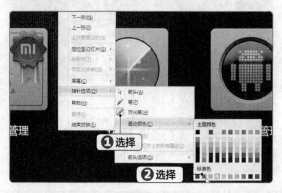

操作解谜

放映页面左下角的工具栏

　　进入放映状态后，在左下角将显示出工具栏，其功能应用与右键菜单对应，包括切换到上一张或下一张幻灯片、指针选项、显示演示者视图和其他选项等命令。

STEP 5　标注重点内容

❶使用相同的方法拖动鼠标，使用荧光笔将该张幻灯片中的重点内容圈起来；❷放映后，按【Esc】键退出幻灯片的放映状态，此时将打开提示对话框，提示是否保留标记痕迹，单击"保存"按钮保存标注，只有对标记的痕迹进行保存后，才会显示在幻灯片中。

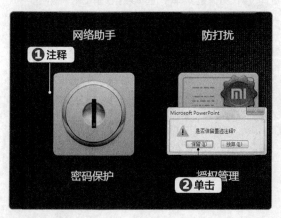

技巧秒杀

在添加标注的过程中，如果要删除刚添加的标注，可在幻灯片中单击鼠标右键，在弹出的快捷菜单中选择"指针选项"/"橡皮擦"或"擦除幻灯片上的所有墨迹"命令，此时光标变成✎形状，然后在墨迹上单击鼠标即可删除；如果是在普通视图中，那么删除标注的方法更加简单，直接在幻灯片中选择标注墨迹，然后按【Delete】键即可。

PART 03

4. 为幻灯片分节

　　通常一个演示文稿包含多个部分，如"2017 年亿联手机发布"中包含手机整体升级情况、产品外观、产品性能等部分，以让演示文稿的逻辑性更强、内容更清晰、便于放映定位。下面在"2017 年亿联手机发布"演示文稿中创建节，然后通过节放映演示文稿，其具体操作步骤如下。

微课：为幻灯片分节

STEP 1　创建节

❶打开"2017 年亿联手机发布"演示文稿，选择第 9 张到第 24 张幻灯片，单击鼠标右键；❷在弹出的快捷菜单中选择"新增节"命令。

技巧秒杀

　　在"自定义放映"对话框的列表框中选择一个自定义放映方式，单击"删除"按钮，将删除该放映。

STEP 2　重命名节

❶创建节后，节标题显示为"无节标题"，此时单击鼠标右键，在弹出的快捷菜单中选择"重命名节"命令，打开"重命名节"对话框，在"节名称"文本框中输入与幻灯片内容相关的总结性文字；❷单击"重命名"按钮。

STEP 3　完成其他节的创建

使用相同的方法创建其他节，并按照幻灯片的内容分别进行重命名。

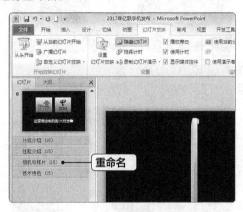

操作解谜

折叠和展开节

　　折叠和展开当前节是指对当前选择的节执行折叠或展开操作。其方法是：在需要折叠的节名称前单击 ◢ 图标，可折叠该节，隐藏其中的幻灯片。折叠节后，节标题前的 ◢ 图标将变成 ▷ 图标，单击该图标，可将折叠的节展开。

STEP 4　放映"性能介绍"节

❶选择"性能介绍"节；❷在【幻灯片放映】/【开始放映幻灯片】组中单击"从当前幻灯片开始"按钮。

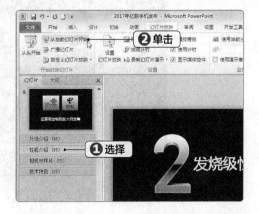

STEP 5　执行转到节命令

❶进入放映后，在幻灯片上单击鼠标右键；❷在弹出的快捷菜单中选择"转到节"命令。

STEP 6　切换幻灯片

在弹出的子菜单中选择"相机与样片"命令。

STEP 7　放映"相机与样片"节的幻灯片

此时放映"相机与样片"节的第 1 张幻灯片。

技巧秒杀

在需要删除的节上单击鼠标右键，在弹出的快捷菜单中选择"删除节"命令，即可删除当前选择的节；在需要删除的节上单击鼠标右键，在弹出的快捷菜单中选择"删除节和幻灯片"命令，即可删除该节，并同时删除该节中的所有幻灯片；在任意节上单击鼠标右键，在弹出的快捷菜单中选择"删除所有节"命令，即可将演示文稿中创建的所有节删除。节的操作也可通过【开始】/【幻灯片】组中的"节"按钮来实现。

5. 在演示者视图中放映幻灯片

　　PowerPoint 2010 中演示者视图最突出的作用便是，如果用户制作演示文稿时，在"备注"窗格中添加了备注内容，则在进入演示者视图后，方便演讲者查看备注内容进行演讲，而不用背台词；另外，在演示者视图中观众只看得到幻灯片的内容，而无法看到备注内容。在 PowerPoint 2010 中按【Alt+F5】组合键，或在放映状态中，单击鼠标右键，在弹出的快捷菜单中选择"显示演示者视图"命令都可进入演示者视图。演示者视图窗口中有很多按钮，各按钮的作用分别介绍如下。

- **按钮：**单击该按钮，将会在屏幕下方显示任务栏，以便程序的切换。
- **按钮：**单击该按钮，在打开的下拉列表中提供了"交换演示者视图和幻灯片放映"和"重复幻灯片放映"选项，选择相应的选项，可对其进行相应的设置。
- **按钮：**单击该按钮，将退出演示者视图，并结束幻灯片的放映。
- **按钮：**进入演示者视图后，将会开始记录幻灯片播放的时间，单击该按钮，可暂停计时。
- **按钮：**单击该按钮，在打开的面板中提供了多个选项。选择相应的选项，可对其笔和荧光笔进行设置。
- **按钮：**单击该按钮，在打开的面板中将显示演示文稿中的所有幻灯片，与演讲者放映下手动定

位幻灯片相似。
- **按钮：**单击该按钮，在幻灯片上单击鼠标，可放大显示幻灯片；再次单击该按钮，可缩小显示幻灯片。
- **按钮：**单击该按钮，在打开的下拉列表中选择相应的选项，可对其进行更多的设置。
- **按钮：**单击该按钮，可切换到下一张幻灯片进行放映。
- **按钮：**单击该按钮，可切换到上一张幻灯片进行放映。
- **按钮：**单击该按钮，可缩小显示幻灯片的备注文本。
- **按钮：**单击该按钮，将放大显示幻灯片的备注文本。

11.4 Word/Excel/PPT 协同制作 "公司年终汇报" 演示文稿

"公司年终汇报"是公司对当年度公司整体情况进行的汇总报告，概括性极强，是一类总结性的演示文稿。其重点一般包括产品的"生产状况""质量状况""销售情况"以及来年的计划，对公司有积极的作用。实际工作中，这类文稿中包含总结文本信息和表格以及图表等对象，在 PowerPoint 中调用 Word、Excel 中的内容，协作制作演示文稿，将有效地提高工作效率。

11.4.1 在 PowerPoint 中粘贴与链接对象

有时在制作演示文稿时，会提前准备草稿内容，或者构思好演示文稿的整体框架后，先通过 Word 输入编辑文本内容，通过 Excel 编辑表格和图表内容，然后调用到 PowerPoint 中，特别是针对数据表格和图表，使用专门的制作软件 Excel，不仅可提高效率，还能制作出更加标准和精美的表格和图表。在 PowerPoint 中调用 Word 或 Excel 中的内容最直接的方法是粘贴与链接。

1. 粘贴对象

通过复制粘贴功能能够快速调用 Word 或 Excel 中的内容，而粘贴分为直接粘贴和选择性粘贴，使用时应灵活运用。下面在"公司年终汇报"演示文稿的第 3 张、第 8 张、第 9 张幻灯片中粘贴 Word 的文本内容，在第 5 张幻灯片中粘贴表格数据，其具体操作步骤如下。

微课：粘贴对象

STEP 1 **复制文本**
同时打开"公司年终汇报"演示文稿和"年终汇报草稿"Word 文档，在"年终汇报草稿"Word 文档中，

选择"总经理致辞"下方的正文内容，按【Ctrl+C】组合键进行复制。

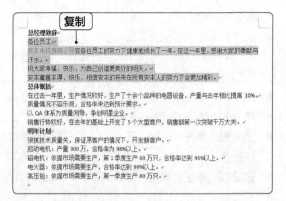

STEP 2 粘贴文本

❶在演示文稿的第 3 张幻灯片中按【 Ctrl+V 】组合键粘贴文本；❷单击"粘贴选项"按钮；❸在打开的列表中选择"保留原格式"选项。

STEP 3 调整文本

调整文本框的位置，并设置字体字号为"24"。

STEP 4 调用其他文本

使用相同的方法，将"总体概括"和"明年计划"下方的正文内容分别复制到第 8 张、第 9 张幻灯片中，并进行调整。

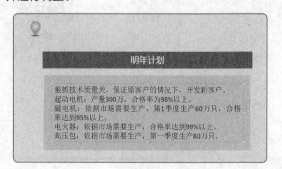

STEP 5 复制图表

打开"产品生产统计"工作簿，在"生产质量"工作表中选择图表，按【 Ctrl+C 】组合键进行复制。

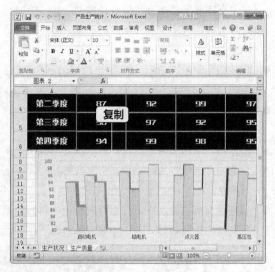

STEP 6 粘贴为图片

❶选择演示文稿的第 5 张幻灯片，在【 开始 】/【 剪贴板 】组中单击"粘贴"按钮下方的下拉按钮，在打开的下拉列表中选择"选择性粘贴"选项，打开"选择性粘贴"对话框，单击选中"粘贴"单选按钮；❷在右侧的列表框中选择"图片（增强型图元文件）"选项；❸单击"确定"按钮。

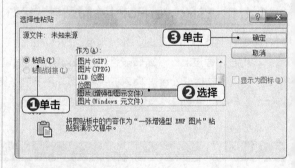

技巧秒杀

"选择性粘贴"对话框中提供了很多图片类型选项，其最大的区别在于图片的质量好坏。

STEP 7 查看效果

此时，复制的图表将以图片格式粘贴到幻灯片中，然后移动图片的位置，并将其调整至合适的大小。

PART 03

2. 链接对象

链接对象是指将文件以"粘贴链接"的形式粘贴到需要的组件中，其特点体现在，当修改了源文件中的数据后，链接对象的数据也将被修改。下面在"公司年终汇报"演示文稿的第 4 张幻灯片中通过粘贴链接对象的方式调用 Excel 表格数据，其具体操作步骤如下。

微课：链接对象

STEP 1 复制表格数据

打开"公司年终汇报"演示文稿和"产品生产统计"工作簿，在"产品生产统计"工作簿的"生产状况"工作表中选择表格的 A2:E6 单元格区域，按【Ctrl+C】组合键复制。

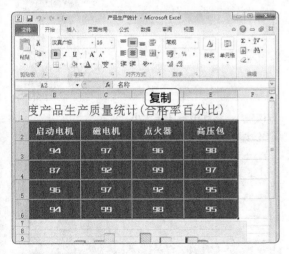

STEP 2 链接表格

❶选择演示文稿的第 4 张幻灯片，在【开始】/【剪贴板】组中单击"粘贴"按钮下方的下拉按钮，在打开的列表中选择"选择性粘贴"选项，打开"选择性粘贴"对话框，单击选中"粘贴链接"单选按钮；❷在右侧列表框中选择"Microsoft Excel 工作表 对象"选项；❸单击"确定"按钮。

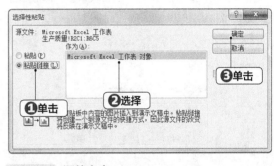

STEP 3 调整文本

此时对象链接到 PowerPoint 中，可像调整图片一样将链接对象的大小及位置调整好。如更改工作簿中的表格数据，幻灯片中的数据也将发生更改。

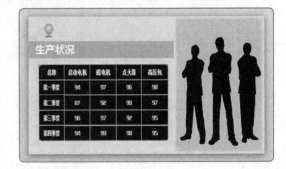

11.4.2 | 在 PowerPoint 中插入对象

用插入对象的方法调用其他组件资源，可以插入已编辑完成的对象，也可以插入在当前程序中新建的其他程序组件的对象。通过插入对象的方式实现调用数据的功能，其优势是在 PowerPoint 中可以更直接地对插入的内容进行编辑。本节将对在 PowerPoint 中插入对象的操作方法进行详细讲解，主要针对调用 Excel 中的数据，在 PowerPoint 中也能如 Word 一样很好地完成文本内容的编辑，包括插入已有对象和插入新建对象。

1. 插入已有对象

插入已存在的对象，将其他组件的文件内容插入到当前程序中，对源文件的修改将反映到插入的文档中，并且在 PowerPoint 中可启动对象的软件程序进行编辑。下面在"公司年终汇报"演示文稿的第 6 张幻灯片中插入"产品销量统计"工作簿中的图表对象，其具体操作步骤如下。

微课：插入已有对象

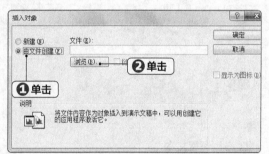

STEP 1　浏览文件
❶打开"公司年终汇报"演示文稿，选择第6张幻灯片，在【插入】/【文本】组中单击"对象"按钮，打开"插入对象"对话框，单击选中"由文件创建"单选按钮；❷单击"浏览"按钮。

STEP 2　选择对象所在的文件
❶在打开的"浏览"对话框中选择要插入对象所在的文件选项，这里选择"产品销量统计"工作簿；❷单击"确定"按钮。

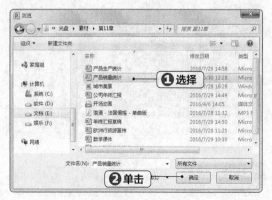

STEP 3　调整对象
返回"插入对象"对话框，单击"确定"按钮，插入对象。此时，默认插入的对象显示不完全，双击对象，将在 PowerPoint 中启动 Excel 程序，并且对象呈可编辑状态，然后将光标移到对象右下角，拖动鼠标调整对象大小。

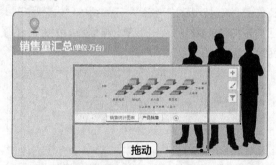

STEP 4　移动位置调整大小
调整对象大小后，将其移动到合适的位置。

STEP 5　取消图表对象的填充色
❶在【图表工具 格式】/【形状样式】组中单击"形状填充"按钮；❷在打开的下拉列表中选择"无填充颜色"选项，取消填充色，使其与幻灯片融合。

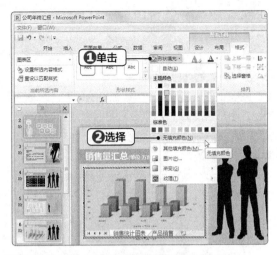

中选择"黑色，文字 1"选项；❸单击"确定"按钮。

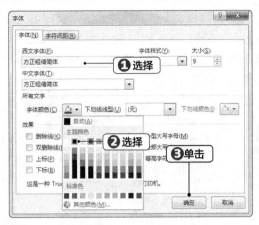

STEP 6　显示次要水平坐标轴网格线

❶在【图表工具 布局】/【坐标轴】组中单击"网格线"按钮；❷在打开的下拉列表中选择"主要纵网格线"选项，在打开的子列表中选择"次要网格线"选项。

STEP 8　查看效果

编辑完图表对象后，单击幻灯片的其他位置退出编辑状态，完成操作。

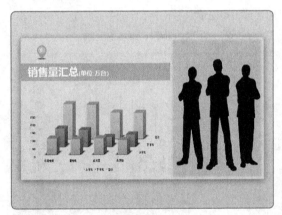

STEP 7　设置字体

❶在图表上单击鼠标右键，在弹出的快捷菜单中选择"字体"命令，在打开的"字体"对话框中单击"字体"选项卡，在"西文字体"和"中文字体"下拉列表中选择"方正粗倩简体"；❷在"字体颜色"下拉列表

操作解谜

对象在当前位置

如果插入对象所在的工作簿中包含多个工作表，那么要将需插入对象的工作簿选择为当前工作簿。

2. 插入新建对象

　　插入新建对象与插入已有对象的区别在于，插入新建对象是通过在 PowerPoint 中启动 Word 或 Excel 程序，然后在其中编辑对象。下面在"公司年终汇报"演示文稿的第 7 张幻灯片中插入 Excel 组件并新建图表对象，其具体操作步骤如下。

微课：插入新建对象

STEP 1　插入新建图表对象

❶打开"公司年终汇报"演示文稿,选择第7张幻灯片,在【插入】/【文本】组中单击"对象"按钮,打开"插入对象"对话框,保持默认单击选中"新建"单选按钮,在右侧列表框中选择"Microsoft Excel 图表"选项;❷单击"确定"按钮。

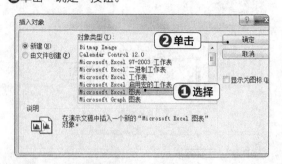

STEP 2　切换工作表

此时将在幻灯片中插入默认的图表,并启动 Excel 程序。该图表在单独的一个工作表中,单击"Sheet1"工作表标签,切换工作表,修改数据源。

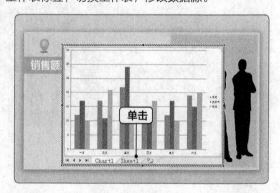

操作解谜

图表版本

　　单击幻灯片的其他地方可退出编辑模式,双击图表区域可进入编辑模式。由于PowerPoint 2010中默认插入的图表模板是由早期软件版本制作的,因此双击后,将打开对话框提示是否将图表转换为新版本,单击"编辑现有图表"按钮可直接进入编辑状态,单击"转换"按钮将图表转换为新版本后进入编辑状态。

STEP 3　修改源数据

在"Sheet1"工作表中将默认的表格数据修改为公司的销售额数据。

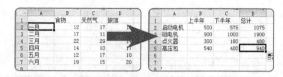

STEP 4　查看修改后的图表

返回图表工作表查看更改数据源后的效果,此时可看到图表图形后面有空余区域,这是因为默认的数据区域是"A1:D7",修改后的数据是"A1:D5",这时需要进一步修改。

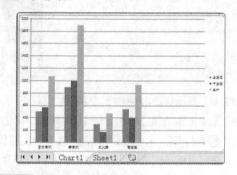

STEP 5　调整数据源区域

❶在图表上单击鼠标右键,在弹出的快捷菜单中选择"选择数据"命令,打开"选择数据源"对话框,在"图表数据区域"文本框中将数据源修改为"A1:D5";❷单击"确定"按钮。

STEP 6　取消图表背景填充与边框

❶在【图表工具 格式】/【形状样式】组中单击"形状填充"按钮,在打开的下拉列表中选择"无填充颜色"选项;❷单击"形状轮廓"按钮,在打开的下拉列表中选择"无轮廓"选项。

STEP 7 更改图表类型

❶在【图表工具 设计】/【类型】组中单击"更改图表类型"按钮，打开"更改图表类型"对话框，选择"三维簇状柱形图"选项；❷单击"确定"按钮。

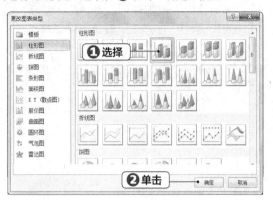

STEP 8 最终效果

增大坐标轴与图例的字体大小，然后在幻灯片的其他位置单击鼠标退出编辑状态，在其中适当调整图表位置和大小，完成插入新建对象的编辑。

新手加油站 —— 让演示文稿更生动的技巧

1. 通过浮动工具栏设置音频、视频文件格式

在音频、视频文件图标上单击鼠标右键，在弹出的快捷菜单下方将出现浮动工具栏。通过浮动工具栏，除了设置音频或视频图标的长度和宽度外，还可以设置图标的排列层次，剪裁图标和对图标进行旋转。

2. 使用动画刷复制动画效果

如果需要为演示文稿中的多个幻灯片对象应用相同的动画效果，依次添加动画会非常麻烦，而且浪费时间，这时可使用动画刷快速复制动画效果，然后应用于幻灯片对象即可。使用动画刷的方法是：在幻灯片中选择已设置动画效果的对象，选择【动画】/【高级动画】组，单击"动画刷"按钮，此时，光标将呈形状，将光标移动到需要应用动画效果的对象上，然后单击鼠标，即可为该对象应用复制的动画效果。

3. 动画制作的注意事项

动画在 PowerPoint 中使用得比较频繁，很多演示文稿制作者为了吸引观众的眼球，都会为幻灯片中的对象添加一些动画效果，以使演示文稿的内容更生动、有趣。虽然添加动画可以提升演示文稿的整体效果，但不合适的动画也会使演示文稿掉分，所以，在制作动画效果时，必须要注意一些问题，分别介绍如下。

无论是什么动画，都必须遵循事物本身的运动规律，因此制作时要考虑对象的前后顺序、大小和位置关系以及与演示环境的协调等，这样才符合常识。如由远到近时对象会从小到大，反之也如此。

幻灯片动画的节奏要比较快速，一般不用缓慢的动作，同时一个精彩的动画往往是具有一定规模的创意动画，因此制作前最好先设想好动画的框架与创意，再去实施。

根据演示场合制作适量的动画。对于一些严谨的商务演示，如工作报告等，就不宜制作过多的修饰动画，这类演示文稿一定要简洁、高效。

4. 复制动作按钮

在幻灯片中制作动作按钮时，为了保证动作按钮的大小相等，位置在水平线上，可在绘制按钮后复制动作按钮，然后更改形状和链接目标来完成所有制作，提高绘制效率，其具体操作步骤如下。

❶ 在演示文稿中绘制"后退：上一项"按钮，按住【Shift+Ctrl】组合键向右拖动，水平复制该按钮。

❷ 选择复制的按钮，在【格式】/【插入】组中单击"编辑形状"按钮，在打开的下拉列表中选择"前进：下一项"选项。

❸ 此时将打开"动作设置"对话框，单击选中"超链接到"单选按钮，将链接目标设置为下一张幻灯片，单击"确定"按钮，即可快速完成其他动作按钮的绘制添加。